“十三五”国家重点出版物出版规划项目
卓越工程能力培养与工程教育专业认证系列规划教材
(电气工程及其自动化、自动化专业)

传感器技术及应用

周　彦　王冬丽　编著

机 械 工 业 出 版 社

现代工程教育非常关注如何培养学生解决复杂工程问题的能力，而现有教材的结构安排大多忽略了知识的复杂工程背景，导致学生只见“知识内容”的树木，不见“工程对象”的森林。因此，面向解决复杂工程问题能力的培养，本书针对机器人、无人驾驶汽车、无人机三个典型复杂工程对象（书中统称为“无人装备”），介绍各类传感器的基本原理、测量电路和主要应用。具体内容包括传感器概述、传感器的特性与标定、电阻式传感器、电容式传感器、电感式传感器、压电式传感器、磁电式传感器、热电式传感器和光电式传感器；最后介绍了传感器技术前沿，帮助读者了解当前传感器的新成果和未来发展方向。本书的主要特点是每章均将以上三种复杂工程对象作为相关原理的载体和落脚点，使学生能够综合所学的传感器相关知识并将其应用到典型的复杂工程对象中去。

本书可作为普通高等院校自动化、电气、仪器、机械等专业的教材，也可供从事传感器相关领域设计、开发、应用的工程技术人员学习参考。

本书配有电子课件，欢迎选用本书作教材的教师发邮件至 jinacmp@163.com 索取，或登录 www.cmpedu.com 注册下载。

图书在版编目（CIP）数据

传感器技术及应用/周彦，王冬丽编著．—北京：机械工业出版社，2021.4（2024.8 重印）

“十三五”国家重点出版物出版规划项目 卓越工程能力培养与工程教育专业认证系列规划教材．电气工程及其自动化、自动化专业

ISBN 978-7-111-67604-1

Ⅰ.①传… Ⅱ.①周… ②王… Ⅲ.①传感器-高等学校-教材 Ⅳ.①TP212

中国版本图书馆 CIP 数据核字（2021）第 034867 号

机械工业出版社（北京市百万庄大街 22 号 邮政编码 100037）

策划编辑：吉 玲 责任编辑：吉 玲 王 荣

责任校对：潘 蕊 责任印制：郜 敏

中煤（北京）印务有限公司印刷

2024 年 8 月第 1 版第 6 次印刷

184mm×260mm · 9.5 印张 · 234 千字

标准书号：ISBN 978-7-111-67604-1

定价：33.00 元

电话服务	网络服务
客服电话：010-88361066	机 工 官 网：www.cmpbook.com
010-88379833	机 工 官 博：weibo.com/cmp1952
010-68326294	金 书 网：www.golden-book.com
封底无防伪标均为盗版	机工教育服务网：www.cmpedu.com

前 言

随着科学技术的迅猛发展，无人装备（如机器人、无人驾驶汽车、无人机等）在人们生产生活中的应用越来越广泛，自动化技术逐渐由简单的参数检测闭环控制向智能自动化方向发展，无人装备所使用的传感器也正在发生巨大的变化。

本书在不完全改变传统传感器的教材编排体系的基础上，充分考虑人工智能对自动化以及传感器技术发展带来的影响，将机器人、无人驾驶汽车、无人机作为各种传感器应用的落脚点，全面介绍了相关传感器的基本原理、测量电路和应用体现。工程教育认证标准强调培养学生解决复杂工程问题的能力，避免学生在传感器原理的学习过程当中“只见树木，不见森林”，促进学生将所学的传感器相关知识应用到典型的复杂工程对象当中，这也正是编著本书的初衷。

由于传感器的种类和型号繁多，涉及知识面很广，教师经常感到课程难教，学生经常感到内容难学。本书注重归纳共性和总结规律，通过介绍传感器在典型复杂工程问题中的应用，化“多而繁”为“少而简”，变“深奥乏味”为“有序有趣”。为了让读者更好地理解各类传感器的原理，本书在第 2 章介绍了传感器的特性与标定方法；为了让读者了解传感器的未来发展方向，本书在第 10 章介绍了传感器的前沿发展技术。

本书共分 10 章。第 1 章介绍传感器的作用、分类、发展状况，并对无人装备中传感器应用做简单介绍。第 2 章阐述基础理论，介绍了传感器的特性、性能指标、误差分析以及工程标定方法。第 3 ~5 章主要介绍三种典型的阻抗型传感器，包括电阻式传感器、电容式传感器和电感式传感器，分别介绍了其工作原理、输出特性、测量电路及在无人装备中的典型应用。第 6 ~9 章主要介绍四种典型的电压型传感器，包括压电式传感器、磁电式传感器、热电式传感器和光电式传感器，分别介绍了其工作原理、特性分析、测量电路以及在无人装备中的应用情况。第 10 章介绍了传感器技术的前沿话题，包括几种新型传感器、多源信息融合技术、无线传感器网络、智能传感器等，以便读者了解当前传感器技术的新发展。

本书由周彦教授和王冬丽副教授编著。周彦教授撰写了第 1、6 ~10 章，王冬丽副教授撰写了第 2 ~5 章。另外，这里还要感谢李鹏教授对本书做出的贡献。感谢湘潭大学精品教材建设基金的资助！

本书配套免费电子课件和电子教案，可供读者学习和教师教学使用。

传感器技术发展很快，尽管我们尽力在本书中包含了许多新的内容，但仍然会遗漏许多新的思想、方法和不断涌现的新技术。由于编著者水平有限，书中不足之处在所难免，敬请读者批评指正。

编著者

目　录

第 1 章

绪　论

传感器技术是自动化检测和智能控制中的关键技术之一。所有的自动化测控系统和无人装备，都需要传感器提供用以实时决策的信息。传感器技术是信息获取的首要环节，在当代科学技术中占有十分重要的地位。

【学习目标】

1）了解传感器技术的作用与地位。

2）理解传感器的基本概念和分类。

3）了解几种常见无人装备中的传感器技术。

【产出分析】

通过本章教学，应达成以下学习产出（包括但不限于）：

1）能够理解并区分敏感元件和转换元件。

2）深刻理解传感器技术在发展经济、推动社会进步方面的作用。

3）树立终生学习的意识，有不断学习传感器新技术和新应用的能力。

【知识结构图】

本章知识结构图如图 1-1 所示。

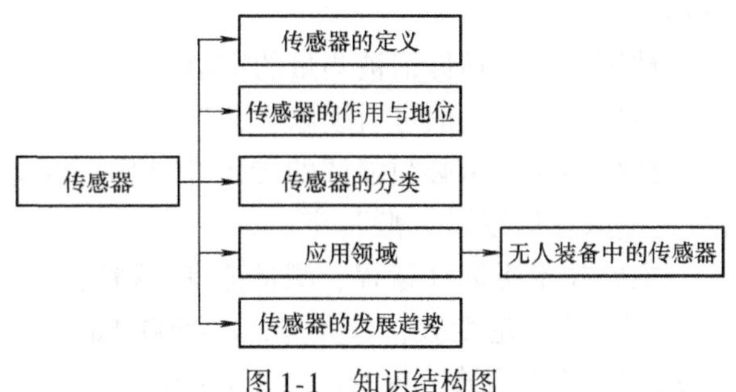

图 1-1　知识结构图

1.1　传感器技术的作用与地位

1.1.1　传感器的定义与命名法

国家标准 GB/T 7665—2005《传感器通用术语》中，对传感器的定义如下：“能感受被测量并按照一定的规律转换成可用输出信号的器件或装置”。这里的“被测量”通常包括各种非电的物理量、化学量、生物量等，“可用输出信号”主要是指电参量，如电流、电动势、频率等。这一定义同美国仪表协会（ISA）的定义相近，是比较确切的。

传感器的定义包括以下几个方面的含义：

1）传感器是一种测量装置，可用于对指定被测非电量进行检测。

2）它能感受某种被测量（传感器的输入）并将其按一定规律转换成便于处理、存储、应用的另一参量（传感器的输出）。

3）传感器的输出量与输入量之间具有对应关系，一般要求满足一定的技术指标，如精度、稳定性、可靠性和实时性等。

由于传感器的输出可用信号一般是指电参量，我们可以把传感器狭义地定义为：“能把外界非电信息转换成电信号输出的器件或装置”或“能把非电量转换成电量的器件或装置”。传感器通常由敏感元件和转换元件组成。敏感元件是指传感器中能直接感受或响应被测量的部分，转换元件通常是指传感器中将敏感元件感受或响应的被测量转换为适于传输或测量的电信号部分。但是，传感器种类繁多，复杂性差异很大，并不是所有的传感器都能从其内部明显地区分出敏感元件和转换元件，有的是合二为一的，如热电阻传感器、电容式物位传感器等，它们的敏感元件输出的已是电参量，因此可以不配置转换元件。

很多传感器产品广告和说明书把凡能输出标准信号的传感器称为变送器。也就是说，变送器是传感器配接了能输出标准信号的“接口电路”后构成的将非电量转换为标准信号的器件或装置。由于国际电工委员会（IEC）将4～20mA直流电流信号和1～5V直流电压信号确定为过程控制系统电模拟信号的统一标准。所以，变送器通常就是指将被测非电量转换为4～20mA直流电流信号或1～5V直流电压信号的器件或装置。

值得说明的是，有一些国家或研究领域，将传感器称为检测器、探测器或转换器等。这些不同名词，其内容和含义都相同或相似。

一般传感器产品名称，应由主题词加四级修饰语构成。

1）主题词——传感器。

2）第一级修饰语——被测量，包括修饰被测量的定语。

3）第二级修饰语——转换原理，一般可后续以“式”字。

4）第三级修饰语——特征描述，指必须强调的传感器结构、性能、材料特征、敏感元件及其他必要的性能特征，一般可后续以“型”字。

5）第四级修饰语——主要技术指标（量程、测量范围、精度、灵敏度等）。

【例1-1】 传感器，绝对压力，应变式，放大型，1～500kPa。

【例1-2】 传感器，温度，热电阻式，Pt100，－100～600℃。

1.1.2 传感器的作用与地位

人们为了获取信息，必须借助于感觉器官。而单靠人自身的感官，在研究自然现象和规律以及生产活动中，它们的功能就远远不够了。为适应这种情况，人们就需要传感器。智能机器与人体结构的对比如图1-2所示。人的五官中，眼睛有视觉，耳朵有听觉，鼻子有嗅觉，舌头有味觉，皮肤有触觉，人通过大脑处理来自五官和皮肤的信息，进一步通过肌体反作用于外部世界。如果用机器自动化地完成这一过程，控制器相当于人的大脑，执行器相当于人的肌体，传感器相当于人的五官和皮肤。因此可以说，传感器是人类五官的延长，又称之为“电五官”。

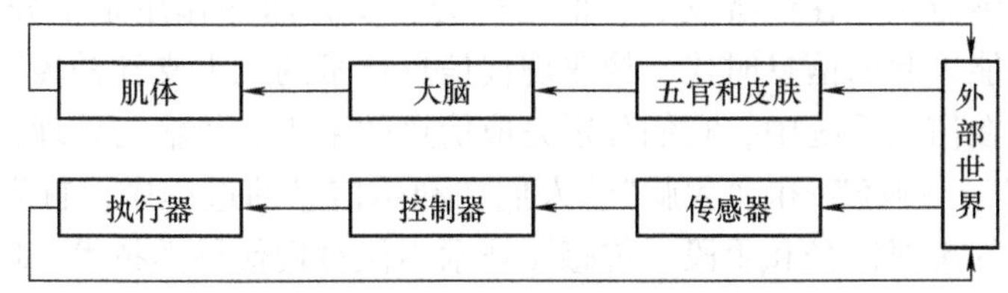

图 1-2　智能机器与人体结构的对比图

随着新技术革命的到来，世界开始进入信息时代。在利用信息的过程中，首先要解决的就是要获取准确可靠的信息，而传感器是获取自然和生产领域中信息的主要途径与手段。目前传感器技术涉及的领域包括现代工业生产、基础学科研究、宇宙开发、海洋勘探、国防军事、环境保护、资源调查、医学诊断、智能家居、汽车工业、家用电器、生物工程、食品加工、商检质检、公共安全和文物保护等。

（1）在现代工业生产尤其是自动化生产过程中，人们利用各种传感器来监视和控制生产过程中的各个参数，使设备工作在正常状态或最佳状态，并使产品达到最好的质量。因此可以说，没有众多优良的传感器，现代化生产也就失去了基础。

（2）在基础学科研究中，传感器更具有突出的地位。现代科学技术开辟了许多新领域：宏观上要观察上千光年的茫茫宇宙，微观上要观察小到 nm 量级的粒子世界；纵向上要观察长达数十万年的天体演化，短到 ms 量级的瞬间反应。此外，还出现了对深化物质认识、开拓新能源、新材料等具有重要作用的各种极端技术研究，如超高温、超低温、超高压、超高真空、超强磁场、超弱磁场等。显然，要获取大量人类感官无法直接获取的信息，没有相适应的传感器是不可能的。许多基础科学研究的障碍，首先就在于对对象信息的获取，而一些新机理和高灵敏度的检测传感器的出现，往往会带来该领域的技术的突破。因此，传感器的发展往往是一些边缘学科发展的先驱。

（3）在航空航天领域，宇宙飞船飞行的速度、加速度、位置、姿态、温度、气压、磁场、振动等参数的测量都必须由传感器完成。以“阿波罗”10 号为例，其中需要对 3295 个参数进行检测，包括温度传感器检测的 559 个、压力传感器检测的 140 个、信号传感器检测的 501 个、遥控传感器检测的 142 个。因此，有专家将整个宇宙飞船比喻成“高性能传感器的集合体”。

（4）在机器人和无人驾驶研究中，其重要内容是传感器的开发与应用研究，包括外部传感器和内部传感器两个方面。其中，外部传感器用于检测作业对象及环境或智能体与自身的关系，包括触觉传感器、视觉传感器、力觉传感器、接近觉传感器、超声波传感器和听觉传感器等；内部传感器用于对机器人或智能汽车自身的位姿进行检测，包括位置传感器、速度传感器、倾斜角传感器、方位角传感器及振动传感器等。

（5）在智能家居系统中，计算机通过中断器、路由器、网关、显示器等设备控制管理各种机电装置的空调制冷、给水排水、变配电系统、照明系统、电梯等，而实现这些功能需要使用的传感器包括温度、湿度、物位、流量、压力传感器等；安全保护、防火防盗、防燃气泄漏可采用电荷耦合器件（Charge Coupled Device，CCD）监视器、烟雾传感器、红外传感器、玻璃破碎传感器等；自动识别系统中的门禁管理主要采用人脸识别、感应式 IC 卡、指纹识别等方式。

由此可见，传感器技术在经济发展、推动社会进步方面的作用是十分明显的。21 世纪是大数据、人工智能兴起的信息时代，构成现代信息技术的三大支柱是传感器技术、通信技术与计算机技术，在信息系统中，它们分别完成信息的采集、传输与处理，其作用可形象地比喻为人的“感官”“神经”和“大脑”。人们在利用信息的过程中，首先要获取信息，而传感器是获取信息的重要途径和手段。传感器技术不仅对现代科学技术、现代农业及工业自动化的发展起到基础和支柱的作用，同时也被世界各国列为关键技术之一。可以说“没有传感器就没有现代化的科学技术，没有传感器也就没有人类现代化的生活环境和条件”，传感器技术已成为科学技术和国民经济发展水平的标志之一。

1.2 传感器简述

1.2.1 传感器的分类

传感器种类繁多，其分类方法也较多。传感器常见的分类方法见表 1-1。

表 1-1 传感器的分类

分类方法	传感器的种类	说 明
按传感器输入参量分	位移传感器、压力传感器、温度传感器、流量传感器、物位传感器等	以传感器被测参量命名
按传感器工作原理分	电阻式、电容式、电感式、压电式、超声波式、霍尔式等	以敏感器的信号转换方式命名
按物理现象分	结构型传感器	依赖结构参数的变化实现信息转换
	物性型传感器	依赖敏感元件物理特性的变化实现信息转换
按输出信号分	模拟式传感器	输出为模拟量
	数字式传感器	输出为数字量
按能量关系分	能量转换型传感器	直接将被测对象的能量转换为输出能量
	能量控制型传感器	由外部供给传感器能量，由被测量大小比例控制传感器的输出能量

按照我国传感器分类体系表，传感器分为物理量传感器、化学量传感器和生物量传感器三大类，下含 11 个小类：力学量传感器、热学量传感器、光学量传感器、磁学量传感器、电学量传感器、射线传感器（以上属于物理量传感器）、气体传感器、湿度传感器、离子传感器（以上属于化学量传感器）、生化量传感器和生理量传感器（以上属于生物量传感器）。随着材料学、制造工艺及应用技术的发展，传感器品种将如雨后春笋般地大量涌现。如何将这些传感器加以科学分类，是传感器技术领域的一个重要课题。

1.2.2　传感器技术的应用领域

目前，传感器技术已广泛应用于工业、农业、商业、交通、环境保护、医疗诊断、军事国防、航空航天、自动化生产、现代办公设备、智能楼宇和家用电器等领域。

1. 传感器在工业检测和自动控制系统中的应用

在石油、化工、电力、钢铁、机械等工业生产中，需要及时检测各种工艺参数，通过计算机或控制器对生产过程进行自动化控制，如图 1-3 所示。传感与检测是任何一个自动控制系统必不可少的环节。

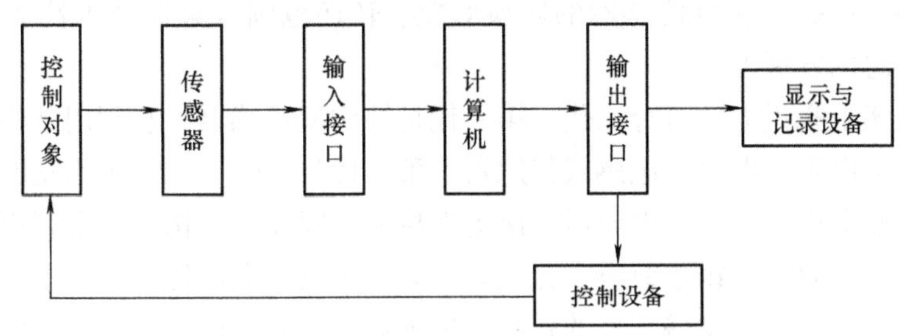

图 1-3　传感器在自动控制系统中的应用

2. 传感器在汽车中的应用

目前，传感器在汽车上不只限于测量行驶速度、行驶距离、发动机旋转速度以及燃料剩余量等有关参数，而且在无人驾驶汽车的中间形态系统当中，如汽车安全气囊、防滑控制系统，防盗、防抱死、排气循环、电子变速控制、电子燃料喷射等装置以及汽车“黑匣子”等都是不可缺少的。为了实现完全无人驾驶，汽车还可能安装若干个摄像头、超声波传感器、毫米波雷达等传感器。

3. 传感器在机器人中的应用

在工业机器人中，传感器可以用来检测机械手臂的位置和角度等；在智能机器人中，传感器可用作视觉和触觉感知器。在日本，机器人成本的 1/2 是耗费在高性能传感器上的。

4. 传感器在航空航天中的应用

在飞机、火箭等飞行器上，要使用传感器对飞行速度、加速度、飞行距离及飞行方向、飞行姿态进行检测。

5. 传感器在遥感技术中的应用

在各种遥感系统和装置上，人们利用紫外、红外光电传感器，超声波传感器及微波传感器来进行对地或水下探测。

6. 传感器在家用电器中的应用

现代家庭中，空调器、电冰箱、洗衣机等都用到了各种类型的温度传感器、压力传感器和红外传感器等。

7. 传感器在医学中的应用

在医疗上，应用传感器可以准确测量人体温度、血压、心脑电波，并可以帮助医生对肿瘤等病症进行诊断。

8. 传感器在环境保护中的应用

为了保护环境，研制用以监测大气、水质及噪声污染的传感器，已被世界各国所重视。

9. 传感器在军事方面的应用

利用红外探测可以发现地形、地物及敌方各种军事目标。红外雷达具有搜索、跟踪、测距等功能，可以搜索几十到上千千米的目标。红外探测器在红外制导、红外通信、红外夜视、红外对抗等方面也有广泛的应用。

1.2.3 传感器技术的发展趋势

传感器技术涉及多个学科领域，它是利用物理定律和物质的物理、化学、生物特性，将非电参量转换为电参量。所以，努力探索新现象、新理论，采用新技术、新工艺、新材料以研发新型传感器，或提高现有传感器的转换效能、转换范围或某些技术性能指标和经济指标，将是传感器总的发展方向。

传感器从技术上来说大致可分三代。第一代是结构型传感器，它利用结构参量变化来感受和转换信号，如电阻、电容、电感式传感器。第二代是20世纪70年代发展起来的固体型传感器，这种传感器由半导体、电介质、磁场性材料等固体元件构成，是利用材料某些特性制成的，如利用热电效应、霍尔效应、光电效应分别制成热电偶传感器、霍尔传感器、光电传感器。第三代传感器是新发展起来的智能型传感器，是微型计算机技术与传感器技术相结合的产物，使传感器具有一定的人工智能。

人们利用新的材料、新的集成加工工艺，使传感器技术越来越成熟，传感器种类越来越多。现代传感器正朝着集成化、数字化、多功能化、微（小）型化、智能化、网络化、光机电一体化方向发展，具有高精度、高性能、高灵敏度、高可靠性、高稳定性、长寿命、高信噪比、宽量程、无维护等特点。发展趋势主要体现在以下几个方面：发展、利用新效应，开发新材料，提高传感器的性能和检测范围，微型化与微功耗，集成化与多功能化，智能化和网络化。

特别值得一提的是传感器的数字化和网络化。网络技术的发展可使现场数据就近登录，通过互联网与用户异地交换数据，实现远程控制。新兴的物联网（Internet of Things，IoT）技术和无线传感器网络（Wireless Sensor Networks，WSN）技术开始进入各个领域。物联网就是“物物相连的互联网”，它是将各种信息传感器设备，如射频识别装置（RFID）、红外感应器、全球定位系统（GPS）、激光扫描器等装置按约定的协议与互联网结合起来，形成一个巨大的“物物互联的网络”，进行信息交换和通信，以实现智能化的识别、定位、跟踪、监控和管理。无线传感器网络即把异质/同质的传感器通过无线自组织网络连接起来的一种网络，也可以把它看成是物联网的一个基础感知层或协议层。

1.3 无人装备中的传感器简介

1.3.1 机器人系统中的传感器

传感器是机器人完成感知的必要手段，通过传感器的感知作用，将机器人自身的相关特性或相关物体的特性转化为机器人执行某项功能时所需要的信息。根据传感器在机器人上应用的目的和使用范围不同，可分为内部传感器和外部传感器，表1-2。

表1-2　机器人用内、外部传感器分类

传感器	检测参数	检测器件	应用
位置	位置	电位器、直线感应同步器	位置移动检测
	角度	角度式电位器、旋转变压器、光电编码器	角度变化检测
速度	速度	测速发电机、转速表	速度检测
	角速度	增量式码盘、测速发电机、转速表	角速度检测
加速度	加速度	应变片加速度传感器、压电式加速度传感器、伺服加速度传感器、压阻式加速度传感器	加速度检测
视觉	平面位置	摄像机、位置传感器	位置决定、控制
	距离	测距仪	移动控制
	形状	线图像传感器	物体识别、判别
	缺陷	画图像传感器	检查，异常检测
触觉	接触	限制开关	动作顺序控制
	把握力	应变计、半导体感压元件	把握力控制
	荷重	弹簧变位测量器	张力控制、指压控制
	分布压力	导电橡胶、感压高分子材料	姿势、形状判别
	多元力	应变计、半导体感压元件	装配力控制
	力矩	压阻元件、马达电流计	协调控制
	滑动	光学旋转检测器、光纤	滑动判定、力控制
力觉	受力	应变片力觉传感器、压电觉力觉传感器、差动变压器传感器、电容式力觉传感器	感知受力
接近与距离觉	接近	光电开关、LED、红外、激光	动作顺序控制
	间隔	光电晶体管、光电二极管	障碍物躲避
	倾斜	电磁线圈、超声波传感器	轨迹移动控制、探索
听觉	声音	送话器	语言控制（人机接口）
	超声波	超声波传感器	导航
嗅觉	气体成分	气体传感器、射线传感器	化学成分探测
味觉	味道	离子敏感器、pH 计	

1. 机器人内部传感器

所谓内部传感器，就是测量机器人自身状态的功能元件，具体检测的参数包括关节的线位移、角位移等几何量，速度、角速度、加速度等运动量，以及倾斜角、方位角、振动等物理量，即主要用来采集来自机器人内部的信息。

(1) 位置（角度）传感器

测量机器人关节线位移和角位移的传感器是机器人控制中必不可少的元件，通常包括电位器、旋转变压器和编码器等，当前用得比较多的是编码器。所谓编码器就是将某种物理量（如位置、角度）转换为数字格式的装置，可采用电接触、磁效应、电容效应和光电转换等机理。最常见的编码器是光电编码器，可分为旋转光电编码器（光电码盘）和直线光电编码器（光栅尺），分别用于机器人的旋转关节和直线运动关节的位置检测。

（2）速度（角速度）传感器

速度、角速度传感器是机器人反馈控制中必不可少的环节，它用来测量机器人关节的运动速度或角速度。有时也利用测位移传感器测量速度及检测单位采样时间位移量，但这种方法有其局限性：低速时，测量不稳定；高速时，只能获得较低的测量精度。

最通用的速度、角速度传感器是测速发电机或转速表、比率发电机。测量角速度的测速发电机，可按其构造分为直流测速发电机、交流测速发电机和感应式交流测速发电机。

（3）加速度传感器

随着机器人的高速化、高精度化，由机械运动部分刚性不足所引起的机器人振动问题开始得到关注。为了解决振动问题，有时在机器人的运动手臂等位置安装加速度传感器，测量振动加速度，并把它反馈到驱动器上。常见的加速度传感器包括应变片加速度传感器、伺服加速度传感器和压电式加速度传感器等。

2. 机器人外部传感器

外部传感器用于检测机器人所处的外部环境和工作对象状况等，如抓取对象的形状、空间位置、有没有障碍、物体是否滑落等。在机器人上安装了视觉传感器、触觉传感器、力觉传感器、接近觉传感器、超声波传感器和听觉传感器，大大改善了机器人的工作状况，使其能够更充分地完成复杂的工作。

（1）视觉传感器

视觉传感器分为二维视觉和三维视觉两大类。二维视觉传感器是获取景物图形信息的传感器。处理方法有二值图像处理、灰度图像处理和彩色图像处理，它们都是以输入的二维图像为识别对象的。图像由摄像机获取，如果物体在传送带上以一定速度通过固定位置，也可用一维线性传感器获取二维图像的输入信号。一个典型的基于视觉传感器的机器人非接触式测量系统如图1-4所示。

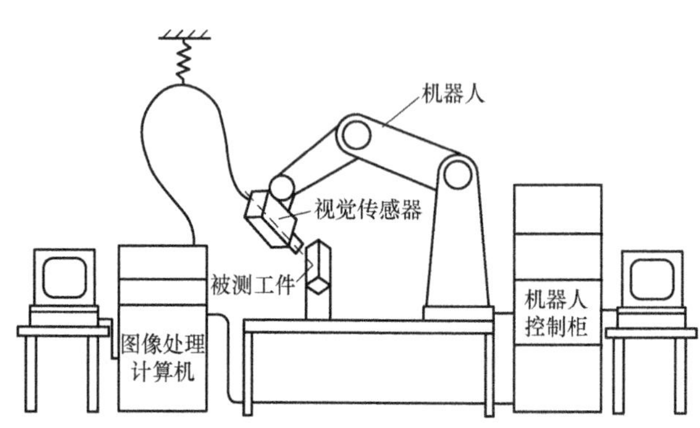

图1-4　基于视觉传感器的机器人非接触式测量系统

三维视觉传感器可以获取景物的立体信息或空间信息。立体图像可以根据物体表面的倾斜方向、凹凸高度分布的数据获取，也可根据从观察点到物体的距离分布情况，即距离图像得到。空间信息则靠距离图像获得，可分为单眼观测法、莫尔条纹法、主动立体视觉法、被动立体视觉法和激光雷达法等。

（2）触觉传感器

触觉是接触、冲击、压迫等机械刺激感觉的综合，触觉可以用来进行机器人抓取，利用触觉可进一步感知物体的形状、软硬等物理性质。一般把检测感知和外部直接接触而产生的接触觉、压觉、滑觉等的传感器称为机器人触觉传感器。

（3）力觉传感器

力觉是指对机器人的指、肢和关节等运动中所受力的感知，主要包括腕力觉、关节力觉和支座力觉等。根据被测对象的负载，可以把力觉传感器分为测力传感器（单轴力传感器）、力矩表（单轴力矩传感器）、手指传感器（检测机器人手指作用力的超小型单轴力传感器）和六轴力觉传感器等。

力觉传感器根据力的检测方式不同，大致可以分为：①检测应变或应力的应变片式，应变片力觉传感器被机器人广泛采用；②利用压电效应的压电元件式；③用位移计测量负载产生的位移的差动变压器、电容位移计式。

（4）接近与距离觉传感器

接近与距离觉传感器是机器人用以探测自身与周围物体之间相对位置和距离的传感器，可用于机器人导航和回避障碍物，也可用于机器人空间内的物体进行定位及确定其一般形状特征。

根据感知范围（或距离），接近与距离觉传感器大致可分为三类：感知近距离（毫米级）物体的磁力式（感应式）、气压式和电容式等；感知中距离（30cm 以内）物体的红外光电式；感知远距离（30cm 以外）物体的超声式和激光式。视觉传感器也可作为接近觉传感器。目前最常用的两种测距法有：

1）超声波测距法。超声波是频率 20kHz 以上的机械振动波，利用发射脉冲和接收脉冲的时间间隔推算出距离。超声波测距法的缺点是波束较宽，其分辨力受到严重的限制，因此，主要用于导航和回避障碍物。

2）激光测距法。激光测距法也可以利用回波法，或者利用激光测距仪，其工作原理如下：氦氖激光器固定在基线上，在基线的一端由反射镜将激光点射向被测物体，反射镜固定在电动机轴上，电动机连续旋转，使激光点稳定地对被测目标扫描。由 CCD（电荷耦合器件）摄像机接收反射光，采用图像处理的方法检测出激光点图像，并根据位置坐标及摄像机光学特点计算出激光反射角，利用三角测距原理即可算出反射点的位置。

此外，机器人的外部传感器还包括听觉传感器、嗅觉传感器和味觉传感器等。

1.3.2 无人驾驶汽车中的传感器

汽车在向高级辅助驾驶、自动驾驶演进过程中，机器的自动/辅助驾驶功能逐渐替代人的主动性，完成环境感知、计算分析、控制执行等一系列程序。这一系列程序中，首要的是使用汽车的眼睛——传感器对周围的环境进行感知。

无人驾驶汽车首先需要对自身参数进行测量与控制，主要包括转速传感器、加速度传感器、温/湿度传感器等。汽车自动/辅助驾驶系统所用到传感器主要包括微波/毫米波雷达、可见光摄像头、激光雷达、红外传感器、超声波传感器等。不同传感器的原理、功能各不相同，在不同的使用场景里发挥各自优势，难以互相替代。无人驾驶系统常见传感器及其位置如图 1-5 所示。

（1）微波/毫米波雷达

微波/毫米波雷达不受天气情况影响，探测距离远，在车载测距领域性价比最高，但难

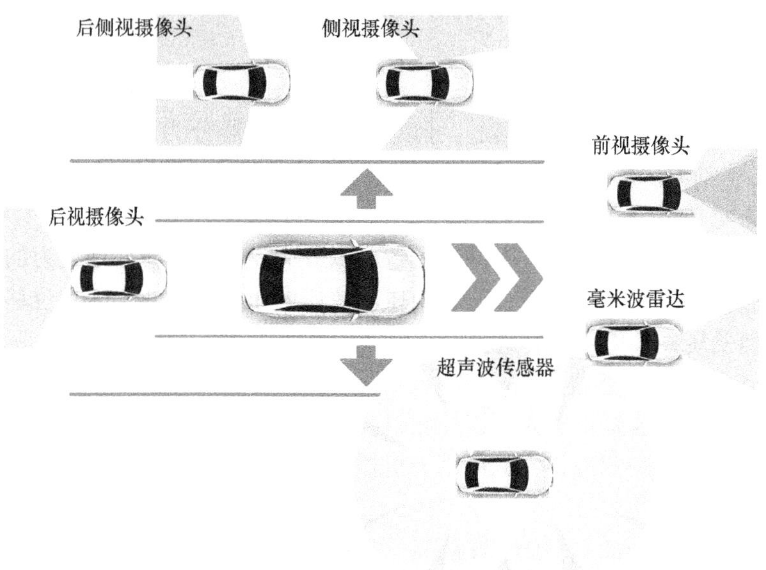

图 1-5　无人驾驶系统常见传感器及其位置图

以识别行人、交通标志等。目前毫米波雷达的主流频段是 24GHz 和 77GHz，24GHz 主要应用于汽车后方，77GHz 主要应用于前方和侧向。相比于 24GHz，77GHz 拥有更好的物体分辨准确度（2～4 倍），更高的测速和测距精确度（3～5 倍）等优势。根据业内预计，未来毫米波雷达有着向 77GHz 频段（76～81GHz）统一的趋势，其中 76～77GHz 主要用于长距离毫米波雷达，77～81GHz 主要用于中短距离毫米波雷达。

（2）可见光摄像头

可见光摄像头具有成本低、便于对物体进行识别等优势，是车道偏离预警、交通标志识别等功能必不可少的传感器，但是存在受光照强度影响较大、在极端天气下会失效、难以精确测距等缺点。车载摄像头是高级驾驶辅助系统（Advanced Driving Assistance System，ADAS）的主要视觉传感器，由摄像头内的感光组件电路和控制组件对图像进行处理并转化为车载电脑能处理的数字信号，从而实现感知车辆周边的路况情况、前向碰撞预警、车道偏移报警和行人检测等功能。

（3）激光雷达

激光雷达的探测精度最高，可用于实时建立空间三维地图，是无人驾驶车的主要传感器，主要缺陷是成本高昂且在雨雪大雾天气效果不好。

（4）红外传感器

红外传感器的技术成熟，一般用于短距离防碰撞系统，尚不能满足长距离的精度要求，多用于倒车雷达等。

（5）超声波传感器

超声波传感器的成本低廉，但是存在探测距离近且受角度影响大等缺陷，在倒车提醒等短距离测距领域优势明显。

1.3.3　无人机系统中的传感器

无人机已经广泛应用于气象监测、国土资源执法、环境保护、遥感航拍、抗震救灾、快递运送等领域。为了能更好地控制无人机飞行，各种传感器的运用起到了十分重要的作用。因此，有人将无人机称为一架会飞行的传感器。那么，无人机能在天上实现稳定的飞行，完成不同的动作，需要用到哪些传感器呢？图 1-6 所示为四旋翼无人机系统常用的传感器。

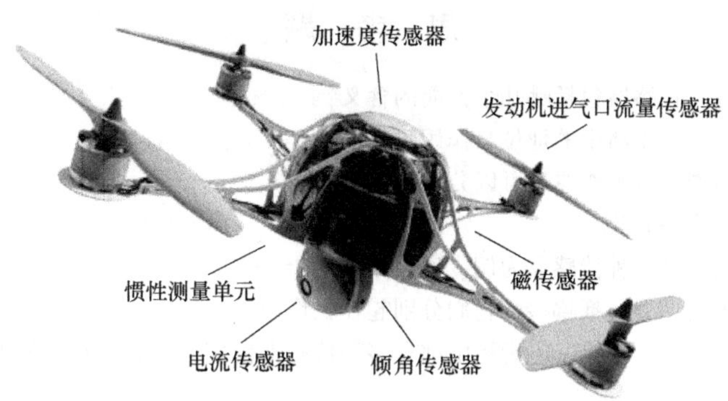

图 1-6　四旋翼无人机系统常用传感器示意图

1. 加速度传感器

无人机机身大量装配的各种姿态传感器，对无人机角速率、姿态、位置、加速度、高度和空气流速等进行测量，是飞控系统的基础。其中，加速度传感器是很多无人机的标配，主要用于确定无人机自身的位置及其飞行姿态，在维持无人机飞行控制中起到关键的作用。

2. 倾角传感器

倾角传感器集成了陀螺仪和加速度传感器，为无人机系统提供了保持水平飞行的数据，在易碎品运输和投递过程中起到重要的稳定性监测作用。

3. 惯性测量单元

惯性测量单元结合 GPS 是维持方向和飞行路径的关键。随着无人机智能化的发展，空中交通管理规则中，方向和路径控制是很重要的内容。惯性测量单元采用的多轴磁传感器，在本质上都是精准度极高的小型指南针，通过感知方向将数据传输至中央处理器（CPU），从而指示方向和速度。

4. 电流传感器

无人机中电能的消耗和使用非常重要，尤其是在电池供电的情况下。电流传感器可用于监测和优化电能消耗，确保无人机内部电池充电和电动机故障检测系统的安全。电流传感器通过测量电流，在理想的情况下提供电气隔离，以减少电能损耗和消除电击损坏用户系统的机会。

5. 发动机进气口流量传感器

流量传感器能够用于有效地监测无人机燃气发动机的细小空气流速。这一功用能够协助引擎 CPU 在特定的引擎速度下确定恰当的燃料空气比值，改善功率并减少排放量。

6. 磁传感器

磁传感器为无人机提供关键性惯性导航和方向定位系统信息。

1.4 本章小结

本章介绍了传感器技术的作用与地位、分类与应用领域、未来的发展趋势，以及几种常见无人装备（机器人、无人驾驶汽车、无人机等）中的传感器技术。

思考题

1-1 什么是传感器？传感器包括哪几个方面的含义？

1-2 试述传感器在现代生活中的地位与作用。

1-3 传感器如何分类？按工作原理可以分为哪几种？

1-4 简述传感器的发展趋势。

1-5 以你用到或看到的一种传感器为例，说明其作用。

1-6 智能手机中的传感器包括哪些？它们分别起什么作用？

1-7 家用电器如空调器、冰箱、电烤箱中都有多种传感器使用，你能以其中的1～2种传感器为例说明其作用吗？

1-8 机器人系统中的传感器包括哪两类？各包括哪些传感器？

1-9 无人驾驶汽车中的传感器包括哪些？都有什么样的作用？

1-10 无人机中的加速度传感器起什么作用？如果没有该类传感器，对系统会有什么影响？

第 2 章 传感器的特性与标定

传感器位于检测系统的最前端，其特性直接影响测量结果的好坏。在工程设计中，需要根据具体要求合理选择传感器以便获得最好的性价比，因此本章介绍传感器的各种特性与性能指标。

传感器所测量的物理量基本上有两种形式：一种是稳态（静态或准静态）的形式，这种形式的信号不随时间变化（或变化很缓慢），这时的测量称为静态测量；另一种是动态（周期变化或瞬态）的形式，这种形式的信号是随时间而变化的，这时的测量称为动态测量。由于输入物理量的形式不同，传感器所表现出来的输入-输出特性也不同，因此存在所谓的静态特性和动态特性。不同传感器有着不同的内部参数，它们的静态特性和动态特性也表现出不同的特点，对测量结果的影响也就各不相同。一个高精度传感器必须同时具有良好的静态特性和动态特性，这样它才能完成对输入信号（或能量）无失真的转换。

【学习目标】

1）掌握传感器的静态特性及性能指标。
2）理解传感器的动态特性及性能指标。
3）掌握测量误差的概念与分类。
4）了解对传感器进行标定的原因和方法。

【产出分析】

通过本章教学，应达成以下学习产出（包括但不限于）：

1）通过传感器静态特性与动态特性的学习，能够对传感器的静态特性和动态特性进行表达与分析。

2）掌握传感器的输入与输出关系，具备基本的问题建模与分析能力，并能得到正确的结论。

3）通过对传感器的误差类型与表示、特性与标定等知识的学习和研讨，结合后续章节内容的学习，能评价传感器工程实践对社会、安全和法律的影响，并理解工程实践中应承担的责任。

【知识结构图】

本章知识结构图如图 2-1 所示。

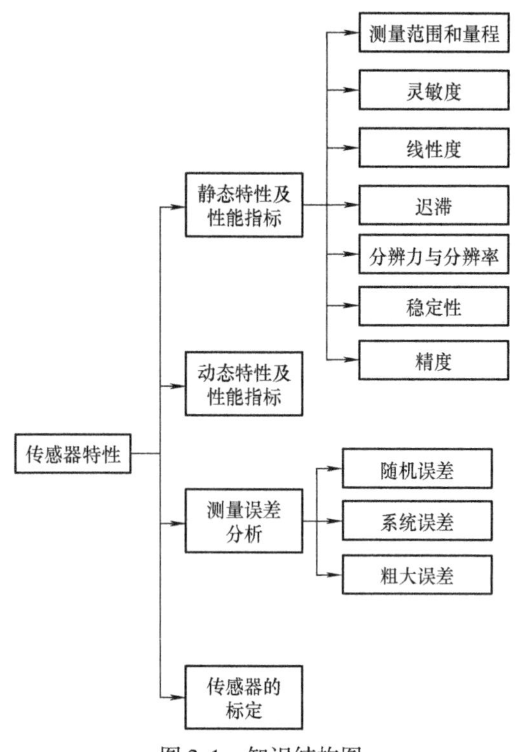

图 2-1 知识结构图

2.1 静态特性及性能指标

传感器的静态特性是指当传感器输入量（被测量）是常量（稳定状态的信号或变化极其缓慢的信号）时，输入与输出之间的关系。只考虑传感器的静态特性时，输入量与输出量之间的关系式中不含时间变量，可以用数学表达式、曲线或数据表格等形式来表示。例如，输入信号 x 不随时间变化或随时间变化很缓慢，此时检测系统的特性一般可用下列代数方程多项式来表示：

$$y = a_0 + a_1 x + a_2 x^2 + a_3 x^3 + \cdots + a_n x^n \tag{2-1}$$

式中 x——输入量；

y——输出量；

a_0——输入量 $x=0$ 时的输出量，即零位值；

a_1——传感器的线性灵敏度；

a_2，a_3，…，a_n——非线性系数。

通常用来描述静态特性的性能指标有测量范围、灵敏度、线性度、迟滞、分辨力、稳定性、精度等。

1. 测量范围和量程

检测系统能正常测量的最小输入量 x_{min} 和最大输入量 x_{max} 之间的范围，即（x_{min}，x_{max}）。

量程是指检测系统测量上限和测量下限的代数差，即 $L = |x_{max} - x_{min}|$。例如，0 ~ 6MPa

的压力检测系统，其量程为 6MPa；-70～100℃的温度检测系统，其量程为 170℃。

2. 灵敏度

灵敏度是指传感器（检测系统）在静态测量时，输出量的增量与输入量的增量之比的极限值，即

$$S = \lim_{\Delta x \to 0}\left(\frac{\Delta y}{\Delta x}\right) = \frac{\mathrm{d}y}{\mathrm{d}x} \tag{2-2}$$

灵敏度的量纲是输出量的量纲与输入量的量纲之比。当某些检测系统或组成环节的输入和输出量纲相同时，常用“增益”或“放大倍数”来代替灵敏度。

对于工作特性用直线方程表示的线性传感器，灵敏度 S 为常数，与输入量大小无关，直线的斜率越大，其灵敏度越高（图 2-2a）。对于非线性传感器，灵敏度随输入量而变化，通常用拟合直线的斜率表示（图 2-2b）。

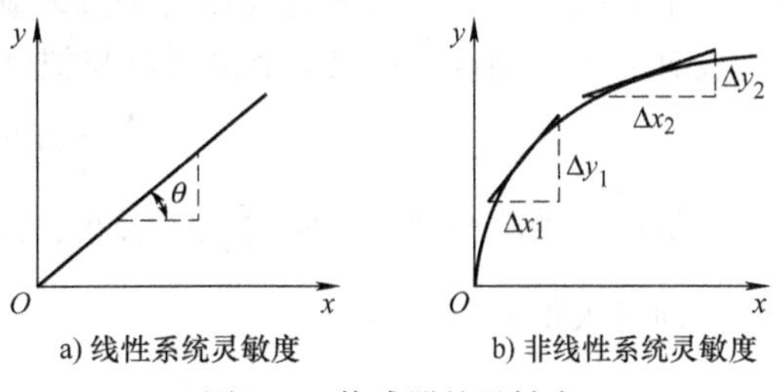

图 2-2　传感器的灵敏度

一个检测系统一般由若干个元件或单元组成，这些元件或单元在系统中通常被称为环节。若检测系统由灵敏度分别为 S_1、S_2、S_3、…、S_n 的 n 个相互独立的环节串联而成，该检测系统的总灵敏度为各组成环节灵敏度的乘积，即

$$S = S_1 S_2 S_3 \cdots S_n \tag{2-3}$$

3. 线性度

传感器的静态特性曲线可通过实际测试获得。在实际使用时，为了标定和数据处理的方便，希望得到线性关系，因此引用各种非线性补偿环节。如采用非线性补偿电路或计算机软件进行线性化处理，从而使传感器的输出与输入关系为线性或接近线性。如果传感器非线性项次不高，输入量变化范围较小时，可用实际特性曲线的切线或割线等直线来近似地代表实际曲线的一段，使传感器输出-输入特性线性化。所采用的直线称为拟合直线。

实际的传感器测出的输出-输入特性曲线与其拟合直线不吻合的程度（之间的偏差）称为传感器的线性度（或非线性误差）e_{L}。线性度通常用传感器实际的特性曲线与其拟合直线之间的最大偏差 $\Delta L_{\max}$ 与传感器满量程输出 y_{FS} 的百分比表示。

$$e_{\mathrm{L}} = \pm\frac{\Delta L_{\max}}{y_{\mathrm{FS}}} \times 100\% \tag{2-4}$$

该值越小，表明线性特性越好。但由于线性度是以选定的拟合直线为基准来确定的，因此即使对同一个传感器，拟合直线不同，其线性度也是不同的。下面介绍两种最常用的求解拟合直线和线性度的方法。

（1）端基线性度

通过连接实测特性曲线的两个端点得到端基直线，以端基直线作为基准来确定的线性度称为端基线性度。该方法的优点是简单，便于应用，缺点是没有考虑所有校准数据的分布。端基直线如图 2-3 所示，其方程为

$$y = b + kx \tag{2-5}$$

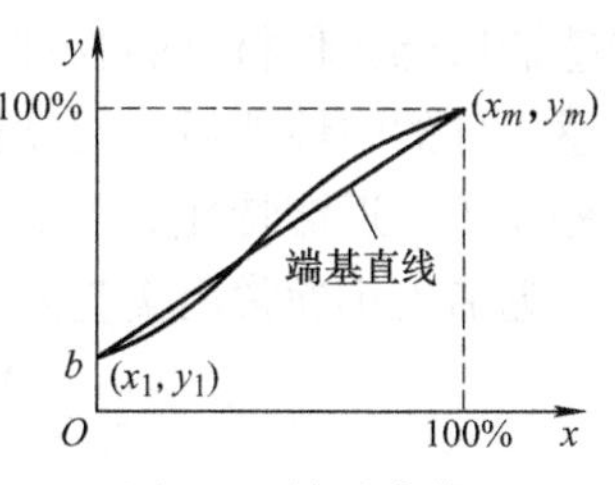

图 2-3　端基直线

式中　k——端基直线的斜率，

$$k=\frac{y_m-y_1}{x_m-x_1} \tag{2-6}$$

b——端基直线的截距，

$$b=\frac{y_1x_m-y_mx_1}{x_m-x_1} \tag{2-7}$$

（2）最小二乘线性度

找出一条直线，使该直线各点与相应的实际输出的偏差的二次方和最小，这条直线称为最小二乘直线。以最小二乘直线作为基准来确定的线性度称为最小二乘线性度。

设有 n 个检测点，则第 i 个检测点与拟合直线上相应值之间的残差为

$$\Delta_i=y_i-(b+kx_i) \tag{2-8}$$

按最小二乘法原理，应使 $\sum_{i=1}^{n}\Delta_i^2$ 最小，故由 $\sum_{i=1}^{n}\Delta_i^2$ 分别对 k 和 b 求一阶偏导数并令其等于零，即可求得 k 和 b。由

$$\frac{\partial}{\partial k}[y_i-(b+kx_i)]^2=2\sum(y_i-kx_i-b)(-x_i)=0 \tag{2-9}$$

$$\frac{\partial}{\partial b}[y_i-(b+kx_i)]^2=2\sum(y_i-kx_i-b)(-1)=0 \tag{2-10}$$

解得

$$k=\frac{n\sum x_iy_i-\sum x_i\cdot\sum y_i}{n\sum x_i^2-(\sum x_i)^2} \tag{2-11}$$

$$b=\frac{\sum x_i^2\cdot\sum y_i-\sum x_i\cdot\sum x_iy_i}{n\sum x_i^2-(\sum x_i)^2} \tag{2-12}$$

式中　$\sum x_i=x_1+x_2+\cdots+x_n$；

$\sum y_i=y_1+y_2+\cdots+y_n$

$\sum x_iy_i=x_1y_1+x_2y_2+\cdots+x_ny_n$

$\sum x_i^2=x_1^2+x_2^2+\cdots+x_n^2$；

n——检测点数。

将求得的 k 和 b 代入 $y=kx+b$ 中，即可得到最小二乘法拟合直线方程。这种拟合方法的缺点是计算烦琐，但线性的拟合精度高。

4. 迟滞

传感器在输入量增大（正行程）和输入量减小（反行程）的过程中，其输出-输入曲线不重合的现象称为迟滞，也叫回程误差。也就是说，对应同一大小的输入信号，传感器的正反行程输出信号大小不相等。产生这种现象的主要原因是由于传感器敏感元件材料的物理性质和机械零部件的缺陷，如弹性敏感元件的弹性滞后、运动部件摩擦、传动机构的间隙、紧固件松动等。迟滞特性如图 2-4 所示。

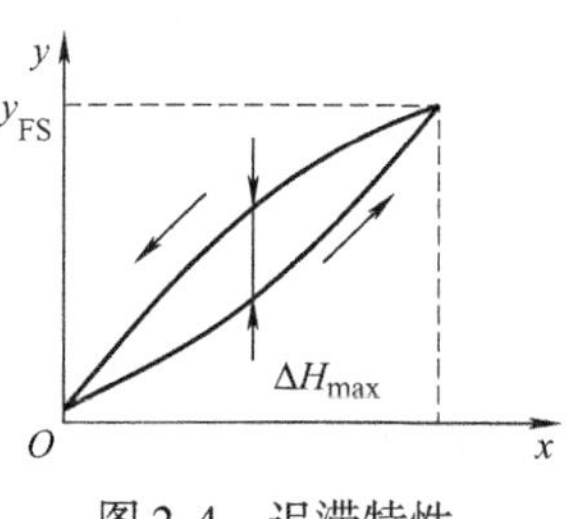

图 2-4　迟滞特性

迟滞大小通常用实验方法来确定，计算公式为

$$e_H=\frac{\Delta H_{max}}{y_{FS}}\times100\% \tag{2-13}$$

式中　ΔH_{max}——正反行程输出值间的最大差值。

5. 分辨力与分辨率

分辨力指能引起输出量发生变化时输入量的最小变化量 Δx_{min}。

分辨率指全量程中最大的 Δx_{min}（即 $|\Delta x_{min}|_{max}$）与满量程 L 之比的百分数（在整个量程内取最大的 Δx_{min}，以使得传感器在整个量程内都能产生可观测输出变化的最小输入变化量）。

分辨力表示传感器对被测量的测量分辨能力，仪表零点处的分辨力也称为阈值。分辨力和分辨率都是用来表示仪表或装置能够检测被测量的最小量值的性能指标。

6. 稳定性

稳定性是检测系统在一定工作条件下，其性能保持不变的能力。它表示的是保持输入信号不变时，输出信号随时间或温度的变化而出现缓慢变化的程度，通常可用时漂和温漂两个指标来衡量。

时漂指在输入信号不变时，检测系统的输出随时间变化的现象。

温漂指在输入信号不变时，检测系统的输出随环境温度变化的现象。

7. 精度

在静态测量中，由于任何传感器系统和测量结果都含有一定的误差，所以人们往往用测量误差来说明精度（见第 2.3 节）。

2.2　动态特性及性能指标

传感器的动态特性是指输入量随时间变化时，传感器的响应特性。动态特性反映了被测量变化时，传感器能否精确、快速、稳定地检测出被测量的大小和随时间变化的规律。

在实际工作中，通常采用实验的方法，根据传感器对某些标准信号的响应，来评价它的动态特性。相关内容可参见《自动控制原理》教材，本书不再赘述。

2.3　测量误差分析

人们借助专门的工具（即检测仪表，如传感器等），按照某种规律，用数据来描述客观事物的过程称为测量。在一定条件下，被测量所具有的客观大小称为真值。检测仪表指示或显示被测量的数值通常称为测量值或测量结果。由于测量仪器、测量方法、测量条件、测量人员等因素的限制，测量结果不可能绝对准确，测量值与真值之间不可避免地存在差异，这种差异就是测量误差。

不同性质的测量所允许的测量误差的大小是不同的。在某些情况下，误差超过一定限度的测量结果不仅没有意义，还会给工作造成影响甚至危害。因此，有必要研究测量误差的规律，进而选择或设计更合理的检测仪表，确定更好的测量方法，并正确地处理测量结果。

但是，也必须清楚地知道，提高精度、减小误差是以消耗人力、财力和降低测量可靠性为代价的。在实际测量中，对具体的测量任务只要满足一定的精度，即把测量的误差限制在允许范围之内就行了。一般情况下，在科学研究及科学实验中，精度是首要的；在工程实际中，稳定性是首要的，精度只要满足工艺指标范围即可。工程中的仪表应既廉价又实用，不要盲目追求高精度。

2.3.1 测量误差

测量误差的表示方法有以下三种。

1. 绝对误差

某被测量的测量值 x 与真值 A_0 之差 Δx，称为绝对误差，通常简称为误差，即

$$\Delta x = x - A_0 \tag{2-14}$$

式中 x——检测仪表指示或显示被测参量的数值，即仪表读数或示值（测量值）；

A_0——在一定时间、空间条件下客观存在的被测量的真实数值（真值）。

一般情况下，理论真值是未知的，在工程上通常用高一级标准仪器的测量值来代替真值，高一级标准仪器的误差与低一级标准仪器或普通仪器的误差相比，为其 1/5（或 1/3 ~ 1/10）时，即可认为前者的示值是后者的相对真值。这时，式(2-14) 可改写为

$$\Delta x = x - x_0 \tag{2-15}$$

式中 x——检测仪表指示或显示被测参量的数值，即仪表读数或示值（测量值）。

x_0——高一级标准仪器示值（相对真值）。

2. 相对误差

评定测量的精确度时，对于同等大小的被测量，测量结果的绝对误差越小，其测量精度越高；对于不同大小的被测量，则需要相对误差来说明测量精度的高低。在实际中，相对误差有下列两种形式：

（1）实际相对误差

实际相对误差是指绝对误差 Δx 与被测量的真值 A_0 的百分比值，记为

$$\delta_{\mathrm{A}} = \frac{\Delta x}{A_0} \times 100\% \tag{2-16}$$

（2）示值相对误差

示值相对误差是指绝对误差 Δx 与仪器的示值 x 的百分比值，记为

$$\delta_{\mathrm{x}} = \frac{\Delta x}{x} \times 100\% \tag{2-17}$$

由于绝对误差可能为正值或负值，因此相对误差也可能为正值或负值。相对误差是一个比值，以百分数（%）来表示。

为了减小测量中的示值误差，当选择仪表量程时，应使被测量的数值接近满度值，一般使这类仪器仪表工作在不小于满度值 2/3 的区域。

3. 引用误差

绝对误差与仪表量程 L 的百分比值，称为引用误差，常以百分数表示，记为

$$q = \frac{\Delta x}{L} \times 100\% \tag{2-18}$$

在仪表的量程范围内，各示值的绝对误差会有区别。仪表量程内出现的最大绝对误差 $\Delta x_{\max}$ 与仪表量程 L 之比称为最大引用误差，即

$$q_{\max} = \frac{\Delta x_{\max}}{L} \times 100\% \tag{2-19}$$

仪表的准确度等级就是用仪表的最大引用误差 q_{max} 来表示的，并以 q_{max} 的大小来划分仪表的准确度等级 G，其定义为

$$|q_{max}| = \left|\frac{\Delta x_{max}}{L}\right| \times 100\% \leqslant G\% \tag{2-20}$$

目前我国生产的测量指示仪表的准确度等级 G 分为 0.05、0.1、0.2、0.5、1.0、1.5、2.0、2.5、5.0 九级。确定准确度等级时，取满足式(2-20) 成立的最小的 G 即为该仪表的准确度等级。

【例 2-1】 某台测量温度的仪表量程为 600 ~ 1100℃，仪表的最大绝对误差为 ±4℃，试确定该仪表的准确度等级。

解：仪表的最大引用误差为

$$q_{max} = \frac{\Delta x_{max}}{L} \times 100\% = \pm \frac{4}{1100 - 600} \times 100\% = \pm 0.8\%$$

由于国家规定的准确度等级中没有 0.8 级仪表，而该仪表的最大引用误差超过了 0.5 级仪表的允许误差，所以这台仪表的准确度等级应定为 1.0 级。

【例 2-2】 仪表量程为 600 ~ 1100℃，工艺要求该仪表指示值的误差不得超过 ±4℃，应选准确度等级为多少的仪表才能满足要求？

解：根据工艺要求，仪表的最大引用误差为

$$q_{max} = \frac{\Delta x_{max}}{L} \times 100\% = \pm \frac{4}{1100 - 600} \times 100\% = \pm 0.8\%$$

±8% 介于允许误差 ±0.5% 和 ±1.0% 之间，如果选择允许误差为 ±1.0%，则其准确度等级为 1.0 级，此时可能产生的最大绝对误差为 ±1.0% ×(1100 − 600)℃ = ±5℃，超过了工艺要求。所以选择允许误差为 ±0.5%，即准确度等级为 0.5 级的仪表，才能满足工艺要求。

可见，由于仪表量程的原因，选用 1.0 级表测量的准确度可能比用 0.5 级表更高。

例 2-2 说明，选用仪表时，不应只看仪表的准确度等级，应根据被测量的大小综合考虑仪表的准确度等级和量程。

2.3.2　测量误差的分类

测量误差按其性质及产生的原因，可分为三类：随机误差、系统误差和粗大误差。

1. 随机误差

在相同测量条件下（指测量环境、测量人员、测量技术和测量仪器都相同），多次测量同一被测量时，测量误差的大小和正负符号以不可预知的方式变化，这种误差称为随机误差，也叫偶然误差。

在国家计量技术规范《通用计量术语及定义》（JJF 1001—2011）中，随机误差的定义为：随机误差 δ_i 是测量结果 x_i 与在重复条件下对同一被测量进行无限多次测量所得结果的平均值 $\bar{x}$ 之差，即

$$\delta_i = x_i - \bar{x} \tag{2-21}$$

式中　$\bar{x} = \lim\limits_{n\to\infty} \frac{1}{n}\sum\limits_{i=1}^{n} x_i$。

在实际工作中，不可能进行无限多次测量，因此，实际应用中的随机误差只是一个近

似值。

随机误差是测量值与平均值之差，它表明了测量结果的分散性，经常用来表征测量精密度（多次重复测量结果彼此之间相似的程度）的高低。一次测量的随机误差越大，则其精密度越低，测量结果越分散。

随机误差是由测量过程中许多独立的、微小的偶然因素所引起的综合结果，如无规则的温度变化、气压的起伏、电磁场的干扰、电源电压的波动等，引起测量值的变化。这些因素不可控制又无法预测和消除，因此分析比较困难。由于随机误差取值是不可知的，因此不能用实验方法消除，也不能修正。

随机误差具有随机变量的一切特点，就单次测量来说，其取值是不可知的，但多次重复测量时，其总体服从统计规律。随机误差的统计规律性主要表现在下述三方面：

（1）对称性

对称性指绝对值相等而符号相反的误差，出现的次数大致相等。也就是说，测量值以其算术平均值为中心对称分布。

（2）有界性

有界性指测量值的随机误差的绝对值不会超过一定的界限。也就是说，不会出现绝对值很大的随机误差。

（3）单峰性

单峰性指所有的测量值以其算术平均值为中心相对集中地分布，绝对值小的误差出现的机会大于绝对值大的误差出现的机会。

随机误差对测量结果的影响可以用统计的方法做出估计。

2. 系统误差

在相同测量条件下，多次重复测量同一被测量时，结果总是向一个方向偏离，测量误差的大小和符号保持不变或按一定规律变化，这种误差称为系统误差。在国家计量技术规范《通用计量术语及定义》（JJF 1001—2001）中，系统误差的定义为：在相同测量条件下，对同一被测量进行无限多次测量所得结果的平均值$\bar{x}$与被测量的真值 A_0 之差，即 $\varepsilon=\bar{x}-A_0$。

系统误差表明了测量结果偏离真值或实际值的程度，经常用来表征测量准确度的高低。一次测量的系统误差越小，则其准确度越高。系统误差是由固有原因造成的，具有一定的规律性，理论上可以通过一定手段修正或消除，从而得到更加准确的测量结果。

系统误差的来源具有以下几个方面：

（1）仪器误差

它是由于仪器本身的缺陷或没有按规定条件使用仪器而造成的误差，如螺旋测径器的零点不准、天平不等臂等。

（2）理论误差

它是由于测量所依据的理论公式本身的近似性，或实验条件不能达到理论公式所规定的要求，或测量方法不当等所引起的误差，如实验中忽略了摩擦、散热、电表的内阻等。

（3）个人误差

它是由于观测者本人生理或心理特点造成的误差，如有人用秒表测时间时，总是使之过快。

（4）环境误差

它是外界环境性质（如光照、温度、湿度、电磁场等）的影响而产生的误差，如环境温度升高或降低，使测量值按一定规律变化。

精确度是测量结果中系统误差（表征准确度）与随机误差（表征精密度）的综合，即精密准确的程度。它表示测量结果与真值的一致程度。精确度高说明准确度和精密度都高，意味着系统误差和随机误差都小。现利用打靶的弹着点为例加以说明，图2-5a所示的系统误差小而随机误差大（准确度高）；图2-5b所示的系统误差大而随机误差小（精密度高）；图2-5c所示的系统误差和随机误差都小（精确度高）。

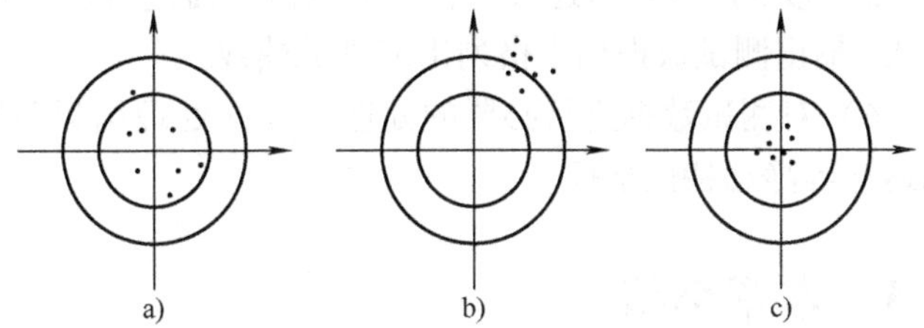

图2-5　系统误差、随机误差及其综合表示

3. 粗大误差

在相同的条件下，多次重复测量同一被测量时，明显地歪曲了测量结果的误差，称为粗大误差，简称粗差，又称过失误差。粗大误差是由于测量者过失，如实验方法不合理、用错仪器、操作不当、读错数值或记错数据、测量条件意外改变等引起的误差，只要测量者采用严肃认真的态度，粗大误差是可以避免的。

含有粗大误差的测量值称为坏值，所有的坏值都应去除，但不是主观或随便去除，必须科学地舍弃。正确的实验结果不应该包含有粗大误差。

2.4　传感器的标定

以标准测量仪器为依据，对传感器的特性进行试验检测，来建立传感器输入量和输出量之间的关系，这个过程称为传感器的标定。新研制的传感器性能指标的检定或传感器使用或存储一段时间后的复测，都要进行标定。这里仅介绍传感器的静态标定问题。

传感器的静态标定主要是检验、测试传感器的静态特性指标，如静态灵敏度、非线性、迟滞、重复性等。

1. 静态标准条件

静态标定是在静态标准条件下进行的，即：没有加速度、振动、冲击（除非这些参数本身就是被测物理量），环境温度一般为（20±5）℃，相对湿度不大于85%，大气压力为（101.3±8）kPa。

2. 标定仪器设备准确度等级的确定

传感器进行标定，是根据测试数据确定传感器的各项性能指标，实际上也是确定传感器的测量准确度。所用的测量仪器的准确度至少要比被标定的传感器的准确度高一个等级。这样，通过标定确定的传感器的静态特性指标才是可靠的，所确定的准确度才是可信的。

3. 静态标定的步骤

静态标定一般有以下步骤：

1）将传感器、仪器连接好。

2）满量程（测量范围）分为若干等间距点。

3）根据传感器量程分点情况，由小到大逐渐一点一点地输入标准量值直至满量程，并记录下与各输入值相对应的输出值。

4）将输入值由大到小一点一点地减少，同时记录下与各输入值相对应的输出值。

5）按3）、4）所述过程，对标定传感器进行多次正、反行程往复循环测试，将得到的输入-输出测试数据用表格列出或画成曲线。

6）对测试数据进行必要的处理，根据处理结果就可以确定传感器的灵敏度、线性度、和迟滞等静态特性指标。

2.5 本章小结

本章介绍了传感器的静态特性及其性能指标、性能指标、测量误差的分类，以及传感器的标定。通过本章的学习，读者应掌握传感器的静态性能指标以及测量误差的分析。

思考题

2-1 传感器的静态特性是什么？它有哪些性能指标？

2-2 传感器的动态特性是什么？它有哪些性能指标？

2-3 某压力传感器的测量范围为0～10MPa，校验该传感器时得到的最大绝对误差为±0.08MPa，试确定该传感器的准确度等级。

2-4 什么是传感器的线性度？已知测得某传感器输入-输出特性由表2-1所列一组数据表示。

表2-1 题2-4输入-输出特性

x	0.9	2.5	3.3	4.5	5.7	6.7
y	1.1	1.6	2.6	3.2	4.0	5.0

试分别用端基法和最小二乘法，求线性度和灵敏度。

2-5 某压力传感器的微分方程为$30\frac{\mathrm{d}y}{\mathrm{d}t}+3y=0.15x$，其中$y$为输出电压（V），$x$为输入压力（Pa），求该系统的静态灵敏度。

2-6 某压电式加速度计动态特性可用如下微分方程描述，即

$$\frac{\mathrm{d}^2q}{\mathrm{d}t^2}+3.0\times10^3\frac{\mathrm{d}q}{\mathrm{d}t}+2.25\times10^{10}q=11.0\times10^{10}a$$

式中 q——输出电荷（pC）；

a——加速度（$\mathrm{m/s^2}$）。试确定该测量装置的固有振荡频率ω_0、阻尼系数ξ、静态灵敏度系数K。

第3章

电阻式传感器

电阻式传感器是一种应用较早的电参数传感器，它的种类繁多，结构简单，线性和稳定性较好，与相应的测量电路可组成测力、称重、测位移、测加速度、测扭矩、测温度等检测系统，已成为生产过程检测和智能自动化中不可缺少的检测工具之一。

【学习目标】

通过本章学习，读者应掌握电阻式传感器的工作原理、构成、测量电路的设计、误差分析与补偿方法以及电阻式传感器的应用设计。理解应变片的特征和应用。

【产出分析】

通过本章教学，应达成以下学习产出（包括但不限于）：

1）通过电阻式传感器工作原理与基本构成的学习，具备解决电阻式传感器工程应用选型与分析的基本能力。

2）针对电阻式传感器误差分析与补偿方法问题，能识别和表达传感器的误差，并对其原因进行分析，在获得有效结论的基础上明确补偿方法。

3）通过对电阻式传感器测量电路设计的学习，具备设计满足特定需求的电阻式传感器子系统或单元（部件）的能力，并能够在设计环节中体现创新意识。

4）通过电阻式传感器的应用设计以及应变片的特征与应用的学习，能够基于相关工程背景知识进行合理分析，评价传感器工程实践对社会、健康的影响，并理解应承担的责任。

【知识结构图】

本章知识结构图如图3-1所示。

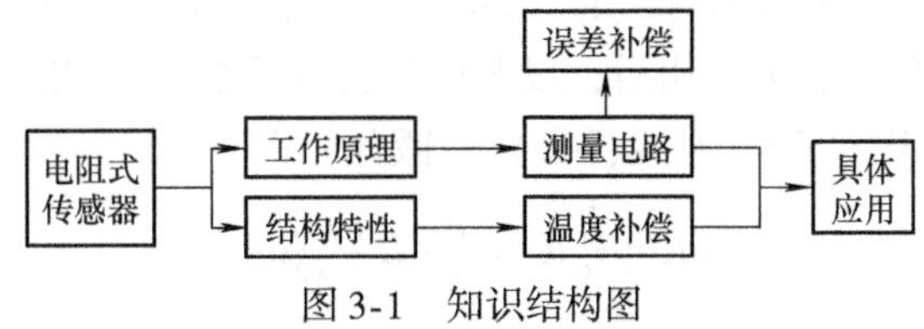

图3-1　知识结构图

3.1　电阻应变计结构及工作原理

3.1.1　电阻应变计结构

电阻应变计也称应变计或应变片，主要由四个部分组成：敏感栅、基片、保护片、低阻镀锡铜丝，其结构如图 3-2 所示。

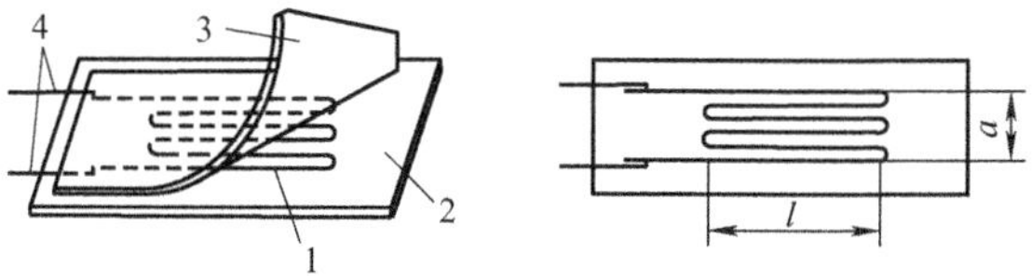

图 3-2　电阻应变计结构简图

1—敏感栅　2—基片　3—保护片　4—低阻镀锡铜丝

用应变计测量应变时，先将其粘贴在被测对象表面，当被测对象受力变形时，应变计的敏感栅也受力变形，其电阻值发生变化，通过转换电路变成电压或电流的变化。

电阻应变计可作为敏感元件，直接用于被测试件的应变测量；还可作为转换元件，通过弹性敏感元件构成传感器，用以对任何能转变为弹性元件应变的其他物理量做间接测量。无论应变计还是应变式传感器，都是基于电阻应变效应原理工作的，下面先介绍电阻应变效应原理。

3.1.2　电阻应变效应

电阻应变计（应变片）是一种能将试件上的应变量转换成电阻值变化的转换元件，其转换原理是基于电阻丝的电阻应变效应。所谓电阻应变效应，是指金属导体（或半导体）的电阻值随变形（伸长或缩短）而发生改变的一种物理现象。设有一根圆截面的金属丝（图 3-3），其原始电阻值为

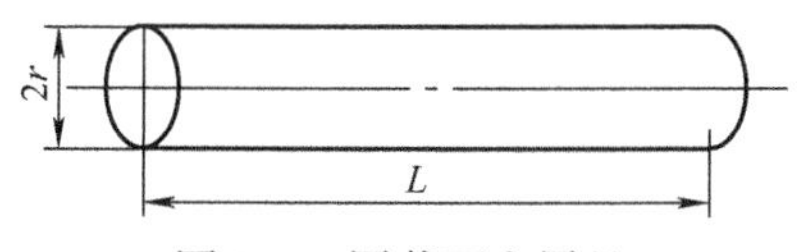

图 3-3　圆截面金属丝

$$R=\rho\frac{L}{A} \tag{3-1}$$

式中　R——金属丝的原始电阻值（Ω）；

ρ——金属丝的电阻率（Ω · m）；

L——金属丝的长度（m）；

A——金属丝的横截面积（m^2），$A=\pi r^2$，r 为金属丝的半径（m）。

当金属丝受轴向力 F 作用被拉伸（或压缩）时，式(3-1) 中的 ρ、L、A 都会发生变化，从而引起电阻值 R 的变化。受力作用后，设金属丝长度伸长 $\mathrm{d}L$，截面积减小 $\mathrm{d}A$，电阻率变化为 $\mathrm{d}\rho$，引起电阻 R 变化为 $\mathrm{d}R$。对式(3-1) 全微分，得

$$\mathrm{d}R=\frac{L}{A}\mathrm{d}\rho+\frac{\rho}{A}\mathrm{d}L-\frac{\rho L}{A^2}\mathrm{d}A \tag{3-2}$$

整理得

$$\frac{\mathrm{d}R}{R}=\frac{\mathrm{d}L}{L}-\frac{\mathrm{d}A}{A}+\frac{\mathrm{d}\rho}{\rho} \tag{3-3}$$

根据材料力学的知识，式(3-3) 等号右边第一项称为轴向线应变（或纵向线应变）

ε，即

$$\varepsilon = \frac{\mathrm{d}L}{L} \tag{3-4}$$

受拉力（或受压力）时，半径缩小（或扩大）产生径向线应变（或横向线应变）$\mathrm{d}r/r$，它与轴向（纵向）线应变符号相反，二者的比值称为泊松比，即

$$\mu = -\frac{\frac{\mathrm{d}r}{r}}{\frac{\mathrm{d}L}{L}} = -\frac{\frac{\mathrm{d}r}{r}}{\varepsilon} \qquad \mu > 0 \tag{3-5}$$

式(3-3) 中等号右边第二项称为面应变，因 $A = \pi r^2$，故有

$$\frac{\mathrm{d}A}{A} = 2\,\frac{\mathrm{d}r}{r} = -2\mu\varepsilon \tag{3-6}$$

半导体材料受到应力作用时，其电阻率会发生变化，这种现象称为“压阻效应”。由半导体理论可知，锗、硅等单晶半导体材料的电阻率相对变化与作用于材料的轴向应力 σ 成正比，即

$$\frac{\mathrm{d}\rho}{\rho} = \lambda\sigma \tag{3-7}$$

式中　λ——半导体材料在受力方向的压阻系数。

由材料力学可知，轴向应力 F 与轴向线应变 ε 关系为

$$\sigma = \frac{F}{A} = \varepsilon E \tag{3-8}$$

式中　E——半导体材料的弹性模量，故有

$$\frac{\mathrm{d}\rho}{\rho} = \lambda\varepsilon E \tag{3-9}$$

综上，有

$$\frac{\mathrm{d}R}{R} = (1 + 2\mu + \lambda E)\varepsilon \tag{3-10}$$

由式(3-10) 可知，电阻值相对变化量是由两方面的因素决定的。一方面是由金属丝的几何尺寸的改变而引起，即$(1 + 2\mu)$ 项；另一方面是材料受力后，材料的电阻率变化而引起的，即 λE 项。对于特定的材料，$(1 + 2\mu + \lambda E)$ 是一个常数，因此式(3-10) 所表达的电阻丝电阻变化率与应变呈线性关系，这就是电阻应变计测量应变的理论基础。

对式(3-10)，令 $K_0 = 1 + 2\mu + \lambda E$，则有

$$\frac{\mathrm{d}R}{R} = K_0\varepsilon \tag{3-11}$$

式中　K_0——单根金属丝的灵敏度系数。其物理意义为：当金属丝发生单位长度变化（应变）时，K_0 为电阻变化率与其应变的比值，亦即单位应变的电阻变化率。

对灵敏度系数有如下结论：

1）对金属而言，λE 近似为零，通常 $\mu = 0.25 \sim 0.5$，故 $K_0 = 1 + 2\mu = 1.5 \sim 2$。

2）对半导体而言，压阻系数 $\lambda = (40 \sim 50) \times 10^{-11}\,\mathrm{m^2/N}$，弹性模量 $E = 1.67 \times 10^{11}\,\mathrm{Pa}$，则 $\lambda E \approx 50 \sim 100$，故 λE 比 $1 + 2\mu$ 大得多，$1 + 2\mu$ 可以忽略不计。可见，半导体灵敏度要比

金属大得多（为 30 ~ 50 倍）。

3.2 测量电路

应变片可以将应变的变化转换为电阻值的变化，这个变化量通常采用电桥作为测量电路来测量。根据电桥电源的不同，可分为直流电桥和交流电桥。

1. 平衡条件

典型的直流电桥结构如图 3-4 所示。它有四个为纯电阻的桥臂，传感器电阻可以充任其中任意一个桥臂。U_E为电源电压，U_L为输出电压，R_L为负载电阻，由此可得桥路电压的一般形式为

$$U_L = \frac{R_1}{R_1 + R_2}U_E - \frac{R_3}{R_3 + R_4}U_E = \frac{R_1R_4 - R_2R_3}{(R_1 + R_2)(R_3 + R_4)}U_E \tag{3-12}$$

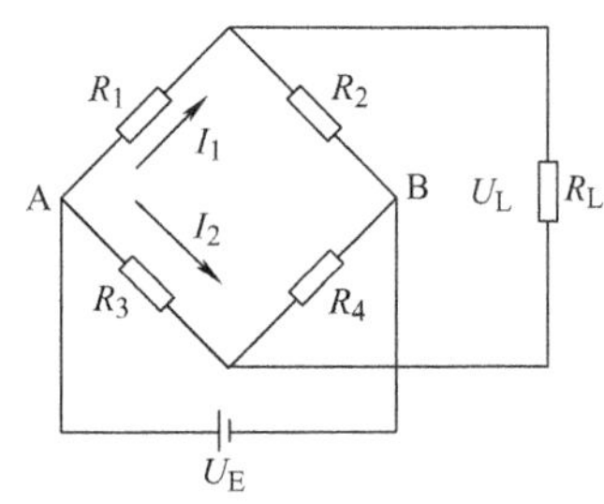

图 3-4　直流电桥结构

显然，当 $R_1R_4 = R_2R_3$ 时，电桥平衡，桥路输出电压 $U_L = 0$。

2. 直流电桥输出

如电桥中 R_1 为应变片，它随被测参数变化而变化，R_2、R_3 与 R_4 为固定电阻。当被测参数的变化引起电阻变化 ΔR_1 时，即电阻从 R_1 变为 $R_1 + \Delta R_1$，则桥路平衡被破坏，电桥输出不平衡电压为

$$U_L = U_E \frac{(R_1 + \Delta R_1)R_4 - R_2R_3}{(R_1 + \Delta R_1 + R_2)(R_3 + R_4)} = U_E \frac{R_1R_4 - R_2R_3 + \Delta R_1R_4}{(R_1 + \Delta R_1 + R_2)(R_3 + R_4)} \tag{3-13}$$

因为 $R_1R_4 - R_2R_3 = 0$，所以式(3-13) 可变为

$$U_L = U_E \frac{\Delta R_1R_4}{(R_1 + \Delta R_1 + R_2)(R_3 + R_4)} = U_E \frac{\dfrac{\Delta R_1R_4}{R_1R_3}}{\left(1 + \dfrac{\Delta R_1}{R_1} + \dfrac{R_2}{R_1}\right)\left(1 + \dfrac{R_4}{R_3}\right)} \tag{3-14}$$

设桥臂比$\dfrac{R_1}{R_2} = \dfrac{R_3}{R_4} = \dfrac{1}{n}$，且假设 $R_1 \gg \Delta R_1$，则可略去分母中的$\dfrac{\Delta R_1}{R_1}$，有

$$U_L \approx U_E \frac{n}{(1 + n)^2} \frac{\Delta R_1}{R_1} \tag{3-15}$$

定义

$$K_V = \frac{U_L}{\dfrac{\Delta R_1}{R_1}} = \frac{n}{(1 + n)^2}U_E \tag{3-16}$$

为单臂工作应变片电桥输出电压灵敏度，其物理意义是：单位电阻相对变化量引起电桥输出的电压大小。K_V 值的大小由电桥电源电压 U_E 和桥臂比 n 决定。

1）电桥电源电压越高，输出电压的灵敏度越高。但提高电源电压会使应变片和桥臂电阻的功耗增加，温度误差变大。一般电源电压取 3 ~ 6V 为宜。

2）桥臂比 n 取何值时 K_V 最大？K_V 是 n 的函数，取 $\frac{dK_V}{dn}=0$，有

$$\frac{dK_V}{dn}=\frac{1-n^2}{(1+n)^4}=0 \tag{3-17}$$

显然，当 $n=1$ 时，K_V 有最大值，即有 $R_1=R_2=R_3=R_4=R$。由式(3-15)、式(3-16)和式(3-11)得

$$U_L\approx\frac{U_E}{4}\frac{\Delta R}{R}=\frac{U_E}{4}K_0\varepsilon \tag{3-18}$$

由分析可知，当电桥电源电压 U_E 恒定时，电阻相对变化 $\frac{\Delta R_1}{R_1}$ 一定时，电桥的输出电压及其灵敏度是定值，与各桥臂电阻阻值无关。

以上讨论的电桥输出特性，得到了 U_L 与 ΔR_1 的线性关系，是应用了 $R_1\gg\Delta R_1$ 的近似条件。当 ΔR_1 过大而不能忽略时，桥路的输出电压将存在较大的非线性误差。

当 ΔR_1 不能忽略时，式(3-14) 可化为

$$U_L'=U_E\frac{n\frac{\Delta R_1}{R_1}}{\left(1+n+\frac{\Delta R_1}{R_1}\right)(1+n)} \tag{3-19}$$

如果选取等臂电桥，$n=1$，则非线性误差为

$$\delta=\frac{U_L-U_L'}{U_L}=1-\frac{2}{2+\frac{\Delta R_1}{R_1}}=\frac{\Delta R_1}{2R_1}\frac{1}{1+\frac{\Delta R_1}{2R_1}} \tag{3-20}$$

按幂级数展开 $1/(1+\Delta R_1/R_1)$，再略去高次项，有

$$\delta\approx\frac{\Delta R_1}{2R_1} \tag{3-21}$$

对电阻式应变片电桥，有

$$\delta_u=\frac{1}{2}K_0\varepsilon \tag{3-22}$$

利用非线性误差的表达式，可以按照测量要求所允许的最大非线性误差来选择应变片或确定应变片的最大测量范围。为了减小和克服非线性误差，通常采用差动电桥补偿，具体原理简述如下。

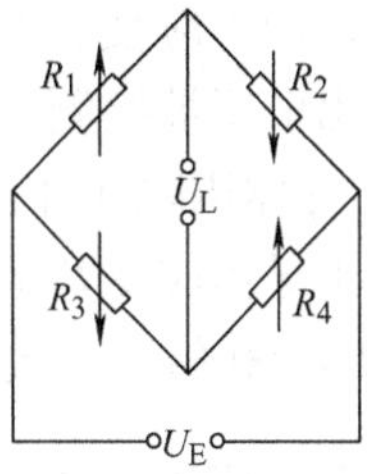

若在测量试件弯曲应变时，上下各贴两个批号一样的应变片，电桥接成图 3-5 所示的全桥形式，则有

图 3-5　全桥差动电桥

3.2　扩散硅式压力传感器

$$R_1=R+\Delta R,\ R_2=R-\Delta R,\ R_3=R-\Delta R,\ R_4=R+\Delta R$$

$$U_L=U_E\left(\frac{R+\Delta R}{R+\Delta R+R-\Delta R}-\frac{R-\Delta R}{R-\Delta R+R+\Delta R}\right)=U_E\frac{\Delta R}{R} \tag{3-23}$$

可见，全桥电压及灵敏度是单臂工作应变片电桥的 4 倍，并且补偿了非线性误差。

3.3 电阻式传感器在无人装备中的应用

应变片作为一种变换元件，除了直接测量试件的应变和应变力外，还可以与不同结构的弹性元件相结合制成各种形式的应变式传感器。弹性元件的结构形式有很多，可以根据不同弹性元件的结构特性，构成用于测量位置、加速度、力（力矩）等参量的应变式传感器。

3.3.1 电阻式位置传感器

典型的位置传感器是电位计（称为电位差计或分压计），如图3-6所示，工作台下面有同电阻接触的触头，当工作台左右移动时，接触触头也随之左右移动，从而移动了与电阻接触的位置，通过检测输出电压变化，可以确定以电阻中心为基准位置的移动距离。

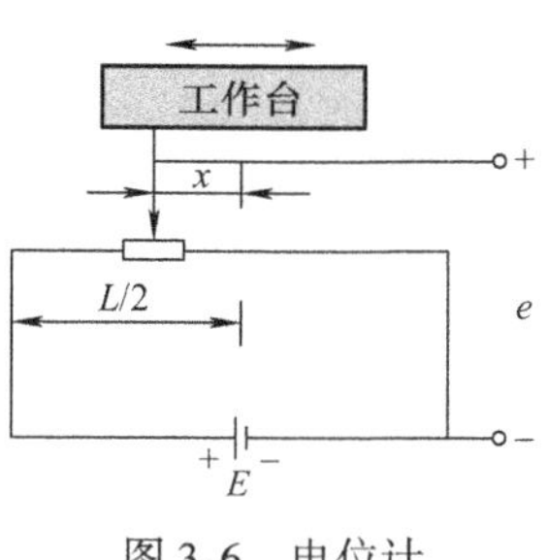

图3-6 电位计

假定输入电压为E，电阻丝长度为L，触头从中心向左端移动x，电阻右侧的输出电压为e，则根据欧姆定律，移动距离x为

$$x=\frac{L(2e-E)}{2E} \tag{3-24}$$

把图3-6中的电阻元件弯成圆弧形，可动触头的另一端固定在圆的中心，并像时针那样回转时，电阻因相应回转角变化而改变，基于上述同样的理论可构成角度传感器。

3.3.2 应变式加速度传感器

Ni-Cu或Ni-Cr等金属电阻应变片加速度传感器是一个由板簧支撑重锤所构成的振动系统，板簧上下两面分别贴两个应变片（图3-7）。应变片受振动产生应变，其电阻值的变化通过电桥电路的输出电压被检测出来。除了金属电阻外，Si或Ge半导体压阻元件也可用于加速度传感器。

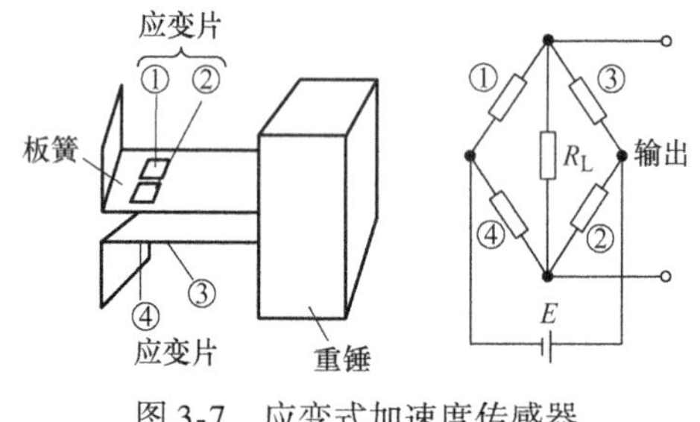

图3-7 应变式加速度传感器

半导体应变片的应变系数比金属电阻应变片高50～100倍，灵敏度很高，但温度特性差，需要采用3.2节介绍的电路加以补偿。

3.3.3 应变式力觉传感器

力觉是指对机器人的指、肢和关节等运动中所受力的感知，主要包括腕力觉、关节力觉和支座力觉等。根据被测对象的负载，可以把力传感器分为测力传感器（单轴力传感器）、力矩表（单轴力矩传感器）、手指传感器（检测机器人手指作用力的超小型单轴力传感器）和六轴力觉传感器等。

1. 筒式力觉传感器

筒式力觉传感器的弹性元件如图3-8所示，一端盲孔，另一端通过法兰与被测系统连接。在薄壁筒上贴有两片应变计，作为工作片；实心部分贴有两片应变计，作为温度补偿片。当圆筒部分没有压力作用时，四个应变片组成的全桥是平衡的；有压力作用时，圆筒形变，电桥失去平衡。通过输出电压的变化测量压力。圆周部分轴向应变和压力的关系为

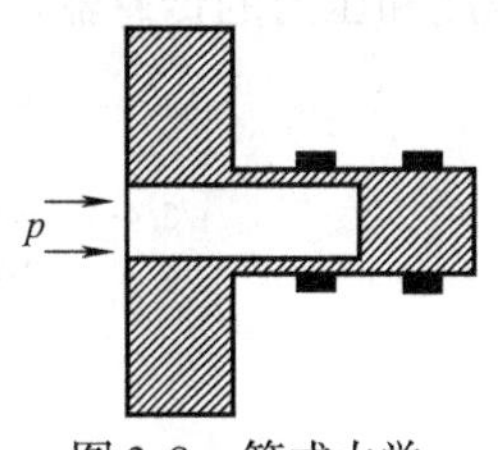

图3-8　筒式力觉传感器的弹性元件

$$\varepsilon = \frac{p(2-\mu)}{E\left(\frac{D^2}{d^2}-1\right)} \tag{3-25}$$

式中　p——被测压力；

D——圆筒外径；

d——圆筒内径；

μ——泊松比。

2. 十字腕力传感器

图3-9所示为挠性十字梁式腕力传感器，用铝材切成十字框架，各悬梁外端插入圆形手腕框架的内侧孔中，悬梁端部与腕框架的接合部装有尼龙球，目的是使悬梁易于伸缩。此外，为了增加其灵敏性，在与梁相接处的腕框架上还切出窄缝。十字形悬梁实际上是一整体，其中央固定在手腕轴向。

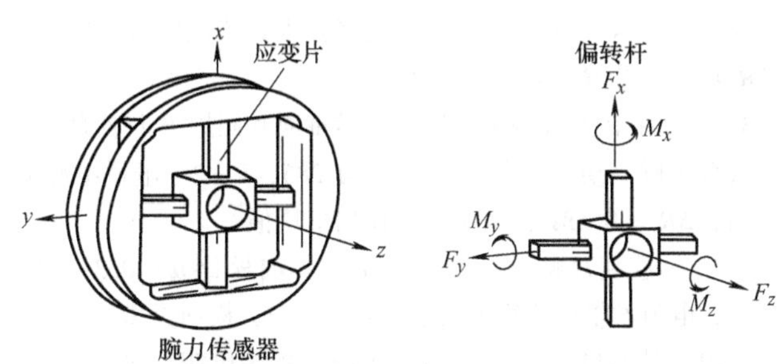

图3-9　挠性十字梁式腕力传感器

应变片贴在十字梁上，每根梁的上下左右侧面各贴一片应变片，共贴有16片应变片。相对面上的两片应变片可构成一组半桥，通过测量一个半桥的输出，即可检测一个参数，整个手腕通过应变片可检测出8个参数：f_{x1}、f_{x3}、f_{y1}、f_{y2}、f_{y3}、f_{y4}、f_{z2}、f_{z4}，利用这些参数可计算出手腕顶部x、y、z方向的力F_x、F_y、F_z以及x、y、z方向的旋转矩M_x、M_y、M_z，见下式。

$$\left.\begin{aligned}
F_x &= f_{x1} - f_{x3} \\
F_y &= f_{y1} - f_{y2} - f_{y3} - f_{y4} \\
F_z &= -f_{z2} - f_{z4} \\
M_x &= a(f_{z2} + f_{z4}) + b(f_{y1} - f_{y4}) \\
M_y &= -b(f_{x1} - f_{x3} - f_{z2} + f_{z4}) \\
M_z &= -a(f_{x1} + f_{x3} + f_{z2} - f_{z4})
\end{aligned}\right\} \tag{3-26}$$

3.4　本章小结

本章介绍了电阻式传感器的工作原理、测量电路以及各种应用传感器。电阻应变效应是电阻传感器的基础，是测量电路的理论出发点。在此基础上介绍了无人装备中测量位置、加

速度和压力的传感器应用。读者应熟练学习掌握好测量原理、测量电路，在实践中提升。

思 考 题

3-1 简述电阻应变计的工作原理。

3-2 什么是金属的电阻应变效应？金属丝的应变效应灵敏度系数的物理意义是什么？

3-3 试述金属电阻应变片与半导体电阻应变片的应变效应有什么不同？

3-4 什么是直流电桥？按桥臂工作方式分类，可分为哪几种？各自的输出电压如何计算？

3-5 直流电桥和交流电桥的平衡条件有何异同？

3-6 简述电阻应变式传感器的温度误差产生原因。如何补偿？

3-7 两片金属应变片 R_1 和 R_2 阻值均为 120Ω，灵敏系数 $K=2$。两片应变片一片受拉，一片受压，产生的应变为 1000$\mu\varepsilon$ 和 $-1000\mu\varepsilon$。两者接入直流电桥组成半桥双臂工作电桥，电源电压 $U=5$V。求：1）ΔR 和 $\Delta R/R$；2）电桥的输出电压 U_o。

3-8 如果在实心钢圆柱试件上沿轴向和圆周方向各贴一片 $R=120\Omega$ 的金属应变片，将这两片应变片接入等臂半桥差动电桥中。已知 $\mu=0.285$，$K=2$，电桥电源电压为 DC6V，当被测试件受 F（轴向拉伸时）作用后，$\Delta R_1=0.48\Omega$，求桥路的输出电压值。

3-9 一应变片贴在标准试件上，其泊松比 $\mu=0.3$，试件受轴向拉伸，如图 3-10 所示。已知 $\varepsilon_x=1000\mu\varepsilon$，电阻丝轴向应变的灵敏系数 $K_x=2$，横向灵敏度 $K_r=4\%$，试求 $\Delta R_1/R_1$ 和 $R=120\Omega$ 时的 ΔR_1。

3-10 图 3-11 为等强度测力系统，R_1 为电阻应变片，应变片灵敏系数 $K=2.05$，未受应变时，$R_1=120\Omega$。当试件受力 F 时，应变片承受平均应变 $\varepsilon=800\mu\text{m/m}$，求：

1）应变片电阻变化量 ΔR_1 和电阻相对变化量 $\Delta R_1/R_1$。

2）将电阻应变片 R_1 置于单臂测量桥路，电桥电源电压为直流 3V，求电桥输出电压及电桥非线性误差。

3）若要减小非线性误差，应采取何种措施？并分析其电桥输出电压及非线性误差大小。

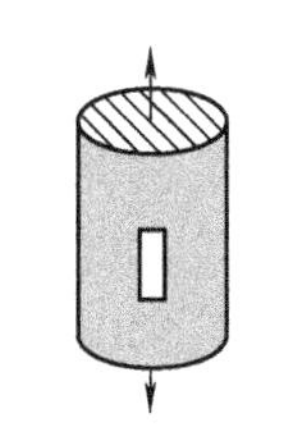

图 3-10 应变片粘贴

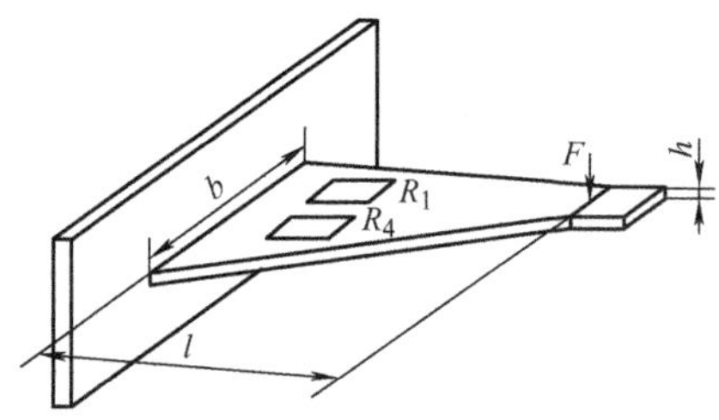

图 3-11 等强度测力系统

第 4 章

电容式传感器

电容式传感器是能把某些非电量的变化通过一个可变电容器转换成电容量的变化的装置。电容测量技术不但广泛用于位移、振动、角度、加速度等机械量的精密测量，还用于压力、差压、液面、料面、成分含量等方面的测量。电容式传感器结构简单、体积小、分辨率高、本身发热量小，十分适合于非接触测量。

【学习目标】

1）通过本章学习，掌握电容式传感器的工作原理、构成、测量电路的设计方法，理解电容式传感器的基本应用领域。

2）掌握电容式传感器在工程中的应用方法。

3）具备不断学习、理解、应用传感器新技术的意识和能力。

【产出分析】

通过本章教学，应达成以下学习产出：

1）通过对电容式传感器基本原理、分类及主要特性的学习，具备解决复杂工程问题能力的基础。

2）通过对电容式传感器测量电路的学习，具备设计满足特定需求测量子系统的能力。

3）通过对电容式传感器应用领域的学习与研讨，能评价传感器工程实践对社会、健康、安全、法律以及文化的影响，并理解工程实践中应承担的责任。

4）通过资料查询、学习交流、讲解与互动，具备自主学习的意识，培养不断学习和适应发展的能力。

5）能够就传感器工程问题进行有效沟通和交流，并通过文献调研与学习环节培养国际视野，并能在跨文化背景下进行沟通和交流。

【知识结构图】

本章知识结构图如图 4-1 所示。

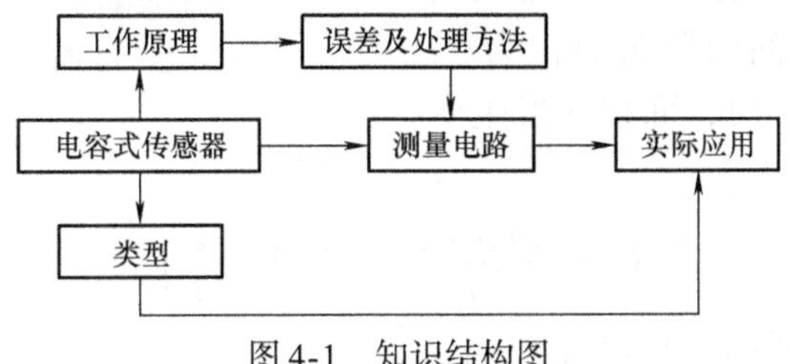

图 4-1　知识结构图

4.1 电容式传感器的工作原理

用两块金属平板作电极（可称极板）可构成简单的电容器。当忽略边缘效应时，其电容量为

$$C=\frac{\varepsilon S}{d}=\frac{\varepsilon_0\varepsilon_r S}{d} \tag{4-1}$$

式中 ε——电容极板间介质的介电常数，$\varepsilon=\varepsilon_r\varepsilon_0$；

ε_0——空气或真空的介电常数，$\varepsilon_0=8.85\times10^{-12}\mathrm{F/m}$；

ε_r——介质材料的相对介电常数；

C——电容量；

d——两极板之间的距离；

S——两极板覆盖的面积。

当被测参数使得式(4-1) 中的 S、d 或 ε 发生变化时，电容量 C 也随之变化。如果仅改变其中一个参数，而保持另外两个参数不变，就可把该参数的变化转换为电容量的变化。因此，电容量变化的大小随着被测参数的大小而变化。在实际的使用中，电容式传感器分为三类：变极距型、变面积型和变介电常数型。改变极板间距 d 的传感器可以测量 μm 数量级的位移，而改变面积 S 的传感器则是用于测量 cm 数量级的位移，变介电常数型电容式传感器适用于液面、厚度的测量。

4.1.1 变面积型电容式传感器

4.1.1 变面积型电容式传感器原理

图 4-2a 是角位移型电容式传感器的结构原理图。当动片有一角位移 θ 时，两极板覆盖面积 S 就改变，因而改变了两极板间的电容量。

当 $\theta=0$ 时

$$C_0=\frac{\varepsilon S}{d} \tag{4-2}$$

当 $\theta\neq0$ 时

$$C_\theta=\frac{\varepsilon S(1-\theta/\pi)}{d}=C_0(1-\theta/\pi) \tag{4-3}$$

由式(4-3) 可见，电容 C_θ 与角位移 θ 呈线性关系。

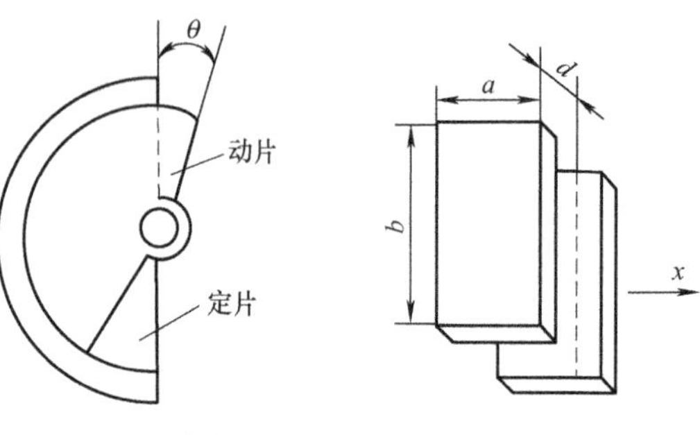

a) 角位移型　　b) 直线位移型

图 4-2　变面积型电容式传感器

图 4-2b 是直线位移型电容式传感器的结构示意图。设两矩形板间的覆盖面积为 S，当其中一极板移动距离 x 时，面积 S 发生变化，电容量也改变。

$$C_x=\frac{\varepsilon b(a-x)}{d}=C_0\left(1-\frac{x}{a}\right) \tag{4-4}$$

此传感器灵敏度 K 可由式(4-4) 求得

$$K=\frac{\mathrm{d}C_x}{\mathrm{d}x}=-\frac{C_0}{a} \tag{4-5}$$

由式(4-5)可知：增大初始电容 C_0 可以提高传感器的灵敏度。但 x 变化不能太大，否则边缘效应会使传感器特性产生非线性变化。

变面积型电容式传感器还可以做成其他多种形式。这种电容式传感器大多用来检测位移等参数。

4.1.2 电容液位计原理图

4.1.2 变介电常数型电容式传感器

当电容量两个极板间介质发生改变时，介电常数也发生相应变化，从而引起电容量的改变。图 4-3 给出一种电容式液面计的结构原理图。在被测介质中放入两个同心圆柱极板 1 和极板 2。若容器内液体的介电常数为 ε_1，容器介质上面气体的介电常数为 ε_2，当容器内液面变化时，两极板间电容量 C 就会发生变化。

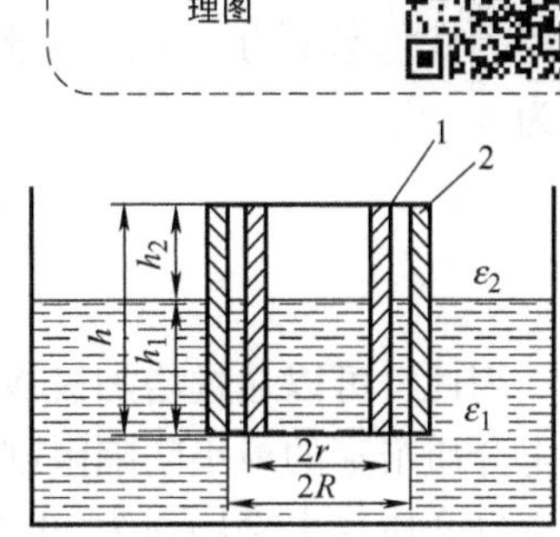

图 4-3 液面计原理图

假设容器中介质是不导电的液体，容器中液体介质浸没电极 1 和电极 2 的高度为 h_1，这时的总电容 C 等于气体介质间的电容量和液体介质间电容量之和。

气体介质间的电容量 C_2 为

$$C_2=\frac{2\pi h_2\varepsilon_2}{\ln(R/r)}=\frac{2\pi(h-h_1)\varepsilon_2}{\ln(R/r)} \tag{4-6}$$

液体介质间的电容量 C_1 为

$$C_1=\frac{2\pi h_1\varepsilon_1}{\ln(R/r)} \tag{4-7}$$

式中 h——电极总长度（cm），$h=h_1+h_2$；

R、r——两个同心圆电极半径(cm)。

因此，总的电容量为

$$C=C_1+C_2=\frac{2\pi(h-h_1)\varepsilon_2}{\ln(R/r)}+\frac{2\pi h_1\varepsilon_1}{\ln(R/r)}=\frac{2\pi h\varepsilon_2}{\ln(R/r)}+\frac{2\pi h_1(\varepsilon_1-\varepsilon_2)}{\ln(R/r)} \tag{4-8}$$

令

$$K=\frac{2\pi(\varepsilon_1-\varepsilon_2)}{\ln(R/r)}\quad A=\frac{2\pi h\varepsilon_2}{\ln(R/r)} \tag{4-9}$$

则式(4-8)可以写成

$$C=A+Kh_1 \tag{4-10}$$

由式(4-10)可知传感器电容量 C 与液位高度 h_1 呈线性关系。

4.1.3 变极距型电容式传感器

如图 4-4 所示，极板 1 固定，极板 2 活动，用来引入被测量的变化。当极板 2 向上移动 Δd 时，由式(4-1)有

$$C=C_0+\Delta C=\varepsilon\frac{S}{d-\Delta d}=\varepsilon\frac{S}{d(1-x)}=C_0\frac{1}{1-x} \tag{4-11}$$

式中 x——极板间距离的变化率，$x = \Delta d/d$；

ε——相对介电常数，$\varepsilon = \varepsilon_0 \varepsilon_r$。

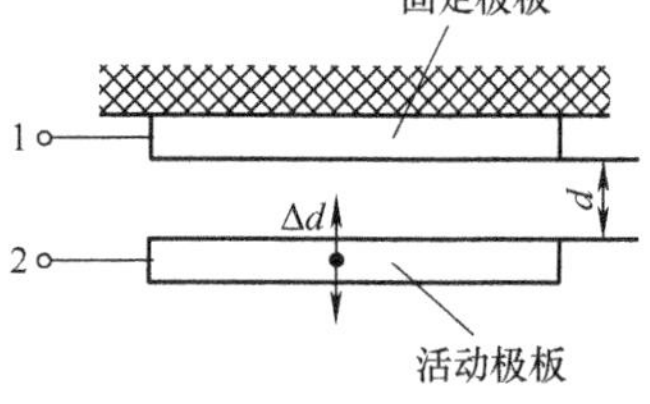

图 4-4 变极距型电容式传感器

对式(4-11) 取导数并展开为泰勒级数，可得灵敏度为

$$\frac{\Delta C}{\Delta d} = \frac{C_0}{d(1-x)} \approx \frac{C_0}{d}(1 + x + x^2 + x^3 + \cdots) \tag{4-12}$$

因此这种传感器是非线性的，灵敏度不是常数，而取决于极板间距离变化率和极板间的初始距离。如果限制极板间距离的变化率 x 为一个微小量，即当 $\Delta d \ll d$ 时，可以近似认为变极距型电容传感器的灵敏度为

$$K = \frac{\Delta C}{\Delta d} \approx \frac{C_0}{d} = \frac{\varepsilon S}{d^2} \tag{4-13}$$

因此，可以通过增加极板面积和降低初始极板间距离的方式来提高灵敏度，但 d 的值受到电介质击穿的最小间隔限制，即 d 不能太小，否则会发生击穿的现象，从而损坏器件。对于空气介质，击穿场强为 30kV/cm，而云母的相对介电常数为空气的 7 倍，其击穿场强不小于 100kV/cm。因此，极板间采用高介电常数的材料（云母、塑料膜等）作为介质使用，极板间初始距离可大大减少。

变极距型电容式传感器的起始电容为 20～100pF，板间距离为 25～200μm。为保持良好的线性输出特性，提高灵敏度，故最大极板位移应小于间距的 1/10，故在微位移测量中应用广泛。

4.2 电容式传感器的测量电路

4.2.1 等效电路

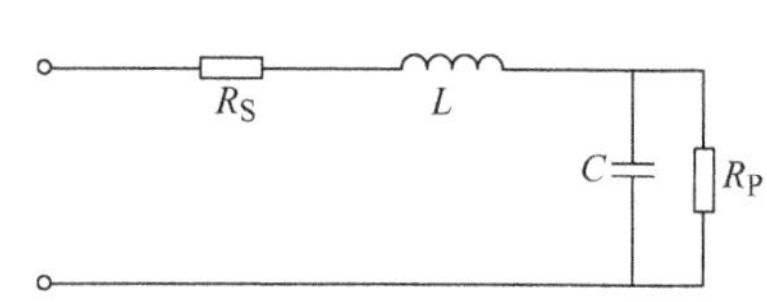

图 4-5 电容式传感器等效电路图

图 4-5 给出了电容式传感器的等效电路。图中，R_P 代表并联损耗，包括泄漏电阻和介质损耗；R_S 代表串联损耗，包括引线电阻、电容器支架和极板电阻的损耗；电感 L 由电容器本身的电感和外部引线电感组成。并联损耗在低频时影响较大，随着工作频率增高，容抗减小，其影响就减弱。由等效电路可知，电容式传感器有一个谐振频率，通常为几十赫兹。当工作频率接近或者等于谐振频率时，谐振频率破坏了电容器的正常工作。因此，工作频率应该选择低于谐振频率，否则电容式传感器不能正常工作。传感器的等效电容 $\widetilde{C}$ 可以通过等效电路计算，这里忽略 R_S 和 R_P 的影响，则

$$\frac{1}{j\omega \widetilde{C}} = j\omega L + \frac{1}{j\omega C} \Rightarrow \widetilde{C} = \frac{C}{1 - \omega^2 LC} \tag{4-14}$$

由式(4-14) 可知，电容的实际变化量与传感器的固有电感和角频率有关。实际使用中，必须根据使用环境重新标定输入输出关系。

电容式传感器的电容通常小于100pF，且传感器具有很高的输出阻抗。当电源频率升高时，输出阻抗肯定会降低，在较高频率时，杂散电容也会引起阻抗的降低。因此，电源频率必须处于10kHz～100MHz的范围内，以使电路阻抗具有一个比较合理的值，为了避免电源的高输出阻抗带来的容性干扰，常用屏蔽电缆来连接电容式传感器，但这会增加一个与传感器并联的电容，从而降低灵敏度与线性度。因此，通常要使测量电路尽可能靠近传感器，使用短电缆甚至刚性电缆，并采用有源屏蔽技术或阻抗变换器。

电容式传感器属于变电抗式传感器，对于变电抗式传感器，最常用的检测方法就是应用欧姆定律，即通过在被测阻抗上施加恒定的交流电压，测量电流的变化，或是通过在被测的阻抗上施加恒定的电流，测量阻抗两端电压降的方式来得到阻抗的变化。应该注意的是，使用电流源或者电压源供电可以改变输入输出特性。图4-6所示电路使用了恒流源，使变间距型电容式传感器获得线性输出，由式(4-11) 变化得到

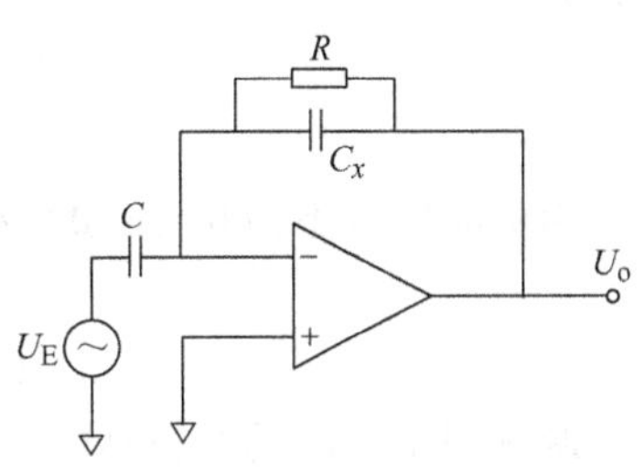

图4-6　对单一电容式传感器采用电流源供电获得线性输出

$$C = C_0 \frac{1}{1+x} \tag{4-15}$$

如果假定运算放大器为理想放大器，且 R 忽略不计，则输出电压

$$U_o = -U_E \frac{Z_x}{Z} = -U_E \frac{(1+x)/(\mathrm{j}\omega C_0)}{1/(\mathrm{j}\omega C)} = -U_E \frac{(1+x)C}{C_0} \tag{4-16}$$

可以看出，尽管电容与距离之间呈非线性关系，但输出电压与被测距离呈线性关系。需要注意的是，电路中增加电阻 R 是为了对运算放大器增加偏置，并起到滤波作用，R 应远大于激励频率上的传感器阻抗，即 $R = 1/\mathrm{j}\omega C_0$。

实际应用中，电容式传感器的电容变化量通常很小，因而阻抗变化很小，导致采用直接测量方式比较困难，而且存在杂散电容的干扰，因此在测量电路中往往采取别的测量方式来进行信号获取。下节分别讨论四种常见测量电路。

4.2.2　测量电路

电容式传感器电容值一般十分微小（几皮法至几十皮法），这样微小的电容不便直接显示、记录，更不便于传输。为此，必须借助于测量电路检测出这一微小的电容变量，并转换为与其成正比的电压、电流或频率信号。测量电路种类很多，下面仅就目前常用的典型电路加以介绍。

1. 调频测量电路

把电容式传感器作为振荡器谐振回路的一部分，当输入量导致电容量发生变化时，振荡器的振荡频率就会发生变化。虽然可将频率作为测量系统的输出量，用以判断被测非电量的大小，但此时系统是非线性的，不易校正，因此必须加入鉴频器，将频率的变化转换为电压振幅的变化，经过放大就可以用仪器指示或记录仪记录下来。调频测量电路原理框图如图4-7所示。图中调频振荡器的振荡频率为 $f = \frac{1}{2\pi\sqrt{LC}}$。

式中，L 为振荡回路的电感；C 为振荡回路的总电容，且有

$$C = C_1 + C_2 + C_x \tag{4-17}$$

C_1 为振荡回路固有电容；C_2 为传感器引线分布电容；$C_x = C_0 \pm \Delta C$。当被测信号为 0 时，$\Delta C = 0$，则 $C = C_1 + C_2 + C_0$，所以振荡器有一个固有频率 f_0，其表示式为

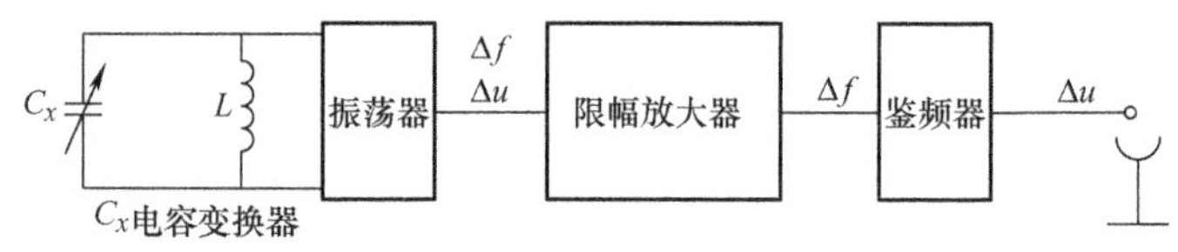

图 4-7　调频测量电路原理框图

$$f_0 = \frac{1}{2\pi\sqrt{(C_1 + C_2 + C_0)L}} \tag{4-18}$$

当被测信号不为 0 时，$\Delta C \neq 0$，振荡器频率有相应变化，此时频率为

$$f = \frac{1}{2\pi\sqrt{(C_1 + C_2 + C_0 \pm \Delta C)L}} = f_0 \pm \Delta f \tag{4-19}$$

调频测量电路具有较高的灵敏度，可以测量高至 0.01μm 级的位移变化量。

2. 变压器电桥

如图 4-8 所示，C_1 和 C_2 为传感器的两个差动电容。电桥的空载输出电压为

$$\dot{U}_o = \frac{C_1 - C_2}{C_1 + C_2} \cdot \frac{\dot{U}}{2} \tag{4-20}$$

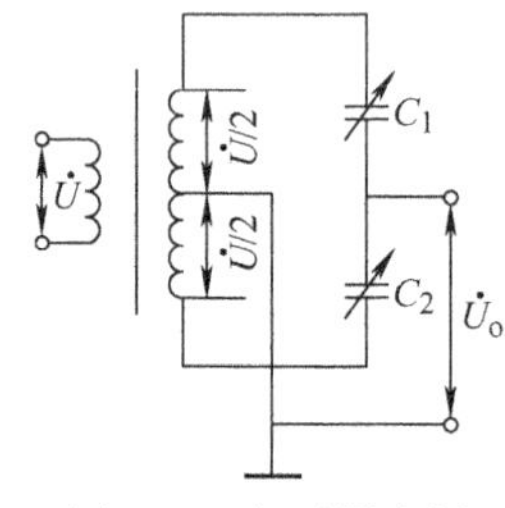

图 4-8　变压器电桥

对于变极距型电容式传感器，有 $C_1 = \dfrac{\varepsilon_0 S}{d_0 - \Delta d}$，$C_2 = \dfrac{\varepsilon_0 A}{d_0 + \Delta d}$，代入式(4-20) 得

$$\dot{U}_o = \frac{\Delta d}{d_0} \cdot \frac{\dot{U}}{2} \tag{4-21}$$

可见，对变极距型差动电容式传感器的变压器电桥，在负载阻抗比较大时，其输出特性呈线性。

3. 运算放大器式电路

将电容式传感器作为电路的反馈元件接入运算放大器。图 4-9 所示为运算放大器式电路原理图。图中，u 为交流电源电压，C 为固定电容，C_x 为传感器电容，u_{sc}为输出电压。

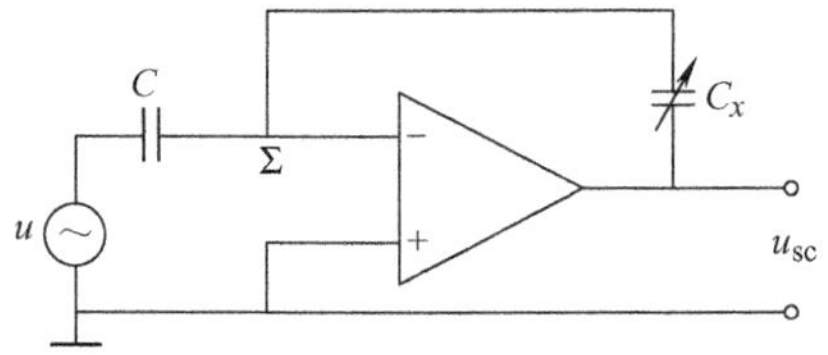

图 4-9　运算放大器式电路原理图

由运算放大器工作原理可知，其输出电压为

$$u_{sc} = -\frac{1/j\omega C_x}{1/j\omega C}u = -\frac{C}{C_x}u \tag{4-22}$$

若把 $C_x = \varepsilon S/d$ 代入，则

$$u_{sc} = -\frac{Cd}{\varepsilon S}u \tag{4-23}$$

式中，负号表示输出电压 u_{sc}与电源电压 u 相位相反。上述电路要求电源电压稳定，固定电容量稳定，并要放大倍数与输入阻抗足够大。

4. 脉宽调制电路

脉宽调制（PWM）电路是利用微处理器的数字输出来对模拟电路进行控制的一种非常有效的技术，广泛地应用在从测量、通信到功率控制与变换的许多领域中。图 4-10 所示为由双稳态触发器控制的脉宽调制电路原理图。它由比较器 A_1、A_2、双稳态触发器及电容充、放电回路组成。C_{x1} 和 C_{x2} 为传感器的差动电容，双稳态触发器的两个输出端 A、B 作为脉宽调制电路的输出。设电源接通时，双稳态触发器的 A 端为高电位，B 端为低电位，则 A 点通过 R_1 对 C_{x1} 充电，直到 F 点的电位等于参考电压 U_r 时，比较器 A_1 产生一脉冲，触发双稳态触发器翻转，A 端为低电压，B 端为高电位。此时 F 点电位经二极管 VD_1 迅速放电至零，而同时 B 点的高电位经 R_2 对 C_{x2} 充电，直至 G 点电位等于 U_r 时，比较器 A_2 产生一脉冲，触发双稳态触发器再次翻转，A 端为低电位，B 端为高电位，重复上述过程。如此周而复始，在双稳态触发器的两输出端各自产生一宽度受电容 C_{x1}、C_{x2} 调制的方波脉冲。

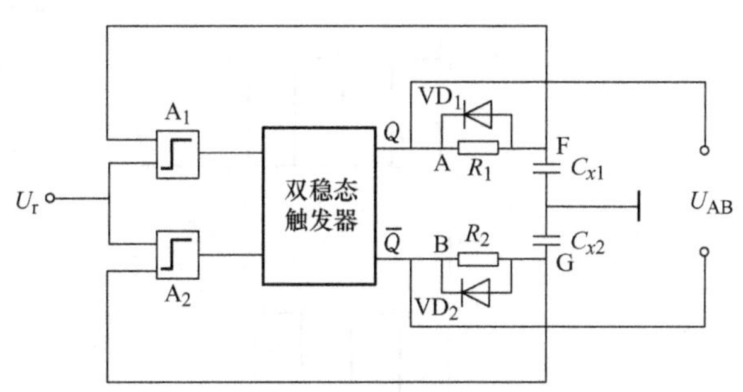

图 4-10　脉宽调制电路原理图

当 $C_{x1}=C_{x2}$ 时，电路上各点电压波形如图 4-11a 所示，A、B 两点间的平均电压为零。当 $C_{x1}\neq C_{x2}$ 时，如 $C_{x1}>C_{x2}$ 时，则 C_{x1}、C_{x2} 的充放电时间常数不同，电路各波形如图 4-11b 所示，此时 u_A、u_B 脉冲宽度不再相等，一个周期（T_1+T_2）时间内的平均电压值不为零。电压 u_{AB} 经过低通滤波器滤波后，可获得 U_o 输出。

$$U_o=\frac{T_1U_1}{T_1+T_2}-\frac{T_2U_1}{T_1+T_2}=\frac{(T_1-T_2)U_1}{T_1+T_2}\tag{4-24}$$

式中　U_1——触发器输出高电平；

T_1，T_2——C_{x1}、C_{x2} 充电至 U_r 时所需的时间，易得

$$T_1=R_1C_{x1}\ln\frac{U_1}{U_1-U_r}\qquad T_2=R_2C_{x2}\ln\frac{U_2}{U_2-U_r}\tag{4-25}$$

将 T_1、T_2 代入式(4-24)，得

$$U_o=\frac{C_{x1}-C_{x2}}{C_{x1}+C_{x2}}U_1\tag{4-26}$$

把平行板电容的公式代入式(4-26)，在变极距情况下可得

$$U_o=\frac{d_1-d_2}{d_1+d_2}U_1\tag{4-27}$$

式中　d_1，d_2——C_{x1}，C_{x2} 极板间的距离。

当差动电容 $C_{x1}=C_{x2}=C_0$，即 $d_1=d_2=d_0$ 时，$U_o=0$；若 $C_{x1}\neq C_{x2}$，设 $C_{x1}>C_{x2}$，即 $d_1=d_0-\Delta d$，$d_2=d_0+\Delta d$，则有

$$U_o=\frac{\Delta d}{d_0}U_1\tag{4-28}$$

同样，变面积型电容式传感器具有相似的结论。由此可见，脉宽调制电路适用于变极距

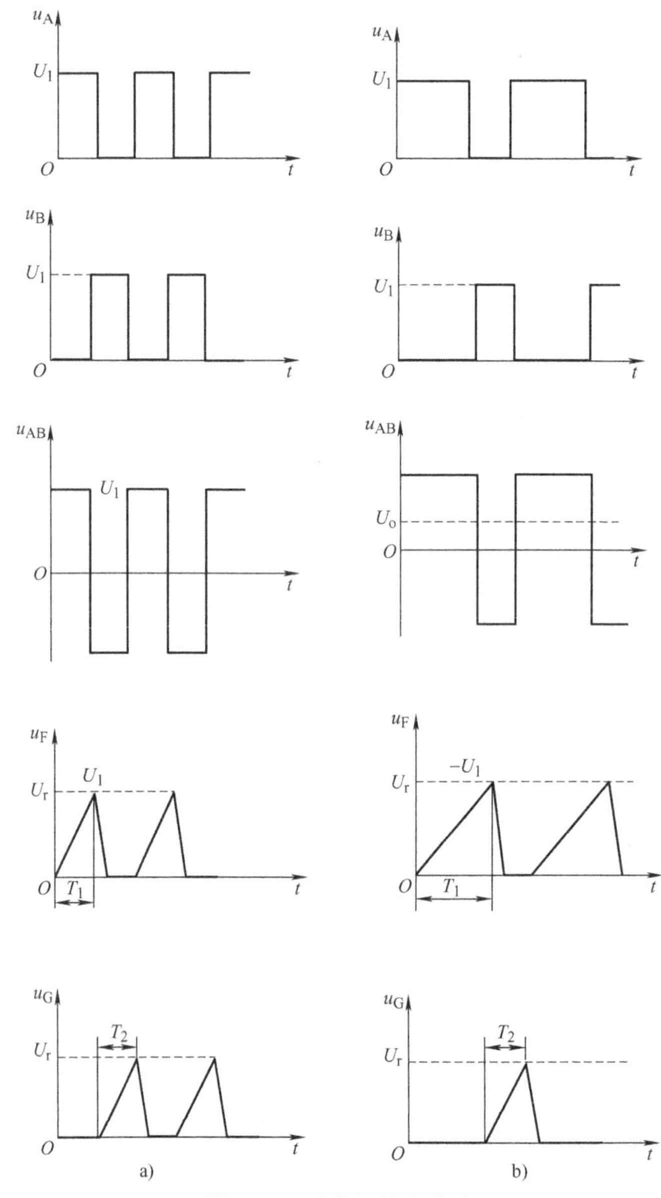

图 4-11　脉宽调制波形图

型以及变面积型电容式传感器，并具有线性特性，且转换率高，经过低通放大器就有较大的直流输出，调宽频率的变化对输出没有影响。

4.3　电容式传感器在无人装备中的应用

电容式传感器不但应用于位移、振动、角度、加速度、荷载等机械量的测量，也广泛地应用于压力、压差、液压、料位、成分含量等热工参数的测量。

4.3.1　电容式压力传感器

4.3.1　电容式力觉传感器

这类传感器利用弹性膜片在压力下变形所产生的位移来改变传感器电容（此时膜片作为电容器的一个电极）。图 4-12 所示是膜片和两个凹玻璃圆片组成的差动电容式压力传感器。薄金属膜片夹在两片镀金属的凹玻璃圆片之间，当两个腔的压差增加时，膜片弯向低压的一边，这一微小的位移改变了每个玻璃圆片与动电极之间的电容，所以分辨力很高。采用 *LC* 振荡线路或双 T 电桥，可以测量压力为 0～0.75Pa 的小压力，响应速度为 100ms。

4.3.2　电容式加速度传感器

4.3.2　电容式加速度传感器

图 4-13 表示电容式加速度传感器的结构图。当传感器壳体随着被测对象沿垂直方向做直线加速运动时，质量块在惯性空间中相对静止，两个固定电极将相对于质量块在垂直方向上产生正比于被测加速度的位移，此位移使两电容的间隙发生变化，一个增加，一个减少，从而使 C_1、C_2 产生大小相等、符号相反的增量，此增量正比于被测加速度。

电容式加速度传感器的主要特点是频率响应快和量程范围大，大多采用空气或其他气体作为阻尼物质。

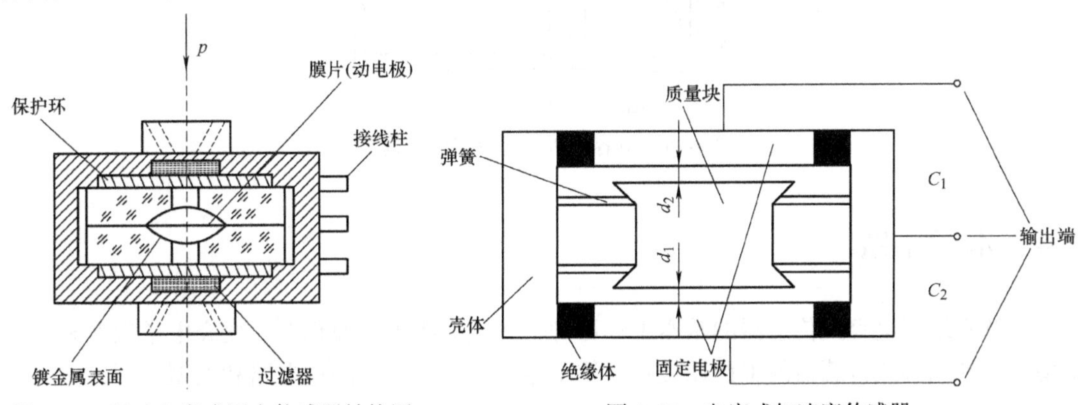

图 4-12　差动电容式压力传感器结构图

图 4-13　电容式加速度传感器

4.3.3　电容式位置传感器

图 4-14 所示变面积型电容式位置传感器采用了差动式结构。当测量杆随被测位移运动而带动活动电极位移时，导致活动电极与两个固定电极间的覆盖面积发生变化，其电容量也相应产生变化。

4.3.4　电容式听觉传感器

电容式听觉传感器的原理结构如图 4-15 所示，从原理结构图可以看出，它由一个薄极板（振膜，从几微米到十几微米）和一个厚极板（底板）等组成。两极板之间的距离很近，一般为 20～60μm，因此两电极间形成一个以空气为介质的电容，其静电电容量可达 50～200pF。当声波激励薄金属片时，该薄片产生振动从而改变了两极板之间的距离，使其电容量发生相应的变化。

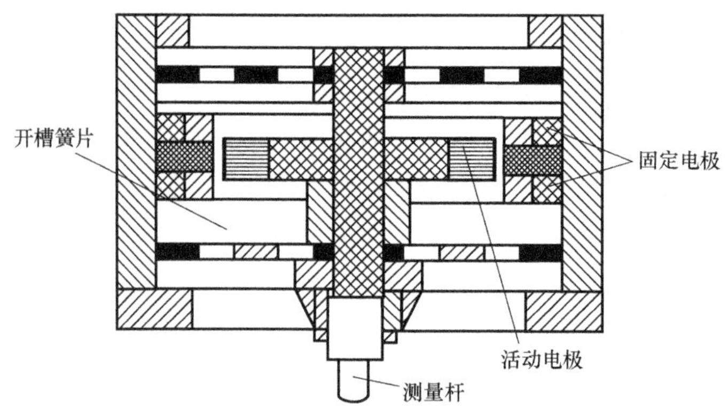

图 4-14　变面积型电容式位置传感器结构图

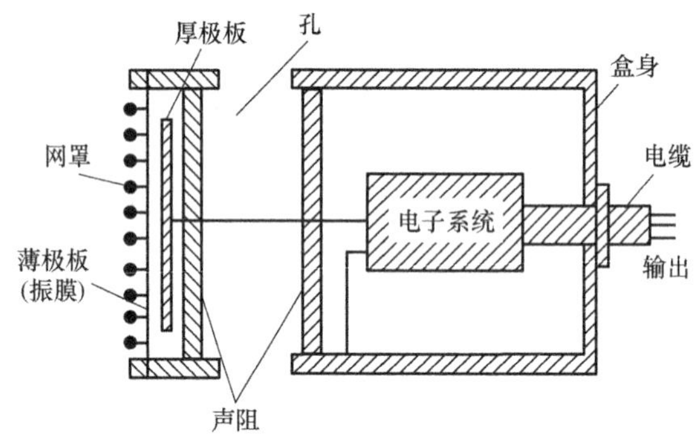

图 4-15　电容式听觉传感器的结构图

4.4　本章小结

本章介绍了电容式传感器的基本工作原理，分别分析了变面积型、变介电常数型和变极距型等三种电容式传感器的工作原理；介绍了电容式传感器的测量电路和典型应用。

思　考　题

4-1　根据工作原理可以将电容式传感器分为哪几种类型？各自用途是什么？

4-2　传感器的测量电路主要有哪几种？各自的目的及特点是什么？

4-3　已知变面积型电容式传感器的两极板间距离为 10mm，$\varepsilon = 50\mu F/m$，两极板几何尺寸一样，为 $30mm \times 20mm \times 5mm$，在外力作用下，其中动极板在原位置上向外移动了 10mm，试求电容的变化量、相对变化量和位移灵敏度。

4-4　总结电容式传感器的优点和缺点、主要应用场合以及使用中应注意的问题。

4-5　为什么高频工作时，电容式传感器的连接电缆不能任意变化？

4-6　简述电容式加速传感器的工作原理（要有必要的公式推导）。

4-7　有一台变间隙非接触式电容微测仪，其传感器的极板半径 $r=4\text{mm}$，假设与被测工件的初始间隙 $d_0=0.3\text{mm}$。试求：

（1）若传感器与工件的间隙变化量 $\Delta=10\mu\text{m}$，电容的变化量为多少？

（2）若测量电路的灵敏度 $K_u=100\text{mV/pF}$，则在 $\Delta d=\pm1\mu\text{m}$ 时的输出电压为多少？

4-8　已知平板电容式传感器（图4-16）极板间介质为空气，极板面积 $S=a^2(a=2\text{cm})$，间隙 $d_0=0.1\text{mm}$。求传感器的初始电容值。由于装配关系，使传感器极板一侧间隙 d_0，而另一侧间隙为 $d_0+b(b=0.01\text{mm})$，此时传感器的电容值。

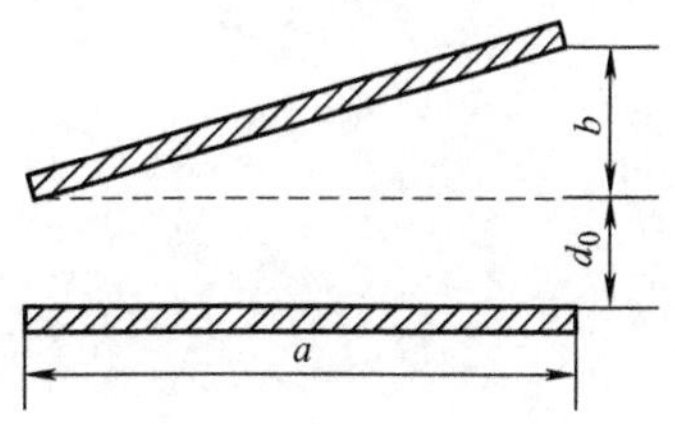

图4-16　平板电容式传感器

第 5 章 电感式传感器

电感式传感器是利用线圈自感与互感的变化实现非电量测量的一种装置。它利用电磁感应定律将被测非电量转换为自感或互感的变化。电感式传感器可以用于测量位移、振动、压力、应变、流量、密度等参数，广泛应用于自动控制系统中。依照电感式传感器的结构，可分为自感式、差动变压器式和电涡流式三类。

【学习目标】

1）掌握自感式传感器的结构、工作原理。

2）差动变压器的结构、工作原理、测量电路重点掌握差动螺旋管型电感式传感器。

3）电感式传感器的应用。

【产出分析】

通过本章教学，应达成以下学习产出（包括但不限于）：

1）通过对电感式传感器的结构和工作原理的学习，具备解决电感式传感器有关的工程问题的基本能力。

2）通过对差动变压器测量电路的学习，具备设计满足特定需求的传感器测量子系统的能力。

3）通过电感式传感器应用领域的学习与研讨，能评价传感器工程实践对社会、健康、安全、法律以及文化的影响，并理解工程实践中应承担的责任。

4）通过资料查询、学习交流、讲解与互动，具备自主学习的意识，培养不断学习和适应发展的能力。

5）能够针对传感器工程问题进行有效沟通和交流，通过文献调研与课堂学习培养国际视野，并能在跨文化背景下进行沟通和交流。

【知识结构图】

本章知识结构图如图 5-1 所示。

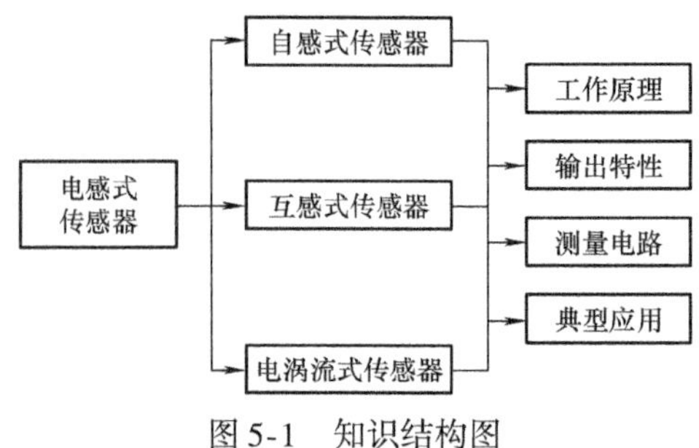

图 5-1　知识结构图

5.1　自感式传感器

5.1.1　工作原理

图 5-2 为一简单的自感式传感器。它由衔铁、铁心和匝数为 N 的线圈三部分构成。传感器测量物理量时，衔铁的运动部分产生位移，导致线圈的电感值发生变化，根据定义，线圈的电感为

$$L=\frac{N^2}{R_m} \tag{5-1}$$

式中，R_m 为磁阻，它包括铁心磁阻、衔铁磁阻和空气隙的磁阻，即

$$R_m=\frac{l_1}{\mu_1 S_1}+\frac{l_2}{\mu_2 S_2}+\frac{l_\delta}{\mu_0 S} \tag{5-2}$$

式中　l_δ、l_1、l_2——空气隙总长、铁心磁路长度和衔铁磁路长度；

S、S_1、S_2——气隙磁通截面积、铁心截面积和衔铁横截面积；

μ_0、μ_1、μ_2——真空、铁心和衔铁的磁导率，$\mu_0=4\pi\times10^{-7}$H/m（空气磁导率可近似用 μ_0 表示）。

将式(5-2) 代入式(5-1) 中，即可得电感为

$$L=\frac{N^2}{\sum\frac{l_i}{\mu_i S_i}+\frac{l_\delta}{\mu_0 S}} \tag{5-3}$$

因为磁阻材料的磁阻与空气隙磁阻相比数值较小，计算时可忽略不计，这时有

$$L=\frac{N^2\mu_0 S}{l_\delta} \tag{5-4}$$

由式(5-4) 可知，电感 L 是气隙截面积和长度的函数，即 $L=f(S,l_\delta)$。如果 S 保持不变，则 L 为 l_δ 的单值函数，据此可构成变隙式传感器；若保持 l_δ 不变，使 S 随位移变化，则可构成变截面式传感器，它们的特性曲线如图 5-3 所示。由式(5-4) 及图 5-3 可以看出，$L=f(l_\delta)$ 为非线性关系。当 $l_\delta=0$ 时，L 为∞，考虑导磁体的磁阻，即根据式(5-3)，当 $l_\delta=0$ 时，L 并不等于∞，而具有一定的数值，在 l_δ 较小时其特性曲线如图 5-3 中虚线所示。如上下移动衔铁使面积 S 改变，从而改变 L 值时，则 $L=f(S)$ 的特性曲线如图 5-3 所示为一直线。

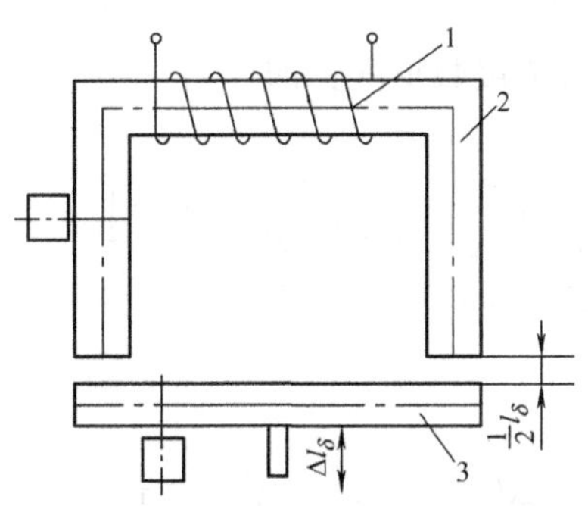

图 5-2　变隙型自感式传感器

1—线圈　2—铁心　3—衔铁

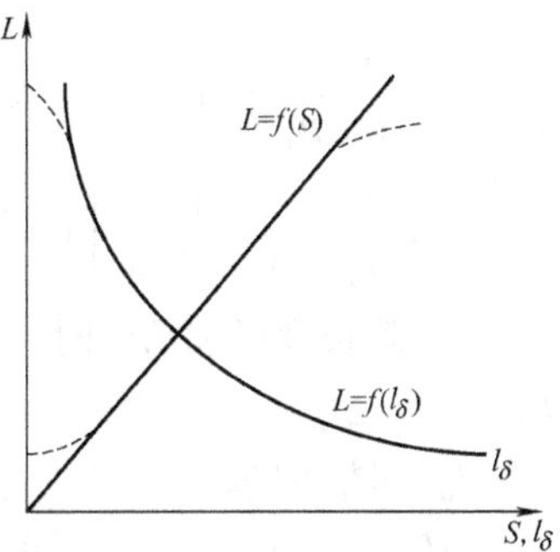

图 5-3　自感式传感器特性曲线

前面分析自感式传感器的工作原理时，假设电感线圈为一理想纯电感，但实际的传感器中，线圈不可能是纯电感，它包括了线圈的铜损电阻（R_c）、铁心的涡流损耗电阻（R_e）和线圈的寄生电容（C）。有以下几点结论：

1）在铁心材料的使用频率范围内，铁心叠片的并联涡流损耗电阻 R_e，不仅与频率无关，而且与铁心材料的磁导率无关。

2）并联寄生电容的存在，使得传感器的灵敏度提高了。因此在测量中若需要改变电缆长度时，则需对传感器的灵敏度重新校准。

5.1.2 输出特性

自感式传感器的主要特性是灵敏度和线性度。当铁心和衔铁采用同一种导磁材料，且截面相同时，因为气隙 l_δ 一般较小，故可以气隙磁通截面积与铁心截面积相等，设磁路总长为 l，则式(5-2) 可写成

$$R_m = \frac{1}{S\mu_0}\left[\frac{l + l_\delta(\mu_r - 1)}{\mu_r}\right] \tag{5-5}$$

一般 $\mu_r \gg 1$，所以

$$R_m \approx \frac{1}{S\mu_0}\left[\frac{l + l_\delta\mu_r}{\mu_r}\right] \tag{5-6}$$

$$L = \frac{N^2}{R_m} = \frac{S\mu_0 N^2}{l_\delta + l/\mu_r} = K\frac{1}{l_\delta + l/\mu_r} \tag{5-7}$$

式中，μ_r 为导磁体相对磁导率；K 为常数，$K = S\mu_0 N^2$。

工作时，衔铁移动使总气隙长度减少 Δl_δ，则电感增加 ΔL_1，由式(5-7) 得

$$L + \Delta L_1 = K\frac{1}{l_\delta - \Delta l_\delta + l/\mu_r} \tag{5-8}$$

$$\frac{L + \Delta L_1}{L} = \frac{l_\delta + l/\mu_r}{[(l_\delta - \Delta l_\delta) + l/\mu_r]} \tag{5-9}$$

电感的相对变化为

$$\frac{\Delta L_1}{L} = \frac{\Delta l_\delta}{l_\delta} \cdot \frac{1}{1 + l/l_\delta\mu_r} \cdot \frac{1}{1 - \frac{\Delta l_\delta}{l_\delta}\left(\frac{1}{1 + l/l_\delta\mu_r}\right)} \tag{5-10}$$

因为 $\left|\frac{\Delta l_\delta}{l_\delta} \cdot \frac{1}{1 + l/l_\delta\mu_r}\right| \ll 1$，所以式(5-10) 可展开成级数形式，即

$$\frac{\Delta L_1}{L} = \frac{\Delta l_\delta}{l_\delta} \cdot \frac{1}{1 + l/l_\delta\mu_r}\left[1 + \frac{\Delta l_\delta}{l_\delta} \cdot \frac{1}{1 + l/l_\delta\mu_r} + \left(\frac{\Delta l_\delta}{l_\delta} \cdot \frac{1}{1 + l/l_\delta\mu_r}\right)^2 + \cdots\right] \tag{5-11}$$

同理，当总气隙长度增加 Δl_δ 时，电感减小为 ΔL_2，即

$$\begin{aligned}\frac{\Delta L_2}{L} &= \frac{\Delta l_\delta}{l_\delta + \Delta l_\delta + l/\mu_r} \\ &= \frac{\Delta l_\delta}{l_\delta} \cdot \frac{1}{1 + l/l_\delta\mu_r} \cdot \left[1 - \frac{\Delta l_\delta}{l_\delta} \cdot \frac{1}{1 + l/l_\delta\mu_r} + \left(\frac{\Delta l_\delta}{l_\delta} \cdot \frac{1}{1 + l/l_\delta\mu_r}\right)^2 - \cdots\right]\end{aligned} \tag{5-12}$$

若忽略高次项，则电感变化灵敏度为

$$K_L = \frac{\Delta L}{\Delta l_\delta} = \frac{L}{l_\delta} \cdot \frac{1}{1 + l/l_\delta \mu_r} \tag{5-13}$$

其线性度为

$$\delta = \frac{\Delta l_\delta}{l_\delta} \cdot \frac{1}{1 + l/l_\delta \mu_r} \tag{5-14}$$

单线圈自感式传感器的电感输出特性，如图 5-4 所示。

由以上分析可以看出：①当气隙 l_δ 发生变化时，电感的变化与气隙的变化呈非线性关系，其非线性程度随气隙相对变化 $\Delta l_\delta/l_\delta$ 的增大而增加；②气隙减少 Δl_δ 所引起的电感变化 ΔL_1 与气隙增加同样 Δl_δ 所引起的电感变化 ΔL_2 并不相等，即 $\Delta L_1 > \Delta L_2$，其差值随 $\Delta l_\delta/l_\delta$ 的增大而增加。

由于转换原理的非线性和衔铁正、反方向移动时电感变化量的不对称性，因此自感式（变隙型）传感器（包括差动式传感器）为了保证一定的线性精度，只能工作在很小的区域，因而只能用于微小位移的测量。

差动变隙型电感式传感器结构如图 5-5 所示，由两个电气参数和磁路完全相同的线圈组成。当衔铁 3 移动时，一个线圈的电感增加，另一个线圈的电感减少，形成差动形式。如将这两个差动线圈分别接入测量电桥相邻边，则当磁路总气隙改变 Δl_δ 时，电感相对变化为

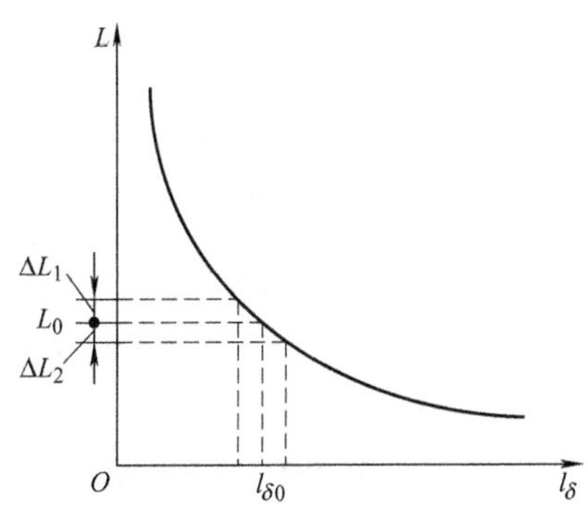

图 5-4　电感式传感器的 $L - l_\delta$ 特性

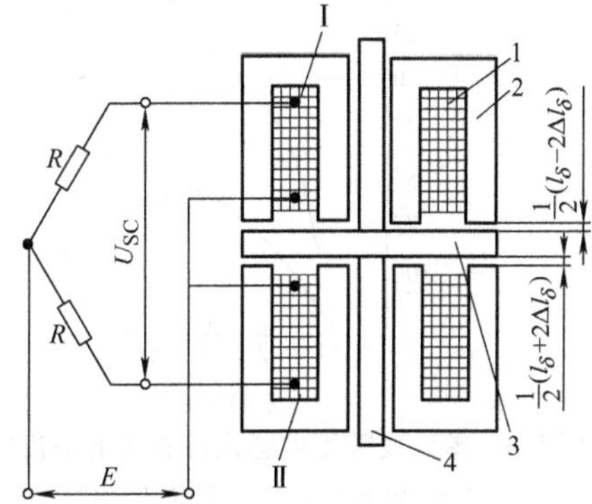

图 5-5　差动变隙型电感式传感器

1—线圈　2—铁心　3—衔铁　4—导杆

$$\frac{\Delta L}{L} = \frac{\Delta L_1 + \Delta L_2}{L} = 2 \cdot \frac{\Delta l_\delta}{l_\delta} \cdot \frac{1}{1 + l/l_\delta \mu_r}\left[1 + \left(\frac{\Delta l_\delta}{l_\delta} \cdot \frac{1}{1 + l/l_\delta \mu_r}\right)^2 + \cdots\right] \tag{5-15}$$

故电感变化灵敏度可以写为

$$K_L' = \frac{\Delta L}{\Delta l_\delta} = 2\frac{L}{l_\delta} \cdot \frac{1}{1 + l/l_\delta \mu_r} \tag{5-16}$$

其线性度

$$\delta = \left(\frac{\Delta l_\delta}{l_\delta} \cdot \frac{1}{1 + l/l_\delta \mu_r}\right)^2 \tag{5-17}$$

联系式(5-13）和式(5-16）可以看出：

1）差动变隙型电感式传感器的灵敏度比单线圈电感式传感器提高一倍。

2）差动变隙型电感式传感器非线性失真小，如当 $\Delta l_\delta/l_\delta = 10\%$ 时（略去 $l/l_\delta \mu_r$），可以近似得到：单线圈的相对误差 $\delta < 10\%$，而差动变隙型的相对误差 $\delta < 1\%$。图 5-6 表示差动

变隙型电感式传感器的输出特性。对于变隙型传感器，其 $\Delta l_\delta/l_\delta$ 与 $l/l_\delta\mu_r$ 的变化受到灵敏度和非线性失真相互矛盾的制约，因此对这两个因素只能适当选取。一般，差动变隙型电感式传感器 $\Delta l_\delta/l_\delta=0.1\sim0.2$ 时，可使传感器非线性误差在3%左右。差动电感式传感器的工作行程也很小，若取 $l_\delta=2\text{mm}$，则行程为 0.2 ~ 0.4mm。较大行程的位移测量，常常利用螺管型电感式传感器。螺管型电感式传感器分为单线圈和差动两种结构形式，有兴趣的读者可参考其他资料。

5.1.3 测量电路

1. 交流电桥

交流电桥是电感式传感器的主要测量电路，为了提高灵敏度，改善线性度，电感线圈一般接成差动形式，如图 5-7 所示。Z_1、Z_2 为线圈（工作臂）阻抗，R_1、R_2 为电桥的平衡臂电阻。

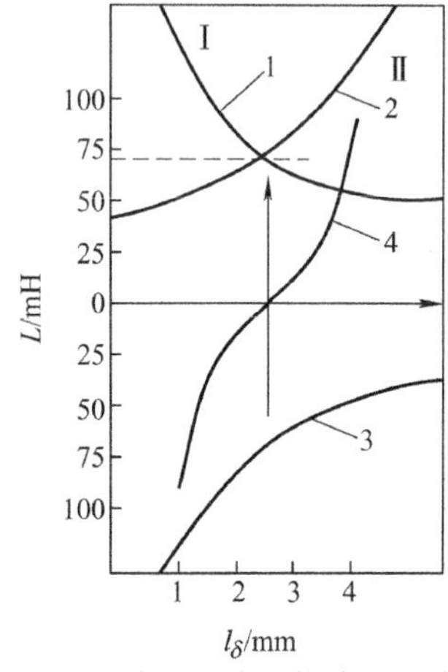

图 5-6 差动变隙型电感式传感器的输出特性

1—线圈 I 的电感特性 2—线圈 II 的电感特性

3—线圈 I 与 II 差接时的电感特性

4—两线圈差接后电桥电压与位移间的特性曲线

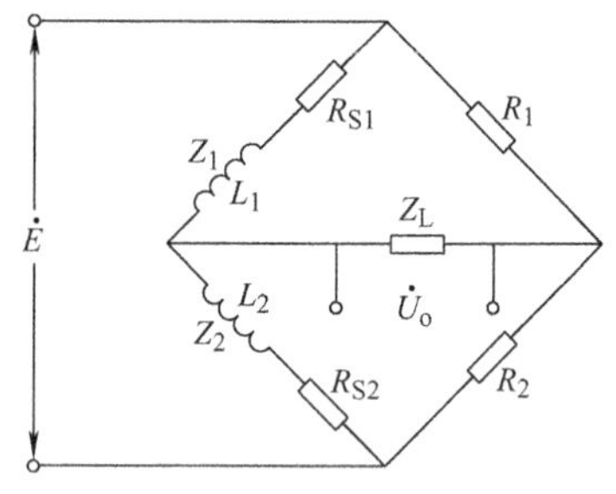

图 5-7 交流电桥原理图

电桥平衡条件为 $\dfrac{Z_1}{Z_2}=\dfrac{R_1}{R_2}$，设

$$\left.\begin{aligned} Z_1&=Z_2=Z=R_S+\mathrm{j}\omega L\\ R_{S1}&=R_{S2}=R_S\\ L_1&=L_2=L\\ R_1&=R_2=R \end{aligned}\right\}$$

$\dot{E}$ 为桥路电源，Z_L 为负载阻抗。工作时，由 $Z_1=Z+\Delta Z$ 和 $Z_2=Z-\Delta Z$，可得输出电压为

$$\dot{U}_o=\dot{E}\frac{\Delta Z}{Z}\cdot\frac{Z_L}{2Z_L+R+Z} \tag{5-18}$$

当 $Z_L\to\infty$ 时，式(5-18) 可写成

$$\dot{U}_o = E\frac{\Delta Z}{2Z} = \frac{\dot{E}}{2}\cdot\frac{\Delta R_S + j\omega\Delta L}{R_S + j\omega L} \tag{5-19}$$

其输出电压幅值为

$$\dot{U}_o = \frac{\sqrt{\omega^2\Delta L^2 + \Delta R_S^2}}{2\sqrt{R_S^2 + (\omega L)^2}}E \approx \frac{\omega\Delta L}{2\sqrt{R_S^2 + (\omega L)^2}}E \tag{5-20}$$

输出阻抗为

$$Z = \frac{\sqrt{(R + R_S)^2 + (\omega L)^2}}{2} \tag{5-21}$$

式(5-20）经变换和整理后可写出

$$\dot{U}_o = \frac{\dot{E}}{2}\frac{1}{\left(1 + \frac{1}{Q^2}\right)}\left[\left(\frac{1}{Q^2}\cdot\frac{\Delta R_S}{R_S} + \frac{\Delta L}{L}\right) + j\frac{1}{Q}\left(\frac{\Delta L}{L} - \frac{\Delta R_S}{R_S}\right)\right] \tag{5-22}$$

式中　Q——电感线圈的品质因数，$Q = \frac{\omega L}{R_S}$。由式可见：

1）桥路输出电压$\dot{U}_o$包含着与电源$\dot{E}$同相和正交两个分量。在实际测量中，只希望有同相分量。从式(5-22）中可以看出，如能使$\frac{\Delta L}{L} = \frac{\Delta R_S}{R_S}$或$Q$值比较大，均能达到此目的。但是在实际工作时，$\frac{\Delta R_S}{R_S}$一般很小，所以要求线圈有高的品质因数。当$Q$值很高时，$\dot{U}_o = \frac{\dot{E}}{2}\frac{\Delta L}{L}$。

2）当Q值很低时，电感线圈的电感远小于电阻，电感线圈相当于纯电阻的情况（$\Delta Z = \Delta R_S$），交流电桥即为电阻电桥。例如，应变测量仪就是如此，此时输出电压$\dot{U}_o = \frac{\dot{E}}{2}\frac{\Delta R_S}{R_S}$。

这种电桥结构简单，其电阻R_1、R_2可用两个电阻和一个电位器组成，调零方便。

2. 变压器电桥

如图5-8所示，它的平衡臂为变压器的两个二次侧，当负载阻抗为无穷大时，流入工作臂的电流为

$$\dot{I} = \frac{\dot{E}}{Z_1 + Z_2} \tag{5-23}$$

输出电压为

$$\dot{U}_o = \frac{\dot{E}}{Z_1 + Z_2}Z_2 - \frac{\dot{E}}{2} = \frac{\dot{E}}{2}\frac{Z_2 - Z_1}{Z_1 + Z_2} \tag{5-24}$$

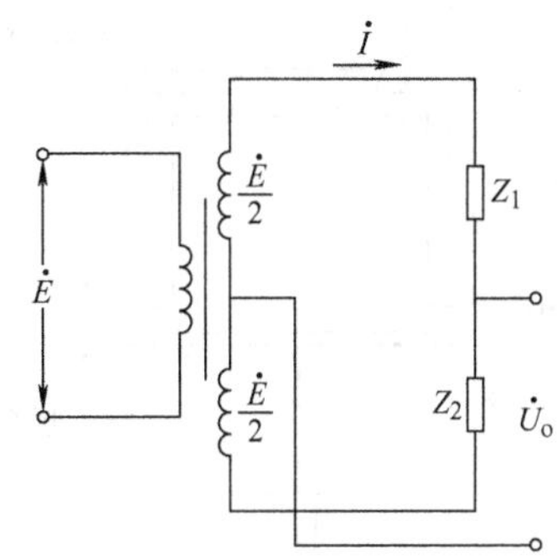

图5-8　变压器电桥原理图

由于$Z_1 = Z_2 = Z = R_S + j\omega L$，故初始平衡时，$\dot{U}_o = 0$。双臂工作时，即$Z_1 = Z - \Delta Z$，$Z_2 = Z + \Delta Z$，相当于差动电感式传感器的衔铁向一边移动，可得

$$\dot{U}_o = \frac{\dot{E}}{2}\frac{\Delta Z}{Z} \tag{5-25}$$

同理，衔铁向反方向移动时，$Z_1=Z+\Delta Z$，$Z_2=Z-\Delta Z$，故

$$\dot{U}_o=-\frac{\dot{E}}{2}\frac{\Delta Z}{Z} \tag{5-26}$$

由以上两式可知：当衔铁向不同方向移动时，产生的输出电压 U_o 大小相等、方向相反，即相位互差 180°，可以反映衔铁移动的方向。但是，为了判别交流信号的相位，尚需接入专门的相敏检波电路。

这种电桥与电阻平衡电桥相比，元器件少，输出阻抗小，桥路开路时电路呈线性；缺点是变压器二次侧不接地，容易引起来自一次侧的静电感应电压，使高增益放大器不能工作。

5.1.4 无人装备中的典型应用

1. 变隙型电感式压力传感器

图 5-9 所示是变隙型电感式压力传感器的结构图。它由膜盒、铁心、衔铁及线圈等组成，衔铁与膜盒的上端连在一起。

5.1.4-2 变隙型差动电感式压力传感器的工作原理

当压力进入膜盒时，膜盒的顶端在压力 p 的作用下产生与压力 p 大小成正比的位移。于是衔铁也发生移动，从而使气隙发生变化，流过线圈的电流也发生相应的变化，电流表指示值就反映了被测压力的大小。电感式压力传感器是工业实践中最为常用的传感器之一，其广泛应用于水利水电、铁路交通、航空航天和军工等领域。

2. 自感式加速度传感器

图 5-10 所示为一种自感式加速度传感器。它以通过弹簧片与壳体相连的质量块 m 作为差动式自感的衔铁。当质量块感受加速度而产生相对位移时，传感器输出与位移（也即与加速度）呈近似线性关系的电压，加速度方向改变时，输出电压的相位相应地改变 180°。

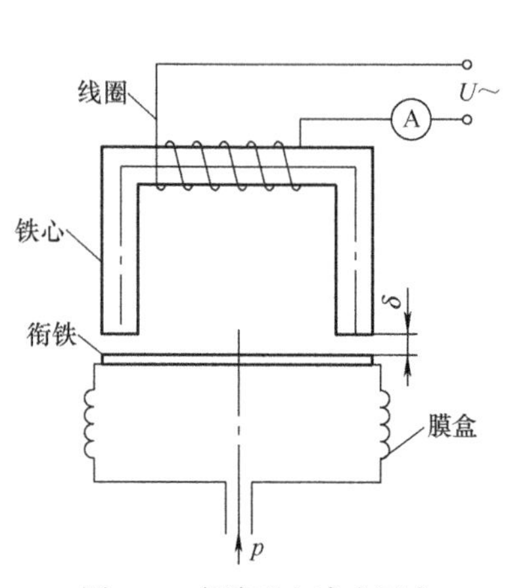

图 5-9 变隙型电感式压力传感器结构图

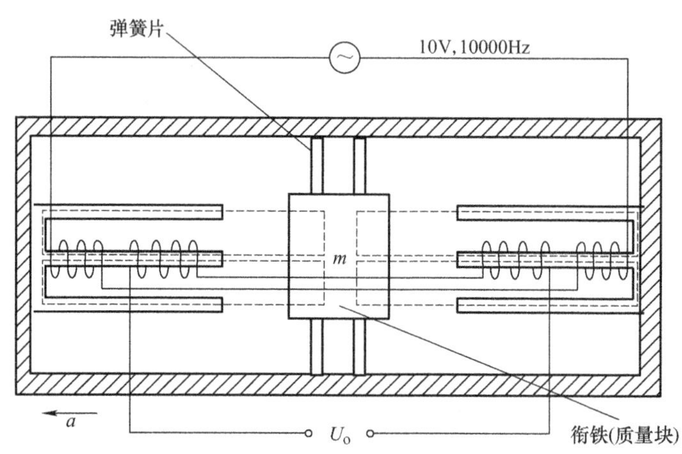

图 5-10 自感式加速度传感器

5.2　差动变压器式传感器

5.2.1　工作原理

差动变压器的结构形式如图 5-11 所示，可分为气隙型和螺管型两种类型。气隙型差动变压器由于行程小，且结构较复杂，因此目前已很少采用，而大多数采用螺管型差动变压器。下面仅讨论螺管型差动变压器。

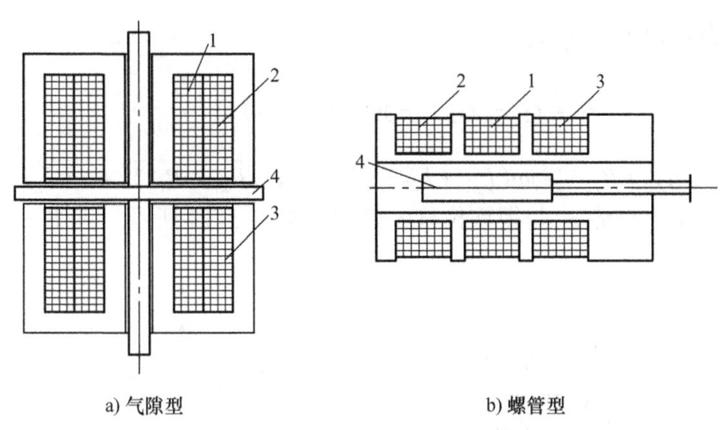

图 5-11　差动变压器结构示意图

1—一次绕组　2、3—二次绕组　4—衔铁

差动变压器的基本元件有衔铁、一次绕组、二次绕组和线圈框架等。一次绕组作为差动变压器激励用，相当于变压器的一次侧，而二次绕组由结构尺寸和参数相同的两个线圈反相串接而成，相当于变压器的二次侧。

差动变压器的工作原理与一般变压器基本相同。不同之点是：一般变压器是闭合磁路，而差动变压器是开磁路；一般变压器一、二次侧间的互感是常数（有确定的磁路尺寸），而差动变压器一、二次侧之间的互感随衔铁移动做相应变化。差动变压器正是工作在互感变化的基础上的。

在理想情况下（忽略线圈寄生电容及衔铁损耗），差动变压器的等效电路如图 5-12 所示。根据图 5-12，一次绕组的复数电流值为

$$\dot{I}_1 = \frac{\dot{e}_1}{R_1 + \mathrm{j}\omega L_1} \tag{5-27}$$

式中　ω——激励电压的角频率；

$\dot{e}_1$——激励电压的复数值。

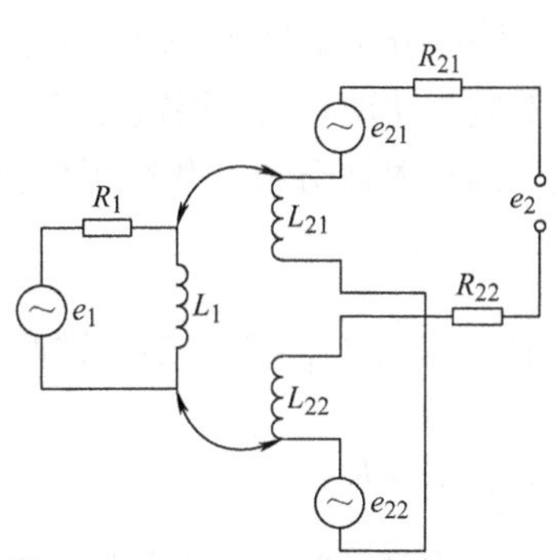

图 5-12　差动变压器等效示意图

由于 $\dot{I}_1$ 的存在，在线圈中产生磁通 $\phi_{21} = \dfrac{N_1 \dot{I}_1}{R_{m1}}$ 和

$\phi_{22}=\dfrac{N_1\dot{I}_1}{R_{m2}}$。其中，$R_{m1}$和$R_{m2}$分别为磁通通过一次绕组和两个二次绕组的磁阻，$N_1$为一次绕组的匝数。于是在二次绕组中感应出电压$\dot{e}_{21}$和$\dot{e}_{22}$，其值分别为

$$\left.\begin{aligned}\dot{e}_{21}&=-\mathrm{j}\omega M_1 I_1\\ \dot{e}_{22}&=-\mathrm{j}\omega M_2 I_1\end{aligned}\right\} \tag{5-28}$$

式中　M_1，M_2——互感系数，$M_1=N_2\phi_{21}/\dot{I}_1=N_1N_2/R_{m1}$，$M_2=N_2\phi_{22}/\dot{I}_1=N_2N_1/R_{m2}$；

N_2——二次绕组的匝数。

因此得到空载输出电压$\dot{e}_2$为

$$\dot{e}_2=\dot{e}_{21}-\dot{e}_{22}=-\mathrm{j}\omega(M_1-M_2)\frac{\dot{e}_1}{R_1+\mathrm{j}\omega L_1} \tag{5-29}$$

其输出阻抗为$Z=(R_{21}+R_{22})+\mathrm{j}\omega(L_{21}+L_{22})$ 或 $Z=\sqrt{(R_{21}+R_{22})^2+(\omega L_{21}+\omega L_{22})^2}$

差动变压器输出电动势e_2与衔铁位移x的关系如图5-13所示。其中x表示衔铁偏离中心位置的距离。

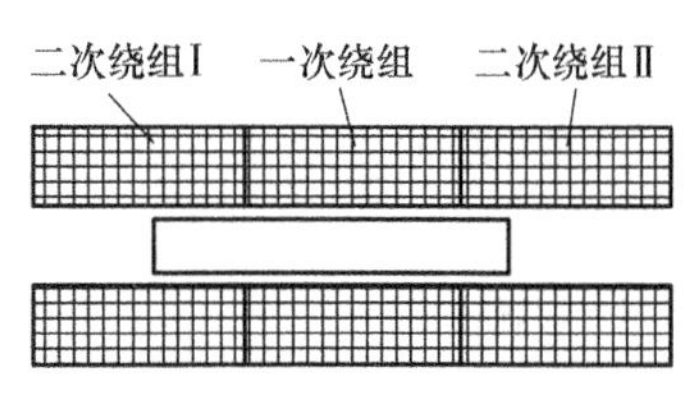

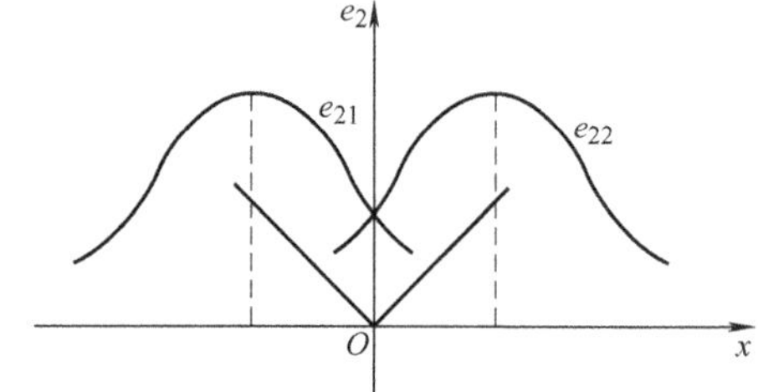

图5-13　差动变压器的输出特征

5.2.2　基本特性与零点残余电压

为了分析差动变压器的工作特性，须首先求出特性公式。这里以三节螺管型差动变压器为例进行分析，其结构尺寸如图5-14a所示。漏磁感应强度B_{l1}、B_{lP}、B_{l2}的分布曲线如图5-14b所示。其中，B_{l1}、B_{lP}和B_{l2}分别为铁心l_1段、一次绕组和铁心l_2段中的磁感应强度。开磁路结构的漏磁分布很复杂，但是为了分析计算方便，假设漏磁全部在动铁心范围内，并忽略铁心端部效应和动铁心及外层铁磁壳上的磁阻；设动铁心外径近似为r_i。

通过磁链分析并化简可得输出电压

$$e_2=K_1x(1-K_2x^2) \tag{5-30}$$

式中，$x=\dfrac{1}{2}(l_1-l_2)$ 表示铁心位移量；$K_1=\dfrac{16\pi^3 fI_1N_1N_2(b+2d+x_0)x_0}{10^7ml_A\ln(r_o/r_i)}$；$K_2=\dfrac{1}{x_0(x_0+2d+b)}$，$x_0=\dfrac{1}{2}(l_1+l_2)$。

从式(5-30)可以看出：铁心位移x和输出e_2之间不是线性关系，其非线性误差为$e_1=K_2x^2$。此外，e_2是交流输出信号，其输出的交流电压只能反映位移x的大小，不能反映位移方向，所以一般输出特性为V形曲线，如图5-15所示，为反映铁心移动方向，需要采用相

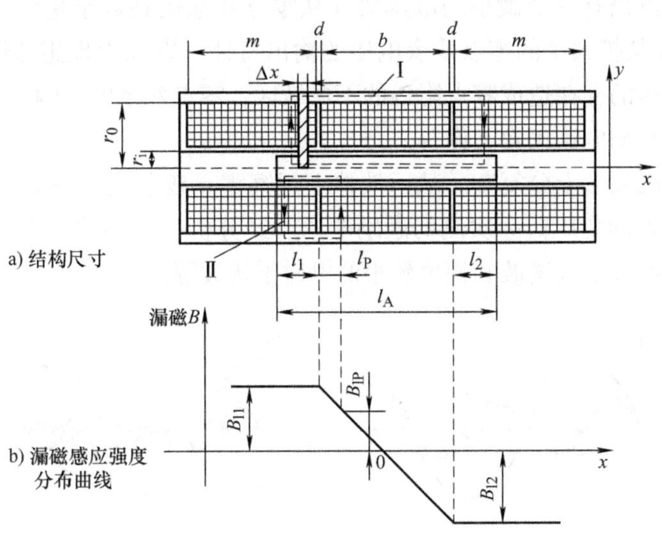

图 5-14　三节螺管型差动变压器

敏检波电路。

式(5-30) 中，K_1 为传感器灵敏度系数，它与线圈结构尺寸，一次绕组匝数以及激励电源的电压和频率有关。为了提高灵敏度，对上述因素进行分析：将 K_1 式中 I_1 用激励电压 e_1 和一次绕组阻抗

$$Z_1 = R_1 + j\omega L_1$$

代入，则得

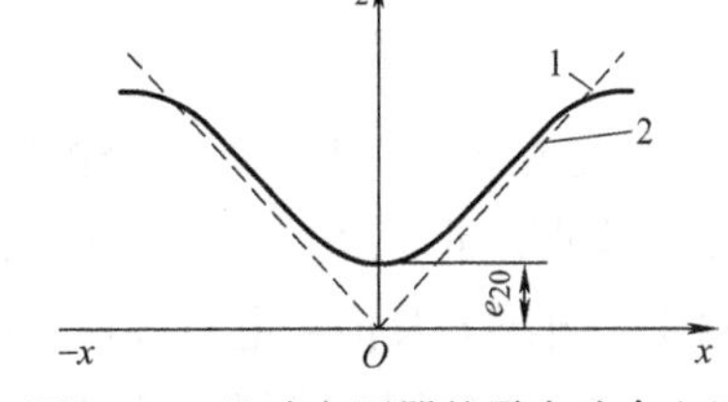

图 5-15　差动变压器的零点残余电压
1—实际特性　2—理想特性

$$K_1 = \frac{16\pi^3 f N_1 N_2 (b+2d+x_0) x_0}{10^7 m l_A \ln(r_o/r_i)} \frac{e_1}{\sqrt{R_1^2 + (\omega L_1)^2}} \tag{5-31}$$

从中可以得出如下几点结论：

(1) 二次绕组匝数 N_2

当 $R_1 = \omega L_1$ 时，式(5-31) 可化简成 $K_1 \approx \frac{N_2}{N_1}A$，其中 A 为常数。所以匝数比 N_2/N_1 增大，可以提高灵敏度，使输出 e_2 增大。二次绕组匝数增加时，灵敏度 K_1 亦增加，并呈线性关系。但是二次绕组匝数不能无限增加，因为随着二次绕组匝数增加，差动变压器的零点残余电压也增大了。

(2) 激励电压 e_1

e_1 增加，K_1 也增加，输出电压 e_2 随之增加。但是当 e_1 过大时，引起差动变压器的发热，而使输出信号漂移。

(3) 激励电压的频率 f

在低频时 $R_1 \gg \omega L_1$，式(5-31) 化简为 $K_1 \approx Bf$，其中 B 为常数。此时灵敏度随频率增高而增加，当频率高于某个值时，由于 $\omega L_1 \gg R_1$，所以可化简为 $K_1 \approx C$ = 常数，即表明高频时，灵敏度与 f 无关。

当差动变压器的衔铁处于中间位置时，理想条件下其输出电压为零。但实际上，当使用桥式电路时，在零点仍有一个微小的电压值（从零点几毫伏到数十毫伏）存在，称为零点残余电压。图 5-15 是扩大了的零点残余电压的输出特性。虚线为理想特性，实线表示实际特性。零点残余电压的存在造成零点附近的不灵敏区；零点残余电压输入放大器内会使放大器末级趋向饱和，影响电路正常工作等。

零点残余电压的波形十分复杂。从示波器上观察零点残余电压波形如图 5-16b 中的 e_{20} 所示，图中，e_1 为差动变压器一次侧的激励电压。经分析，e_{20} 包含了基波同相成分、基波正交成分，还有二次及三次谐波和幅值较小的电磁干扰波等。

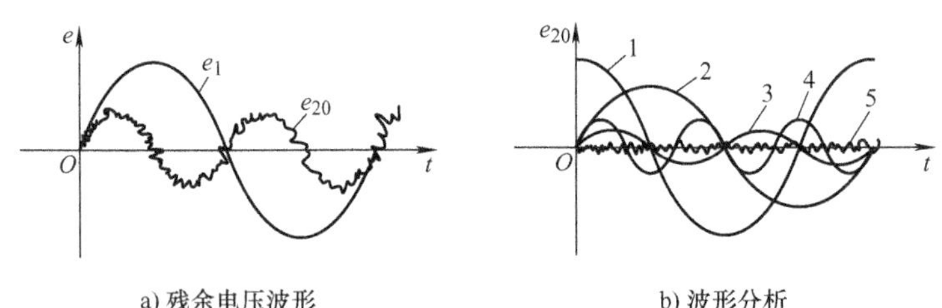

a) 残余电压波形　　b) 波形分析

图 5-16　零点残余电压及其组成

1—基波正交分量　2—基波同相分量　3—二次谐波　4—三次谐波　5—电磁干扰

零点残余电压产生的原因分析如下：

1）基波分量。由于差动变压器两个二次绕组不可能完全一致，因此它的等效电路参数（互感 M、自感 L 及损耗电阻 R）不可能相同，从而使两个二次绕组的感应电动势数值不等。又因一次绕组中铜损电阻及导磁材料的铁损和材质的不均匀、线圈匝间电容的存在等因素，使激励电流与所产生的磁通相位不同。

2）高次谐波。高次谐波分量主要由导磁材料磁化曲线的非线性引起。由于磁滞损耗和铁磁饱和的影响，使得激励电流与磁通波形不一致，产生了非正弦（主要是三次谐波）磁通，从而在二次绕组感应出非正弦电动势。

消除零点残余电压一般可用以下方法：

1）从设计和工艺上保证结构对称性。为保证线圈和磁路的对称性，首先，要求提高加工精度，线圈选配成对，采用磁路可调节结构。其次，应选高磁导率、低矫顽磁力、低剩磁感应的导磁材料，并应经过热处理，消除残余应力，以提高磁性能的均匀性和稳定性。由高次谐波产生的因素可知，磁路工作点应选在磁化曲线的线性段。

2）选用合适的测量线路。采用相敏检波电路不仅可以鉴别衔铁移动方向，而且可以把衔铁在中间位置时，因高次谐波引起的零点残余电压消除掉。如图 5-17 所示，采用相敏检波后衔铁反行程时的特性曲线由 1 变到 2，从而消除了零点残余电压。

3）采用补偿线路。由于两个二次绕组感应电压相位不同，并联电容可改变其一的相位，也可将电容 C 改为电阻，如图 5-18a 虚线所示。由于 R 的分流作用将使流入传感器线圈的电流发生变化，从而改变磁化曲线的工作点，减小高次谐波所产生的残余电压。图 5-18b 中串联电阻 R 可以调整二次绕组的电阻分量。

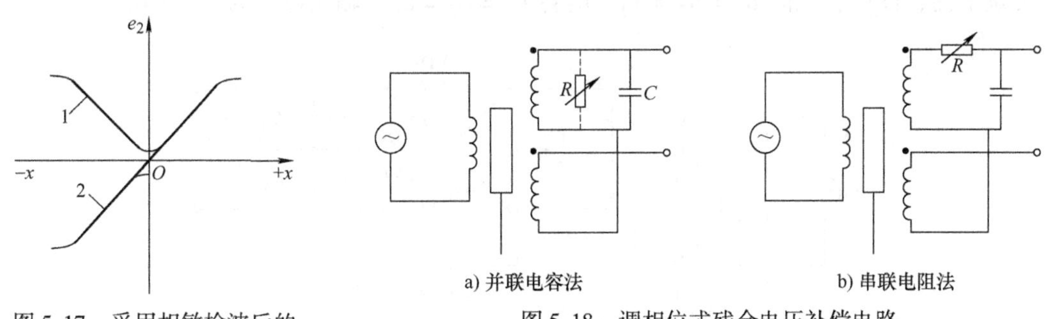

图 5-17　采用相敏检波后的输出特性

a) 并联电容法　　b) 串联电阻法

图 5-18　调相位式残余电压补偿电路

5.2.3　测量电路

差动变压器的输出电压为交流，其幅值与衔铁位移成正比。用交流电压表测量其输出值只能反映衔铁位移的大小，不能反映移动的方向，因此常采用差动整流电路和相敏检波电路进行测量。

1. 差动整流电路

图 5-19 所示为实际的全波相敏整流电路，是根据半导体二极管单向导通原理进行解调的。如传感器的一个二次绕组的输出瞬时电压极性，在 f 点为“＋”，e 点为“－”，则电流路径是 fgdche（参看图 5-19a）。反之，若 f 点为“－”，e 点为“＋”，则电流路径是 ehdcgf。可见，无论二次绕组的输出瞬时电压极性如何，通过电阻 R 的电流总是从 d 到 c。同理可分析另一个二次绕组的输出情况。输出的电压波形如图 5-19b 所示，其值为 $U_o = e_{ab} + e_{cd}$。

a) 电路原理　　b) 输出电压波形

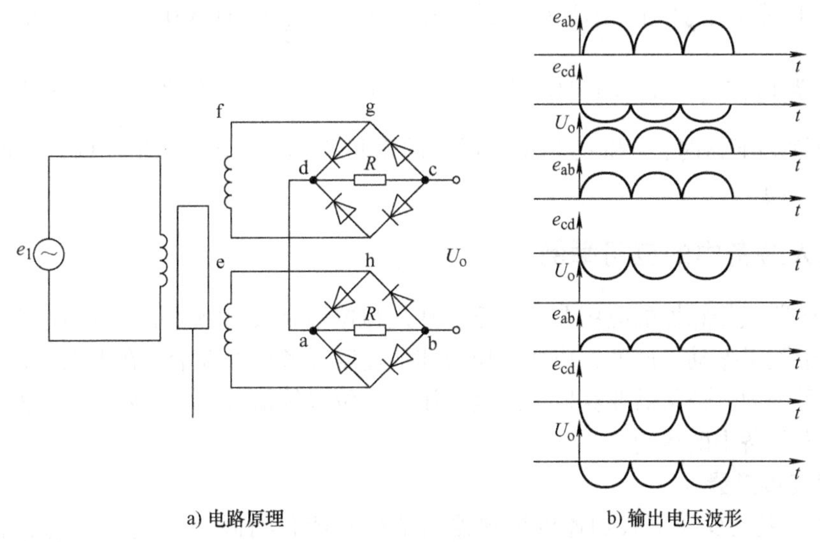

图 5-19　全波整流电路和波形图

2. 相敏检波电路

图 5-20 为二极管相敏检波电路。这种电路容易做到输出平衡，而且便于阻抗匹配，图中调制电压 e_r 和 e 同频，经过移相器使 e_r 和 e 保持同相或反相，且满足 $e_r \gg e$。调节电位器

R 可调平衡，图中，电阻 $R_1=R_2=R_0$，电容 $C_1=C_2=C_0$，输出电压为 $U_{CD}=0$。

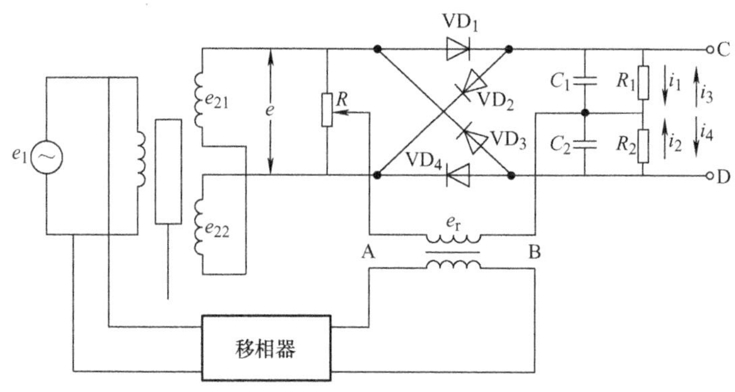

图 5-20　二极管相敏检波电路图

电路工作原理如下：当差动变压器铁心在中间位置时，$e=0$，只有 e_r 起作用，设此时 e_r 为正半周，即 A 为“+”，B 为“-”，VD_1、VD_2 导通，VD_3、VD_4 截止，流过 R_1、R_2 上的电流分别为 i_1、i_2，其电压降 U_{CB} 及 U_{DB} 大小相等、方向相反，故输出电压 $U_{CD}=0$。当 e_r 为负半周，即 A 为“-”，B 为“+”，VD_3、VD_4 导通，VD_1、VD_2 截止，流过 R_1、R_2 上的电流分别为 i_3、i_4，其电压降 U_{BC} 及 U_{BD} 大小相等、方向相反，故输出电压为 $U_{CD}=0$。

若铁心上移，$e\neq0$，设 e_r 和 e 同相位，由于 $e_r\gg e$，故 e_r 正半周时，VD_1、VD_2 仍导通，VD_3、VD_4 仍截止，但 VD_1 回路内总电动势为 $e_r+\frac{1}{2}e$，而 VD_2 回路内总电动势为 $e_r-\frac{1}{2}e$，故回路电流 $i_1>i_2$，输出电压 $U_{CD}=R_0(i_1-i_2)>0$。当 e_r 负半周时，VD_3、VD_4 导通，VD_1、VD_2 截止，此时 VD_3 回路内总电动势为 $e_r-\frac{1}{2}e$，而 VD_4 回路内总电动势为 $e_r+\frac{1}{2}e$，所以回路电流 $i_4>i_3$，输出电压 $U_{CD}=R_0(i_4-i_3)>0$，因此铁心上移动时输出电压 $U_{CD}>0$。当铁心下移时，e 和 e_r 相位相反。同理可得 $U_{CD}<0$。由此可见，该电路能判别铁心移动的方向。

5.2.4　无人装备中的应用举例

差动变压器式传感器的应用非常广泛，凡是与位移有关的物理量均可经过它转换成电量输出，常用于测量振动、厚度、应变、压力和加速度等各种物理量。在无人装备，如无人驾驶和无人机系统中，经常需要获取加速度、压力、位置等信息。下面列举几种差动变压器式传感器在无人装备中的应用。

1. 加速度传感器

5.2.4-1　差动变压器式加速度传感器

图 5-21 是差动变压器式加速度传感器的结构原理和测振线路框图。用于测定振动物体的频率和振幅时，其励磁频率必须是振动频率的 10 倍以上，这样可以得到精确的测量结果，可测量的振幅范围为 0.1～5mm，振动频率一般为 0～150Hz。将差动变压器和弹性敏感元件（膜片、膜盒和弹簧管等）结合，可以组成各种形式的压力传感器。

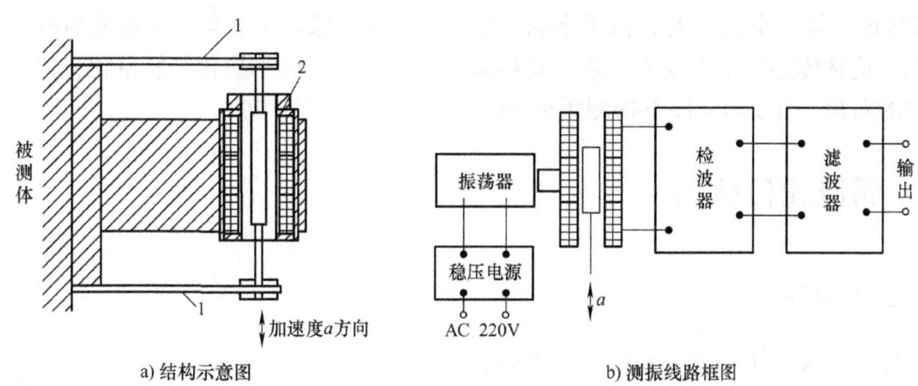

a) 结构示意图　　b) 测振线路框图

图 5-21　差动变压器式加速度传感器

1—弹性支承　2—差动变压器

2. 微压力传感器

5.2.4-2　差动压力变送器

图 5-22 为微压力变送器的结构示意图和测量电路框图，在被测压力为零时，膜盒在初始位置状态，此时固接在膜盒中心的衔铁位于差动变压器线圈的中间位置，因而输出电压为零。当被测压力由接头 1 传入膜盒 2 时，其自由端产生一正比于被测压力的位移，并且带动衔铁 6 在差动变压器线圈 5 中移动，从而使差动变压器输出电压。经相敏检波、滤波后，其输出电压可反映被测压力的数值。

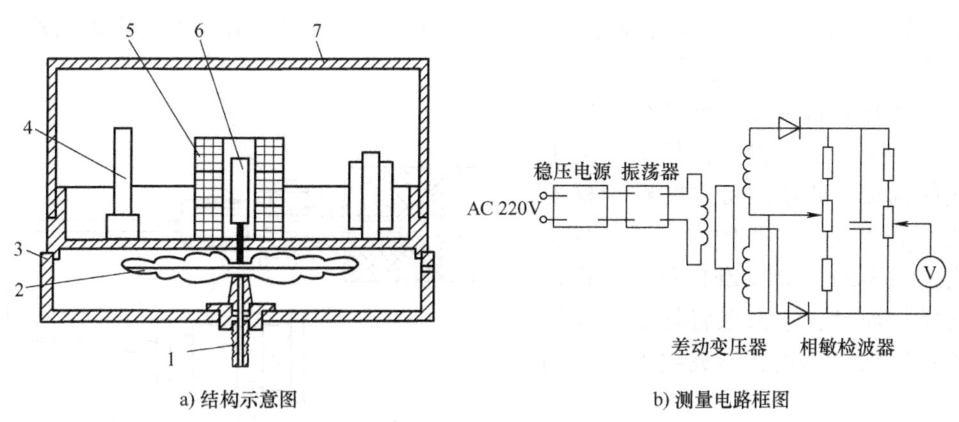

a) 结构示意图　　b) 测量电路框图

图 5-22　微压力变送器

1—接头　2—膜盒　3—底座　4—线路板　5—差动变压器　6—衔铁　7—罩壳

微压力变送器测量线路包括直流稳压电源、振荡器、相敏检波和指示等部分。由于差动变压器输出电压比较大，所以线路中无需用放大器。这种微压力变送器经分档可测量 $-4\times10^4 \sim 6\times10^4$Pa 压力，输出信号电压为 0～50mV，准确度等级为 1.5 级。

3. 接近传感器

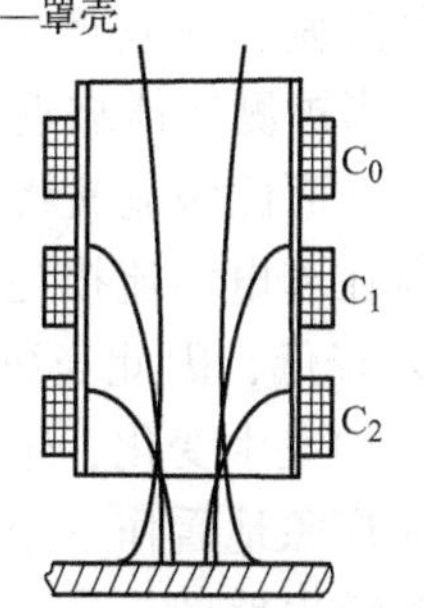

图 5-23　差动变压器式接近传感器

图 5-23 所示为用于弧焊机器人上的差动变压器式接近传感器的结构原理。它由励磁线圈 C_0、检测线圈 C_1 及 C_2 构成，C_1 和 C_2 的圈数相同，接成差动式。当未接近物体时由于构造上的对称性，输出

为0，当接近物体（金属）时，由于金属产生涡流而使磁通发生变化，从而使检测线圈输出产生变化。这种传感器不大受光、热、物体表面特征影响，可小型化与轻量化，但只能探测金属质地的对象，在200℃以下探测距离为0～8mm，误差只有4%。

5.3 电涡流式传感器

5.3.1 工作原理

当导体置于交变磁场或在磁场中运动时，导体内产生感应电流 i_e，此电流在导体内闭合，称为涡流。涡流大小与导体电阻率 ρ、磁导率 μ 以及产生交变磁场的线圈与被测体之间距离 x。线圈激励电流的频率 f 有关。显然磁场变化频率越高，涡流的趋肤效应越显著，即涡流穿透深度越小，其穿透深度 h（单位为 cm）可表示为

5.3.1 电涡流式传感器

$$h = 5030\sqrt{\frac{\rho}{\mu_r f}} \tag{5-32}$$

式中，ρ——导体电阻率（Ω · cm）；

μ_r——导体相对磁导率；

f——交变磁场频率（Hz）。

由式(5-32) 可知，涡流穿透深度 h 和激励电流频率 f 有关，所以涡流式传感器根据激励频率高低，可以分为高频反射或低频透射两大类。目前高频反射电涡流式传感器应用广泛，本节重点介绍此类传感器。

高频反射电涡流式传感器结构比较简单，主要由一个安置在框架上的扁平圆形线圈构成。此线圈可以粘贴于框架上，或在框架上开一条槽沟，将导线绕在槽内。图 5-24 所示 CZF1 型涡流式传感器的结构原理，它采取将导线绕在聚四氟乙烯框架窄槽内，形成线圈的结构方式。

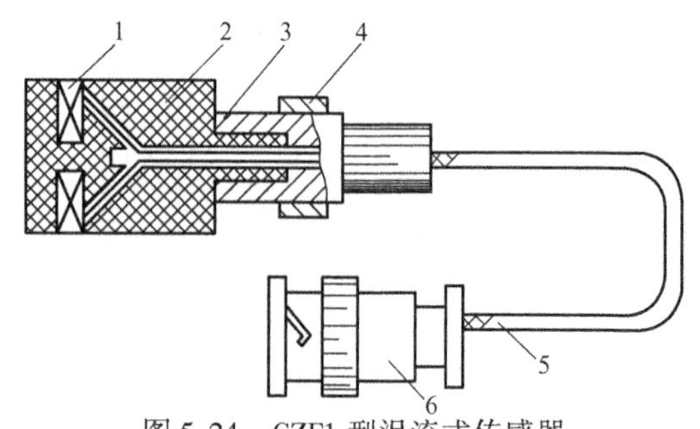

图 5-24 CZF1 型涡流式传感器

1—线圈 2—框架 3—衬套 4—支架 5—电缆 6—插头

如图 5-25 所示，传感器线圈由高频信号激励，使它产生一个高频交变磁场 ϕ_i，当被测导体靠近线圈时，在磁场作用范围的导体表层，产生了与此磁场相交链的电涡流 i_e，而此涡流又将产生一交变磁场 ϕ_e 阻碍外磁场的变化。从能量角度看，在被测导体内存在着电涡流损耗（当频率较高时，忽略磁损耗）。能量损耗使传感器的 Q 值和等效阻抗 Z 降低，因此当被测体与传感器间的距离 d 改变时，传感器的 Q 值和等效阻抗 Z、电感 L 均发生变化，于是把位移量转换成电量，这便是电涡流传感器的基本原理。把金属导体形象地看作一个短路线圈，它与传感器线圈有磁耦合。于是，可以得到图 5-26 所示的等效电路图。

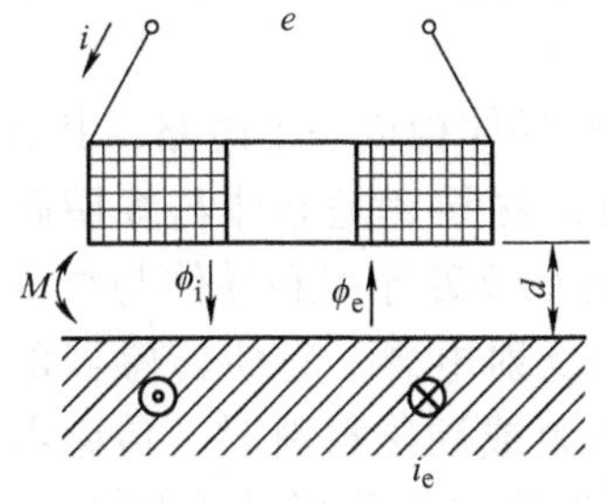

图 5-25　电涡流式传感器原理图

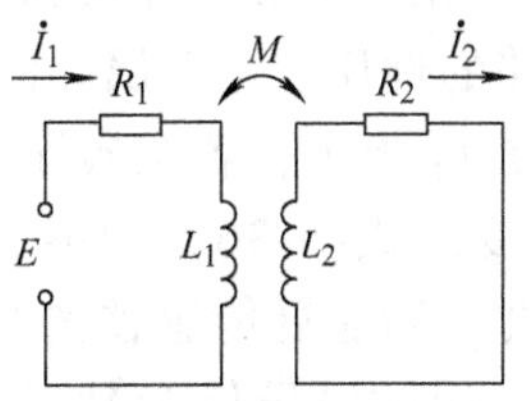

图 5-26　电涡流式传感器的等效电路图

图 5-26 中，R_1 和 L_1 为传感器线圈的电阻和电感，R_2 和 L_2 为金属导体的电阻和电感，$\dot{E}$ 为激励电压。根据基尔霍夫定律及所设电流正方向，写出方程组

$$\left.\begin{aligned} R_1\dot{I}_1+\mathrm{j}\omega L_1\dot{I}_1-\mathrm{j}\omega M\dot{I}_2=\dot{E} \\ -\mathrm{j}\omega M\dot{I}_1+R_2\dot{I}_2+\mathrm{j}\omega L_2\dot{I}_2=0 \end{aligned}\right\} \tag{5-33}$$

解方程组，可得

$$\left.\begin{aligned} \dot{I}_1&=\frac{\dot{E}}{R_1+\dfrac{\omega^2M^2}{R_2^2+(\omega L_2)^2}R_2+\mathrm{j}\left[\omega L_1-\dfrac{\omega^2M^2}{R_2^2+(\omega L_2)^2}\omega L_2\right]} \\ \dot{I}_2&=\mathrm{j}\omega\frac{M\dot{I}_1}{R_2+\mathrm{j}\omega L_2}=\frac{M\omega^2L_2\dot{I}_1+\mathrm{j}\omega MR_2\dot{I}_1}{R_2^2+\omega^2L_2^2} \end{aligned}\right\} \tag{5-34}$$

于是，线圈的等效阻抗为

$$Z=\left(R_1+R_2\frac{\omega^2M^2}{R_2^2+\omega^2L_2^2}\right)+\mathrm{j}\left(\omega L_1-\omega L_2\frac{\omega^2M^2}{R_2^2+\omega^2L_2^2}\right) \tag{5-35}$$

线圈的等效电感为

$$L=L_1-L_2\frac{\omega^2M^2}{R_2^2+\omega^2L_2^2} \tag{5-36}$$

线圈的等效 Q 值为

$$Q=Q_0\frac{1-\dfrac{L_2}{L_1}\dfrac{\omega^2M^2}{Z_2^2}}{1+\dfrac{R_2}{R_1}\dfrac{\omega^2M^2}{Z_2^2}} \tag{5-37}$$

式中　Q_0——无涡流影响下的 Q 值，$Q_0=\dfrac{\omega L_1}{R_1}$；

Z_2^2——金属导体中产生电涡流部分的阻抗，$Z_2^2=R_2^2+\omega^2L_2^2$。

从式(5-35) ~式(5-37) 可知，线圈与金属导体系统的阻抗、电感和品质因数均为此系统互感系数二次方的函数，而从麦克斯韦互感系数的基本公式出发，可以求得互感系数是两个磁性相连线圈距离 x 的非线性函数。因此 $Z=F_1(x)$、$L=F_2(x)$、$Q=F_3(x)$ 均是非线性函数。但是在某一范围内，可以将这些函数关系近似地通过某一线性函数表示。也就是说，电涡流式位移传感器不是在电涡流整个波及范围内均可呈线性变换的。

式(5-36) 中第一项 L_1 与静磁效应有关，线圈与金属导体构成一个磁路，其有效磁导率取决于此磁路的性质。当金属导体为磁性材料时，有效磁导率随导体与线圈距离的减小而增大，于是 L_1 增大；若金属导体为非磁性材料，则有效磁导率和导体与线圈的距离无关，即 L_1 不变。式(5-36) 中第二项为电涡流回路的反射电感，它使传感器的等效电感值减小。因此，当靠近传感器的被测物体为非磁性材料或硬磁材料时，传感器线圈的等效电感减小；如被测导体为软磁材料时，则由于静磁效应使传感器线圈的等效电感增大。

另外，为使传感器的温度性能优良，并且使 Q 值增大，要求线圈框架材料损耗小、热膨胀系数小、电性能好。一般可以选用聚四氟乙烯、陶瓷、聚酰亚胺、碳化硼等材料。在高温条件下使用时可用硝化硼。线圈的导线一般采用高强度漆包铜线，多股适当组合。如果要求减少导线损耗电阻，可用银线或银合金线，在高温条件下则可使用铼钨合金线等。

应该指出，线圈仅是传感器的一个组成部分，而另一组成部分则是被测导体。从式(5-35) 可知，在测量过程中静磁效应与电涡流效应对传感器等效阻抗虚部的改变是相互制约的。因此若被测体是非磁性材料时，传感器的灵敏度较被测体是磁性材料时为高。

5.3.2 测量电路

根据电涡流式传感器的基本原理，将传感器与被测体间的距离变换为传感器 Q 值、等效阻抗 Z 和等效电感 L 等三个参数，用相应的测量电路测量。电涡流式传感器的测量电路可以归纳为高频载波调幅式和调频式两类。而高频载波调幅式又可分为恒定频率的载波调幅与频率变化的载波调幅两种。所以根据测量电路可以把电涡流式传感器分为三种类型，即恒定频率调幅式、变频调幅式和调频式。

这里仅介绍调频法的测量电路及其基本原理。该测量电路的测量原理是位移的变化引起传感器线圈电感的变化，而电感的变化导致振荡频率的变化。以频率变化作为输出量，是所需的测量信息。因此，电涡流式传感器线圈在电路的振荡器中作为一个电感元件接入电路之中。其测量电路原理如图 5-27 所示。

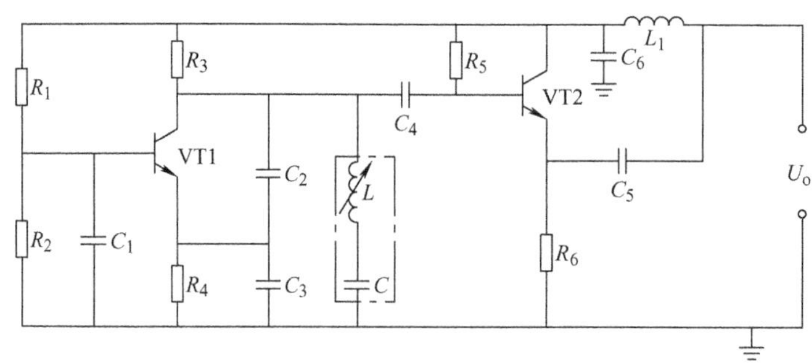

图 5-27　调频测量电路图

该测量电路由两大部分组成，即克拉泼电容三点式振荡器和射极输出器。克拉泼振荡器产生的一个高频正弦波，高频正弦波频率是随传感器线圈 $L(x)$ 的变化而变化。频率和

$L(x)$ 之间关系为

$$f \approx \frac{1}{2\pi\sqrt{L(x)C}} \tag{5-38}$$

射极输出器起阻抗匹配作用，以便和下级电路相连接。频率可以直接由数字频率计记录或通过频率-电压转换电路转换为电压量输出，再由其他记录仪器记录。

使用这种调频式测量电路，传感器输出电缆的分布电容的影响是不能忽视的。它将使振荡器振荡频率发生变化，从而影响测量结果。为此可把电容 C 和线圈 L 均装于传感器内，如图 5-27 中点画线所示。这时电缆分布电容并联到大电容 C_2、C_3 上，因而对振荡频率 $f \approx \frac{1}{2\pi\sqrt{L(x)C}}$ 的影响大为减小。尽可能将传感器靠近测量电路，甚至放在一起，这样分布电容的影响变得更小。

5.3.3　无人装备中的典型应用

由于电涡流式传感器测量范围大、灵敏度高、结构简单、抗干扰能力强以及可以非接触测量等优点，广泛用于工业生产和科学研究的各个领域。表 5-1 给出了电涡流式传感器可测量的参数、变换量及特征。

表 5-1　电涡流式传感器可测量的参数、变换量及特征

被测参数	变换量	特　征
位置、振动	传感器线圈和被测体之间的距离 d	非接触连续测量受剩磁的影响
速度（流量）、表面温度	被测电阻率 ρ	非接触连续测量需进行温度补偿
应力、硬度	被测体的磁导率 μ	非接触连续测量受剩磁和材质影响
损伤	d、ρ、μ	可定量判断

传感器使用中应注意被测材料对测量的影响。被测物体的面积比传感器检测线圈面积大得多时，传感器灵敏度基本不发生变化；当被测物体面积为传感器线圈面积的一半时，其灵敏度减少一半；更小时，灵敏度则显著下降。如被测体为圆柱体时，当它的直径 D 是传感器线圈直径的 3.5 倍以上时，不影响测量结果，在 $D/d=1$ 时，灵敏度降低至 70%。

下面就几种典型应用做简略介绍。

1. 位置测量

它可以用来测量各种形式的位置量。例如，汽轮机主轴的轴向位置（见图 5-28a），磨床换向阀、先导阀的位置（见图 5-28b），金属试件的热膨胀系数（见图 5-28c）等。

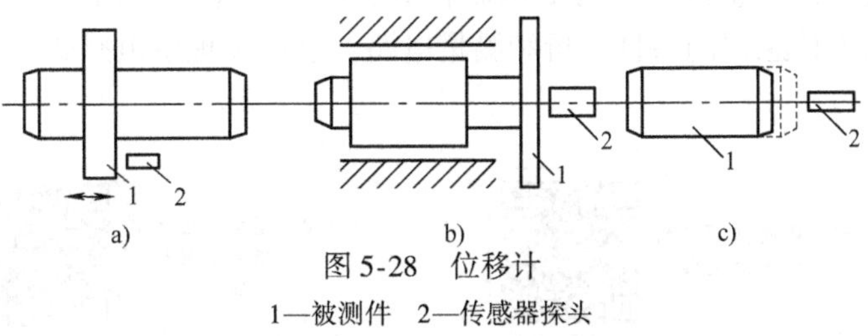

图 5-28　位移计

1—被测件　2—传感器探头

2. 振幅测量

5.3.3-2 振幅测量的原理

电涡流式传感器可无接触地测量各种振动的幅值。在汽轮机、空气压缩机中常用电涡流式传感器监控主轴的径向振动（见图5-29a），也可以测量发动机涡轮叶片的振幅（见图5-29b）。研究轴的振动时，常需要了解轴的振动形状，作出轴振形图。为此，可用数个传感器探头并排地安置在轴附近（见图5-29c），用多通道指示仪输出至记录仪。轴振动时，可以获得各个传感器所在位置轴的瞬时振幅，从而画出轴振形图。

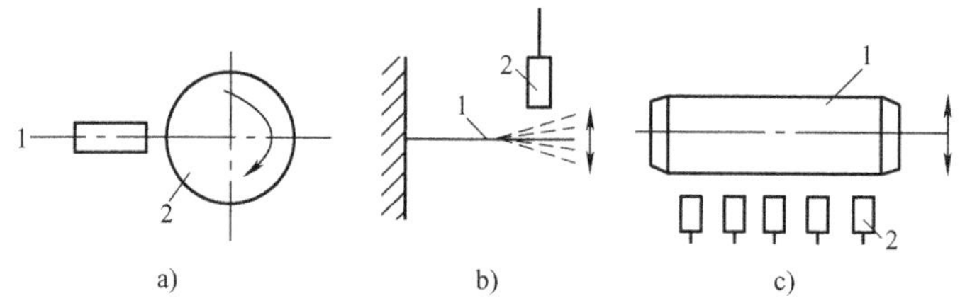

图5-29 振幅测量

1—被测件 2—传感器探头

3. 接近觉传感器

电涡流式接近觉传感器主要用于检测由金属材料制成的对象物体，电涡流式接近觉传感器的最简单的形式只包括一个线圈。图5-30所示为电涡流式接近觉传感器的工作原理，线圈中通入交变电流 I_1，在线圈的周围产生交变磁场 H_1。当传感器与外界导体接近时，导体中感应产生电流 I_2，形成一个磁场 H_2，其方向与 H_1 相反，削弱了 H_1 磁场，从而导致传感器线圈的阻抗发生变化。传感器与外界导体的距离变化能够引起导体中所感应产生电流 I_2 的变化。通过适当的检测电路，可从线圈中耗散功率的变化得出传感器与外界物体之间的距离。这类传感器的测距范围一般在零到几十毫米之间，分辨率可达满量程的0.1%。电涡流式传感器可安装在弧焊机器人上用于焊缝自动跟踪，这种传感器外形尺寸和测量范围的比值较大，在其他方面应用较少。

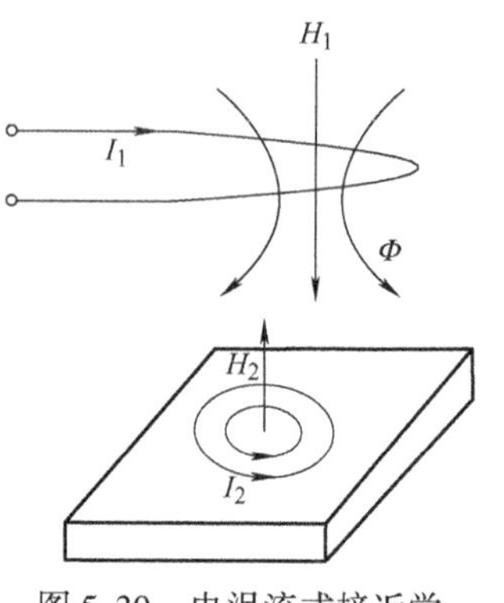

图5-30 电涡流式接近觉传感器的工作原理

5.4 本章小结

本章介绍了自感式传感器、差动变压器和电涡流式传感器的结构、工作原理和测量电路，应重点掌握各类传感器的特性分析和测量电路，进一步理解电感式传感器的应用及其局限性。

5.4-1 电感式滚柱直径分选装置

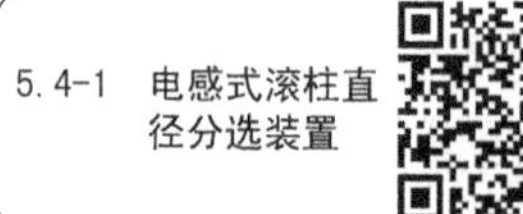

5.4-2 差动变压器式张力测量控制系统

思 考 题

5-1 说明差动式电感传感器与差动变压器工作原理的区别。

5-2 说明差动变压器零点残余电压产生原因并指出消除残余电压的方法。

5-3 如何提高差动变压器的灵敏度?

5-4 如何通过相敏检波电路实现对位移大小和方向的判定?

5-5 电涡流式传感器有何特点?画出应用于测板材厚度的原理框图。

5-6 已知变隙电感式传感器的铁心截面积 $S=1.5\text{cm}^2$,磁路长度 $L=20\text{cm}$,相对磁导率 $\mu_i=5000$,气隙 $\delta_0=0.5\text{cm}$,$\Delta\delta=\pm0.1\text{mm}$,真空磁导率 $\mu_0=4\pi\times10^{-7}\text{H/m}$,线圈匝数 $N=3000$,求灵敏度 $\Delta L/\Delta\delta$。若做成差动结构,其灵敏度将如何变化?

5-7 如图5-2所示变隙型电感传感器,衔铁截面积 $S=4\times4\text{mm}^2$,气隙总长度 $l_\delta=0.8\text{mm}$,衔铁最大位移 $\Delta l_\delta=\pm0.08\text{mm}$,激励线圈匝数 $N=2500$,导线直径 $d=0.06\text{mm}$,电阻率 $\rho=1.75\times10^{-6}\Omega\cdot\text{cm}$,当激励电源频率 $f=4000\text{Hz}$ 时,忽略磁漏及铁损,要求计算:1)线圈电感值;2)电感的最大变化量;3)线圈直流电阻值;4)线圈的品质因数;5)当线圈存在200pF分布电容与之并联后的等效电感值。

5-8 利用电涡流法测板材厚度,已知激励电源频率 $f=1\text{MHz}$,被测材料相对磁导率 $\mu_r=1$,电阻率 $\rho=2.9\times10^{-6}\Omega\cdot\text{cm}$,被测板厚为 $(1\pm0.2)\text{mm}$。要求:1)计算采用高频反射法测量时,涡流穿透深度 h;2)能否用低频透射法制板厚?需要采取什么措施?画出检测示意图。

5-9 图5-31为二极管相敏整流测量电路。e_1 为交流信号源,e_2 为差动变压器输出信号,e_r 为参考电压,并有 $|e_r|\gg|e_2|$,e_r 和 e_2 同频但相位差为0°或180°,RP为调零电位器,$VD_1\sim VD_4$ 是整流二极管,其正向电阻为 r,反向电阻为无穷大。试分析此电路工作原理(说明铁心移动方向与输出信号电流 i 的方向对应关系)。

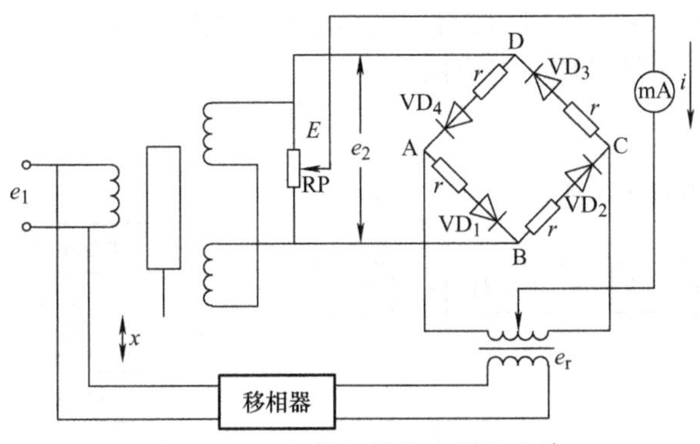

图5-31 二极管相敏整流测量电路

第6章 压电式传感器

压电式传感器是一种典型的发电型传感器，其工作原理为电介质的压电效应，在外力作用下电介质表面产生电荷，从而实现非电量测量。其敏感元件压电材料是一个有源的机-电转换元件，具有体积小、结构简单、工作可靠等特点，适用于测量动态力学物理量，不适用于测量频率太低的物理量，更不能测量静态量。压电式传感器在声学、医学、力学和导航方面得到广泛应用，如超声波传感器、水声换能器、拾音器、压电引信和煤气点火等。

【学习目标】

通过本章学习，读者应掌握压电效应的产生机理、常用压电材料、压电式传感器的工作原理、测量电路的设计，了解压电式传感器的应用。

【产出分析】

通过本章教学，应达成以下学习产出（包括但不限于）：

1）通过对压电式传感器工作原理的学习，具备解决压电式传感器工程应用问题能力的基本能力。

2）通过对压电效应和测量电路的学习，具备设计满足特定需求的传感器测量子系统的能力。

3）通过压电式传感器应用领域的学习与研讨，能评价传感器工程实践对社会、健康、安全、法律以及文化的影响，并理解工程实践中应承担的责任。

4）掌握常用压电材料的工作原理与应用局限性，理解实践活动所需的工程管理原理与经济决策方法，并能在多学科环境中应用。

【知识结构图】

本章知识结构图如图6-1所示。

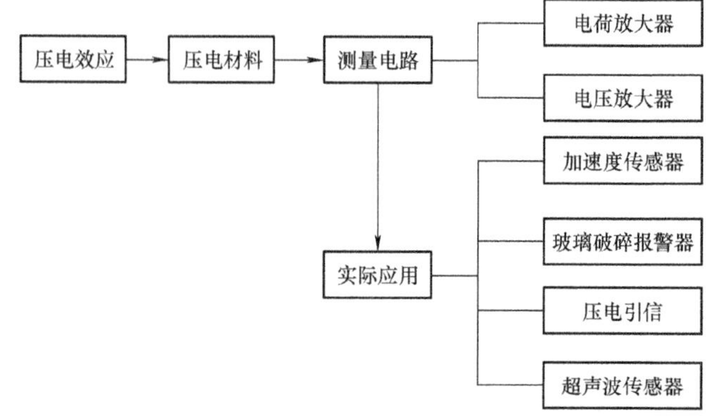

图6-1　知识结构图

6.1　压电效应

常见的压电效应有正压电效应和逆压电效应两种。压电材料在一定方向上受到外力产生变形时，其内部会产生极化现象，在它的两个相对表面上同时出现正负电荷。当去掉外力，又会恢复到不带电的状态，这种现象称为正压电效应。当作用力的方向改变时，电荷的极性也随之改变。相反，当在压电材料的极化方向上施加电场，材料会产生形变，电场去掉后，压电材料的形变随之消失，这种现象称为逆压电效应。利用压电效应的可逆性，可以实现机械能与电能的相互转换，如图 6-2 所示。依据电介质压电效应研制的一类传感器称为压电式传感器。常见的压电材料有很多，如天然形成的石英晶体、人工制造的陶瓷材料等。现以石英晶体为例解释压电效应的产生机理。

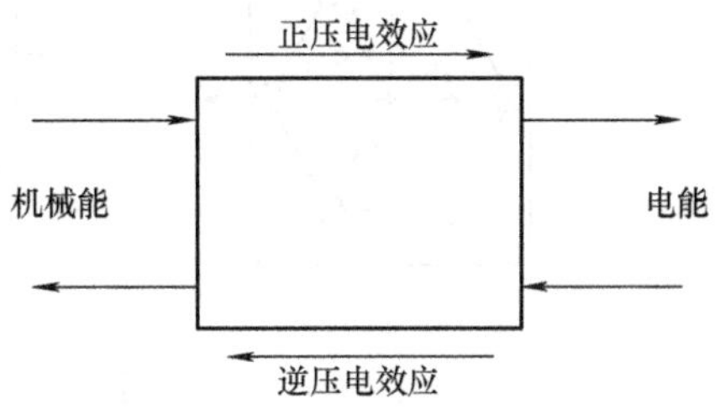

图 6-2　压电效应示意图

6.1.1　压电效应的产生机理

图 6-3 表示了天然结构理想石英晶体的外形。它是一个正六面体，在晶体学中它可用三根互相垂直的轴来表示。其中，纵向轴 Z 称为光轴；经过正六面体棱线并垂直于光轴的 X 轴称为电轴；垂直于 $X-Z$ 平面（棱面）的 Y 轴称为机械轴。

石英晶体之所以具有压电效应，与它的内部结构分不开，其化学式为 SiO_2。在一个晶体单元中有 3 个硅离子（Si^{4+}）和 6 个氧离子（O^{2-}），后者是成对存在的，所以一个硅离子和两个氧离子交替排列，在 Z 平面的投影如图 6-4 所示。图中，“+”代表 Si^{4+}，“-”代表 2 个 O^{2-}。

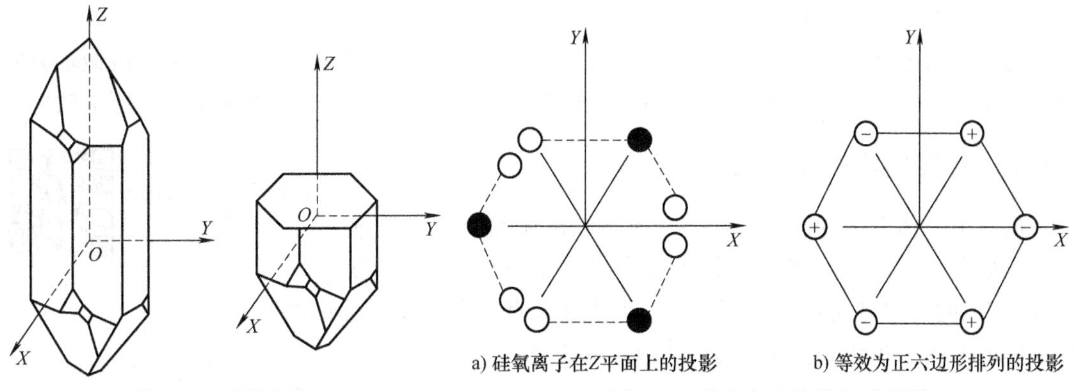

图 6-3　石英晶体

a) 硅氧离子在Z平面上的投影　　b) 等效为正六边形排列的投影

图 6-4　硅氧离子的排列示意图

当晶体受到沿 X 方向的外力作用 $F_X=0$ 时，如图 6-5a 所示正、负离子（Si^{4+} 与 O^{2-}）正好分布在正六边形的顶点上，它们所形成的电偶极矩 $\boldsymbol{P}_1$、$\boldsymbol{P}_2$ 和 $\boldsymbol{P}_3$ 的大小相等，相互的夹角为 120°。正负电荷中心重合，电偶极矩的矢量和为零，晶体对外不显电性，即

$$\boldsymbol{P}_1+\boldsymbol{P}_2+\boldsymbol{P}_3=0 \tag{6-1}$$

当晶体受到沿 X 方向的压力（$F_X<0$）时晶体沿 X 方向压缩，正负离子的位置如图 6-5b 所示。此时正负电荷中心不重合，电偶极矩在 X 方向分量的矢量和为

$$(\boldsymbol{P}_1+\boldsymbol{P}_2+\boldsymbol{P}_3)_X>0 \tag{6-2}$$

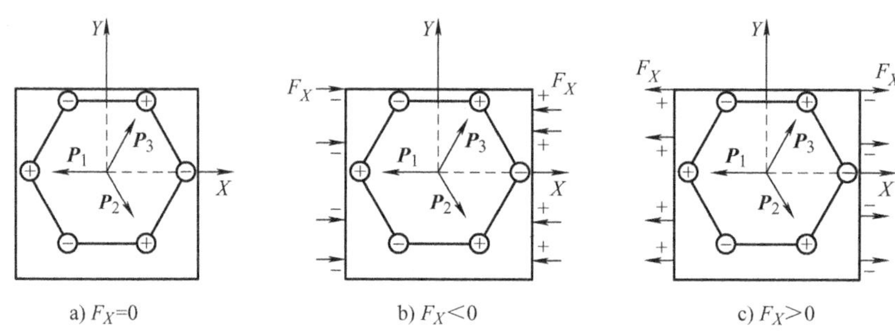

图 6-5　石英晶体的压电结构示意图

在 Y、Z 方向电偶极矩分量的矢量和为 0。所以，在 X 轴的正向出现正电荷，在 Y、Z 轴方向则不出现电荷。反之，当晶体受到沿 X 方向的拉力（$F_X>0$）时，在 X 轴的正向出现负电荷，在 Y、Z 方向不出现电荷。由此可见，当晶体收到沿电轴方向的力时，它在 X 方向产生正压电效应，在另外两个方向不产生压电效应。

当晶体受到沿 Y 轴方向的作用力 F_Y时，情况与 F_X相似。当 $F_Y>0$ 时，晶体的形变与图 6-5b 相似；当 $F_Y<0$ 时，晶体的变形如图 6-5c 所示。此时电偶极矩在三个方向的矢量和为

$$(\boldsymbol{P}_1+\boldsymbol{P}_2+\boldsymbol{P}_3)<0 \tag{6-3}$$

在 Y、Z 方向电偶极矩分量的矢量和为 0。在 X 轴的正向出现负电荷，在 Y、Z 方向则不出现电荷。由此可见，当晶体受到沿机械轴方向的力时，它在 X 方向产生正压电效应，在另外两个方向不产生压电效应。

如果沿 Z 轴方向（即与纸面垂直的方向）上施加作用力，因为晶体在 X 轴方向和 Y 轴方向的变形完全相同，所以，正负电荷中心保持重合，电偶极矩矢量和等于零。这就表明沿 Z 轴（即光轴）方向加作用力，晶体不会产生压电效应。

通常把沿电轴方向作用力下产生电荷的压电效应称为纵向压电效应，而把沿机械轴方向的力作用下产生电荷的压电效应称为横向压电效应，而沿光轴方向受力时不产生压电效应。

6.1.2　石英晶体的压电效应

6.1.2　石英晶体压电模型

从石英晶体上沿轴线切下的一片平行六面体称为压电晶体切片，如图 6-6 所示。当晶片在沿 X 轴的方向上受到压应力 σ_{XX}的作用时，晶片将产生厚度变形，并发生极化现象。在晶体的线性弹性范围内，极化强度 P_{XX}与应力 σ_{XX}成正比，即

$$P_{XX}=d_{11}\sigma_{XX}=d_{11}\frac{F_X}{lb} \tag{6-4}$$

式中，F_X——沿晶轴 X 方向施加的压缩力；

d_{11}——压电系数，当受力方向和变形不同时，压电系数也不同，石英晶体 $d_{11}=2.3\times10^{12}\mathrm{C}\cdot\mathrm{N}$；

l、b——石英晶片的长度和宽度。

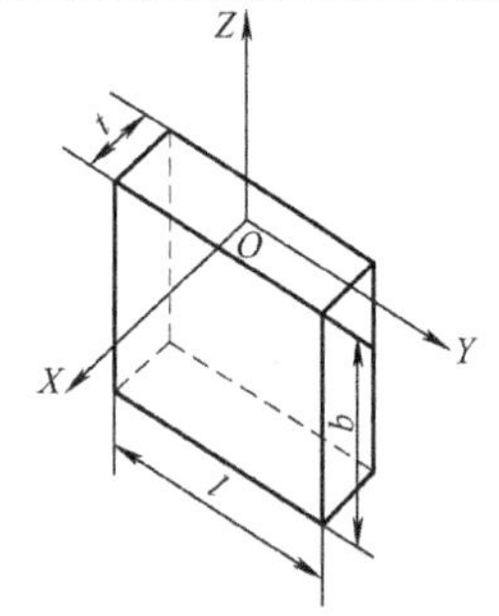

图 6-6　石英晶体切片

极化强度 P_{XX} 在数值上等于晶面上的电荷密度，即

$$P_{XX}=\frac{q_X}{lb} \tag{6-5}$$

式中，q_X——垂直于 X 轴平面上电荷。把 P_{XX} 值代入式(6-4) 得

$$q_X=d_{11}F_X \tag{6-6}$$

由式(6-6) 看出，当晶片受到 X 方向的压力作用时，q_X 与作用力 F_X 成正比，而与晶片的几何尺寸无关。其极间电压为

$$U_X=\frac{q_X}{C_X}=d_{11}\frac{F_X}{C_X} \tag{6-7}$$

式中，C_X——电极面间电容，$C_X=\frac{\varepsilon_0\varepsilon_r lb}{t}$，$t$ 为晶片厚度。

根据逆压电效应，极间电压使得晶体在 X 轴方向将产生伸缩，即

$$\Delta t=d_{11}U_X \tag{6-8}$$

在 X 轴方向施加压力时，左旋石英晶体的 X 轴正向带正电；如果作用力 F_X 改为拉力时，则电荷仍出现在垂直于 X 轴的平面上，但极性相反，如图 6-7a、b 所示。如果在同一晶片上作用力是沿着机械轴的方向，其电荷仍在与 X 轴垂直平面上出现，其极性如图 6-7c、d，此时电荷的大小为

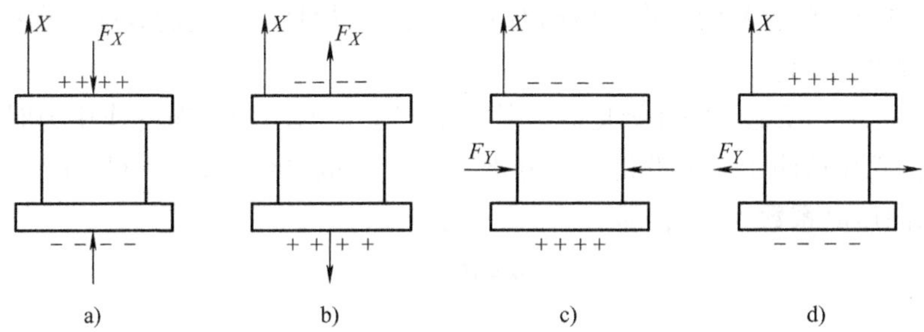

图 6-7　晶片上电荷极性与受力方向关系

$$q_{XY}=d_{12}\frac{lb}{bt}F_Y \tag{6-9}$$

式中　d_{12}——石英晶体在 Y 轴方向上受力时的压电系数。

根据石英晶体轴的对称条件

$$d_{12}=-d_{11} \tag{6-10}$$

则式(6-9) 为

$$q_{XY}=-d_{11}\frac{l}{h}F_Y \tag{6-11}$$

负号表示沿 Y 轴的压缩力产生的电荷与沿 X 轴施加的压缩力所产生的电荷极性相反。由式(6-9) 可见，沿机械轴方向对晶片施加作用力时，产生的电荷量与晶片的几何尺寸有关。

电极间电压为

$$U_X=\frac{q_{XY}}{C_X}=-d_{11}\frac{l}{t}\frac{F_Y}{C_X} \tag{6-12}$$

根据逆压电效应，极间电压使得晶片在 Y 轴方向产生伸缩变形，即

$$\Delta l = -d_{11}\frac{l}{t}U_X \tag{6-13}$$

由上述可知：

1）无论正或逆压电效应，作用力与电荷之间呈线性关系。

2）石英晶体不是在任何方向都存在压电效应的。

3）正、逆压电效应同时存在。

6.1.3 压电陶瓷的压电效应

压电陶瓷是一种常用的压电材料，与单晶体的石英晶体不同。压电陶瓷属于铁电体一类的物质，是人工制造的多晶体材料，它具有类似铁磁材料磁畴结构的电畴。电畴是分子自发形成的区域，它有一定的极化方向，从而存在一定的电场。压电陶瓷在没有极化之前不具有压电现象。如图 6-8a 所示，各个电畴在晶体中杂乱分布，它们的极化效应被相互抵消了，因此原始的压电陶瓷呈中性，不具有压电性质，是非压电体。在外电场的作用下，电畴的极化方向发生转动，趋向于按外电场的方向排列，从而使材料得到极化，如图 6-8b 所示。此时，当我们把电压表接到陶瓷片的两个电极上进行测量时，却无法测出陶瓷片内部存在的极化强度。这是因为陶瓷片内的极化强度总是以电偶极矩的形式表现出来，即在陶瓷的两端出现正、负束缚电荷。由于束缚电荷的作用，在陶瓷的电极面上吸附了一层来自外界的自由电荷。这些自由电荷与陶瓷片内的束缚电荷符号相反而数量相等，它起着屏蔽和抵消陶瓷片内极化强度对外界的作用。

如图 6-9a 所示，压电陶瓷在极化面上受到垂直于它的均匀分布的作用力时（即作用力沿极化方向），则在这两个镀银极化面上分别出现正、负电荷。其电荷量 q 与力 F 成正比，压电陶瓷的纵向压电系数为 d_{33}，即

$$q = d_{33}F \tag{6-14}$$

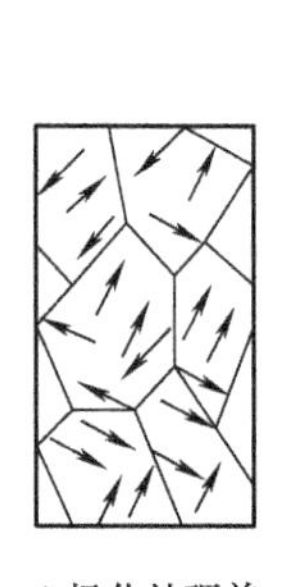

a) 极化处理前

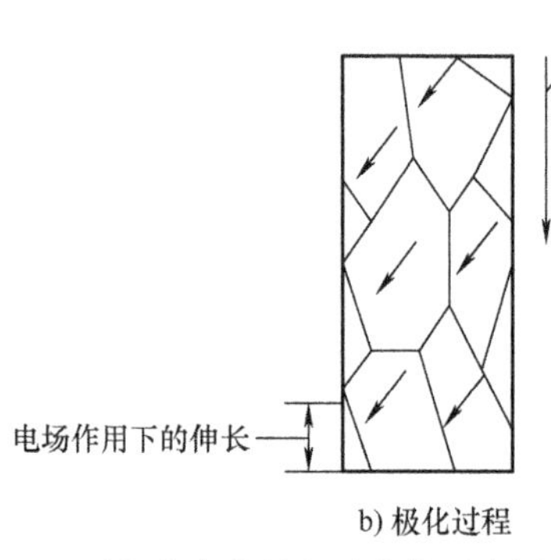

b) 极化过程

图 6-8　压电陶瓷中的电畴变化示意图

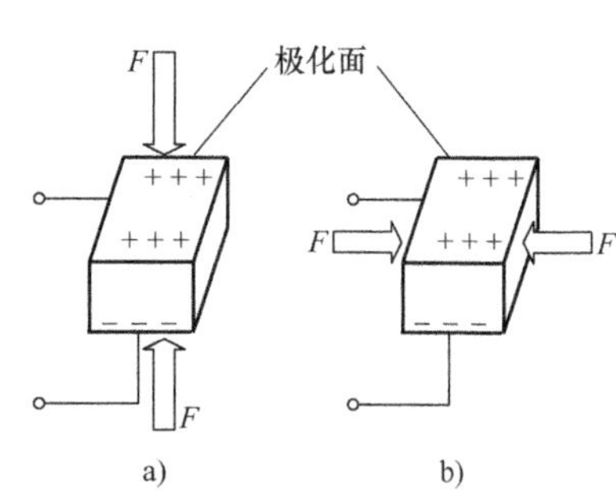

图 6-9　压电陶瓷压电原理图

极化压电陶瓷的平面是各向同性的，对于压电常数，可用等式 $d_{32} = d_{31}$ 表示。它表明平行于极化轴（Z 轴）的电场，与沿着 Y 轴或 X 轴的轴向应力的作用关系是相同的。极化压电陶瓷受到均匀分布的作用力 F 时，在镀银的极化面上，分别出现正、负电荷 q，如图 6-9b 所示。

$$q = -d_{32}\frac{FA_Z}{A_Y} = -d_{31}\frac{FA_Z}{A_X} \tag{6-15}$$

式中　A_X——极化面的面积；

A_Y——受力面的面积。

由此可见，压电陶瓷之所以具有压电效应，是由于陶瓷内部存在自发极化。这些自发极化经过极化工序处理而被迫取向排列。外界的作用（如压力或电场的作用）使此极化强度发生变化，陶瓷就出现压电效应。

常用的一种压电陶瓷钛酸钡（$BaTiO_3$）是由碳酸钡（$BaCO_3$）和二氧化钛（TiO_2）按规定比例混合后充分研磨成型，经高温 1300～1400℃烧结，人工极化处理得到压电陶瓷。它的压电常数要比石英晶体的压电常数大几十倍，且介电常数和体电阻率也都比较高，但温度稳定性、长期稳定性和机械强度都不如石英晶体，而且工作温度最高只有 80℃左右。

另一种著名的压电陶瓷是锆钛酸铅（PZT），它是由钛酸铅（$PbTiO_3$）和锆酸铅（$PbZrO_3$）组成的固熔体。它具有很高的介电常数，而且工作温度可达 250℃，各项机电参数随温度和时间等外界因素的变化较小。综上，由于锆钛酸铅压电陶瓷在压电性能和热稳定性等方面都远远优于钛酸钡压电陶瓷，因此它是目前最普遍使用的一种压电材料。

随着新材料和半导体技术的发展，出现了各种新型压电材料，其中以压电半导体和高分子聚合物为代表。压电半导体材料有硫化锌（ZnS）、碲化镉（CdTe）、氧化锌（ZnO）、硫化镉（CdS）、碲化锌（ZnTe）和砷化镓（GaAs）等。这些材料的显著特点是既有压电特性，又有半导体特性，因此，既可用其压电特性研制传感器，又可用其半导体特性制作电子器件，还可以两者结合，集敏感元件与电子电路于一体，形成新型集成压电传感器测试系统。

6.2　测量电路

6.2.1　等效电路

由压电效应可知，当压电式传感器中的压电材料受到外力作用时，在它的两个极面上出现极性相反、电量相等的电荷。因此，可以把压电式传感器看成一个静电荷发生器，而压电材料在这一过程中，相当于一个两极板分别聚集正负电荷，中间为绝缘体的电容，其电容量 C_a 为

$$C_a = \frac{\varepsilon S}{d} = \frac{\varepsilon_r \varepsilon_0 S}{d} \tag{6-16}$$

式中　S——极板面积（m^2）；

d——晶体厚度（m）；

ε——压电晶体的介电常数（F/m）；

ε_r——压电晶体的相对介电常数（石英晶体为 4.58）；

ε_0——真空介电常数（$\varepsilon_0 = 8.85 \times 10^{-12}$ F/m）。

图 6-10a 为将压电元件看成电流源时的等效电路图，C 是等效电容，开路状态时输出为

$$q = U_a C_a \tag{6-17}$$

图 6-10b 为将压电元件看成电压源时的等效电路图，开路等效输出为

$$U_a = \frac{q}{C_a} \tag{6-18}$$

式中 q——板极上聚集的电荷电量（C）；

C_a——两极板间等效电容（F）；

U_a——两极板间电压（V）。

上述等效电路及其输出只有在压电元件自身理想绝缘、无泄漏、输出端开路的条件下才成立。如果用导线将压电传感器和测量仪器连接时，则应考虑连接导线的等效电容 C_c、电阻，前置放大器的输入电阻、输入电容 C_i。图 6-11 是压电传感器的完整电荷等效电路。

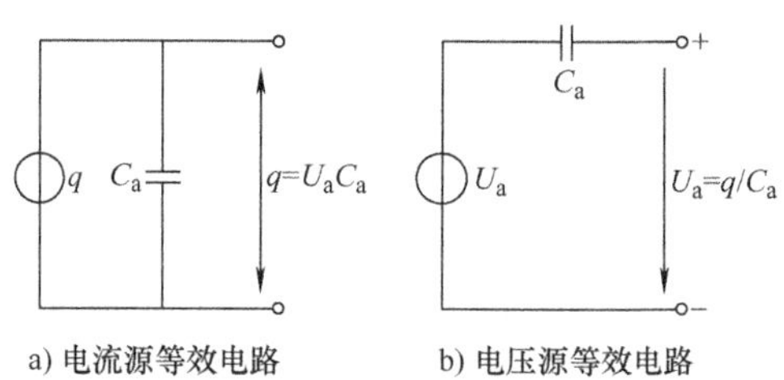

图 6-10 压电元件等效电路

由等效电路看来，压电式传感器的绝缘电阻 R_a 与前置放大器的输入电阻 R_i 相并联。为了保证传感器和测试系统有一定的低频（或准静态）响应，就要求压电式传感器的绝缘电阻应保持在 $10^{13}\Omega$ 以上，才能使内部电荷泄漏减少到满足一般测试精度的要求。与之相适应，测试系统则应有较大的时间常数，亦即前置放大器要有相当高的输入阻抗，否则传感器的信号电荷将通过输入电路泄漏，即产生测量误差。

实际应用中，由于压电常数通常比较小，为提高压电传感器的灵敏度，压电材料常用两片（或两片以上）黏结在一起。由于压电材料的电荷是有极性的，因此有串联和并联两种接法，如图 6-12 所示。图 6-12a 示出的是两个压电片串联，其输出的总电荷 Q' 等于单片电荷 Q，而输出电压 U' 为单片电压 U 的 2 倍，总电容 C' 为单片电容 C 的一半，即

$$Q' = Q, \quad U' = 2U, \quad C' = C/2 \tag{6-19}$$

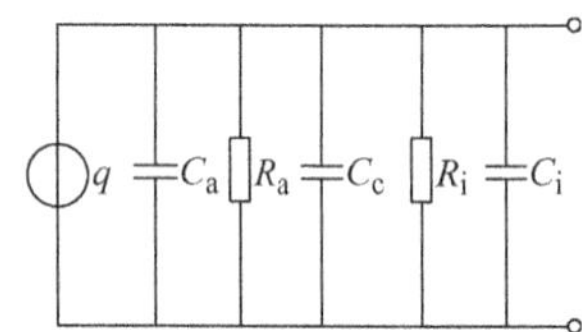

图 6-11 压电传感器的完整电荷等效电路

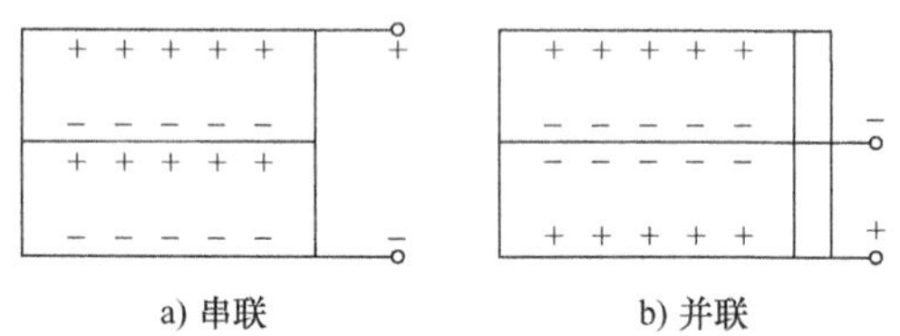

图 6-12 两个压电片的连接方法

图 6-12b 示出的是两个压电片并联，其输出的总电荷 Q' 等于单片电荷 Q 的 2 倍，而输出电压 U' 等于单片电压 U，总电容 C' 为单片电容 C 的 2 倍，即

$$Q' = 2Q, \quad U' = U, \quad C' = 2C \tag{6-20}$$

在这两种接法中，并联的输出电荷大、本身电容大、时间常数大，用于测量慢变信号并且以电荷作为输出量的场合；而串联的输出电压大、本身电容小，适用于以电压作为输出信号并且测量电路输入阻抗很高的场合。

6.2.2 电荷放大器

电荷放大器是一个具有深度负反馈的高增益运算放大器，其等效电路图如图 6-13 所示。

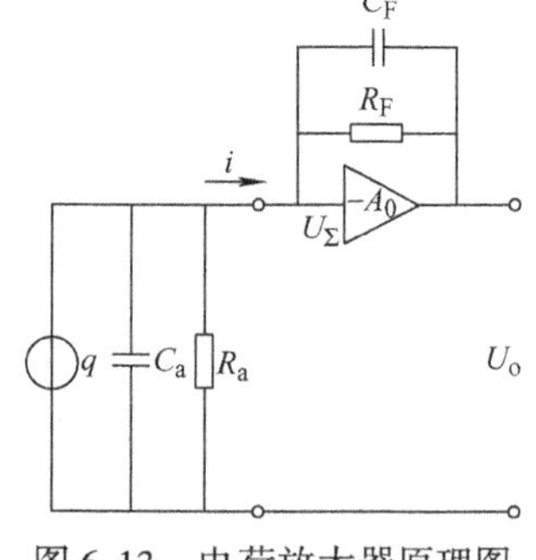

图 6-13 电荷放大器原理图

若放大器的开环增益足够高，则运算放大器的输入端的电位接近“地”电位。由于放大器的输入级采用场效应晶体管，保证其输入阻抗极高，放大器输入端几乎没有分流，运算电流仅流入反馈回路 C_F 与 R_F。运算电流为

$$\begin{aligned} i &= (\dot{U}_\Sigma - \dot{U}_o)\left(j\omega C_F + \frac{1}{R_F}\right) \\ &= [\dot{U}_\Sigma - (-A_0\dot{U}_\Sigma)]\left(j\omega C_F + \frac{1}{R_F}\right) \\ &= \dot{U}_\Sigma\left[j\omega(A_0+1)C_F + (A_0+1)\frac{1}{R_F}\right] \end{aligned} \tag{6-21}$$

根据式(6-21) 可画出等效电路图，如图 6-14 所示。由此求得输出电压 U_o 为

$$\dot{U}_o = -A_0\dot{U}_\Sigma = \frac{-j\omega q A_0}{\left[\frac{1}{R_a} + (A_0+1)\frac{1}{R_F}\right] + j\omega[C_a + C_c + (A_0+1)C_F]} \tag{6-22}$$

当放大器的增益 A_0 足够大时

$$j\omega[C_a + C_c + (A_0+1)C_F] \gg \left[\frac{1}{R_a} + (A_0+1)\frac{1}{R_F}\right]$$

$$(A_0+1)C_F >> C_a + C_c \tag{6-23}$$

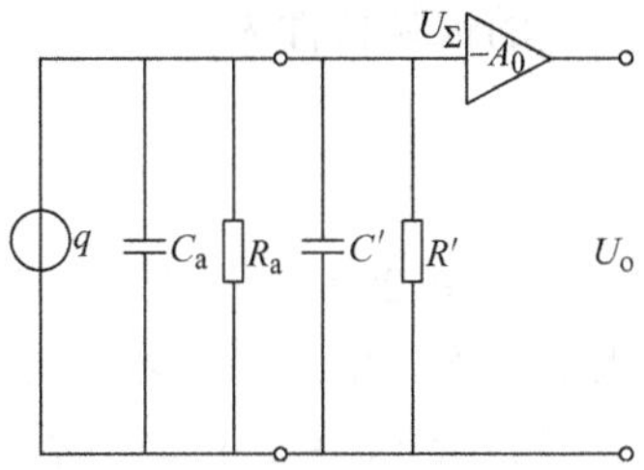

图 6-14　压电式传感器接至电荷放大器的等效电路图

此时，输出电压只取决于输入电荷 q 和反馈电容 C_F。改变 C_F 的大小便可得到所需的电压输出，一般反馈电容 C_F 可选择的范围为 $100 \sim 10^4$pF，式(6-22) 等效为

$$U_o \approx \frac{-qA_0}{(A_0+1)C_F} \approx \frac{-q}{C_F} \tag{6-24}$$

观察式(6-24)，可以发现：电荷放大器的 U_o 与 q 成正比，与电缆电容 C_c 无关。

在电荷放大器的实际电路中，考虑到被测物理量的大小，以及后级放大器不致因输入信号太大而饱和，采用可变 C_F，改变 C_F 的大小就能得到所需的电压输出。考虑到电容负反馈支路在直流工作时相当于开路，对电缆噪声比较敏感，放大器零漂较大，因此，为了提高放大器的工作稳定性，一般在反馈电容的两端并联一个大电阻 R_F($10^{10} \sim 10^{14}\Omega$)，以提供直流反馈。

6.2.3　电压放大器

压电式传感器与电压放大器连接的等效电路图如图 6-15 所示，图 6-15b 为图 6-15a 的简化电路。

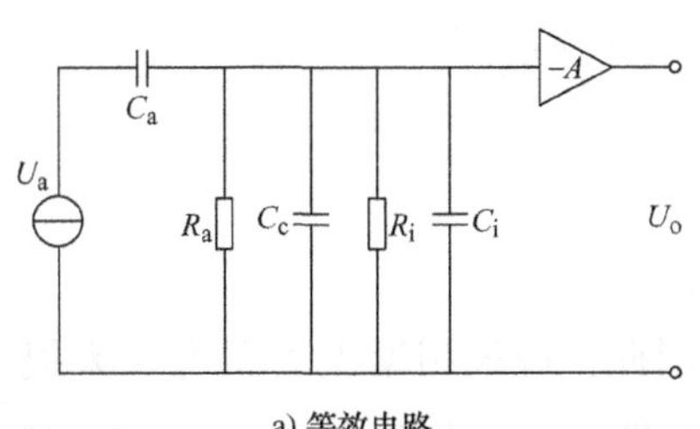

a) 等效电路

b) 简化等效电路

图 6-15　压电式传感器连接电压放大器的等效电路

图6-15b 中等效电阻 R 为

$$R=\frac{R_aR_i}{R_a+R_i} \tag{6-25}$$

等效电容为

$$C=C_c+C_i \tag{6-26}$$

压电元件所受作用力为

$$F=F_m\sin\omega t \tag{6-27}$$

若压电元件是石英晶体，其压电系数为 d_{11}，在外力作用下压电元件上产生的电压值为

$$U_a=\frac{d_{11}F_m\sin\omega t}{C_a} \tag{6-28}$$

前置电压放大器输入端的电压 U_i表示成复数形式为

$$U_i=d_{11}F\frac{j\omega R}{1+j\omega R(C+C_a)} \tag{6-29}$$

U_i的幅频特性为

$$U_{im}=\frac{d_{11}F_m\omega R}{\sqrt{1+\omega^2R^2(C+C_a)^2}} \tag{6-30}$$

由式(6-29) 可以看出，当作用在压电元件上的力是静态力，即 $\omega=0$ 时，$U_i=0$，前置放大器的输入电压等于零，显然，这从原理上决定了压电式传感器不能用于静态测量。此外，当 $\omega^2R^2(C+C_a)^2\gg1$ 时，有

$$U_{im}\approx\frac{d_{11}F_m}{C+C_a} \tag{6-31}$$

这说明满足一定的条件后，前置放大器的输入电压近似与压电元件上的作用力的频率无关。在回路时间常数 $\tau=R(C+C_a)$ 一定的条件下，作用力的频率越高，越能满足 $\omega^2R^2(C+C_a)^2\gg1$。同样，在作用力的频率一定的条件下，回路时间常数越大，越能满足 $\omega^2R^2(C+C_a)^2\gg1$，于是前置放大器的输入电压越接近压电传感器的实际输出电压。

需要注意的一个问题是：如果被检测物理量是缓慢变化的动态量，而测量回路的时间常数又不大，则必将会造成压电式传感器的灵敏度下降，而且频率的变化还会使得灵敏度变化。为了扩大传感器的低频响应范围，就必须设法提高回路时间常数。应当指出，不能靠增加电容量来提高时间常数。如果靠增大电容量来达到这一目的，势必影响到传感器的灵敏度。这是因为，若传感器的电压灵敏度定义为

$$K_u=\frac{U_{im}}{F_m}=\frac{d_{11}}{\sqrt{\left(\frac{1}{\omega R}\right)^2+(C+C_a)^2}} \tag{6-32}$$

因为 $\omega R\gg1$，故式(6-32) 可以近似为

$$K_u\approx\frac{d_{11}}{C+C_a} \tag{6-33}$$

显而易见，当增大回路电容时，K_u将下降。因此，应该用增大 R 的办法来提高回路时间常数。采用 R_i很大的前置放大器就是为了达到此目的。当 $\omega^2R^2(C+C_a)^2\gg1$ 时，如式(6-31) 所示。当电缆长度改变时，电缆电容 C_c也将改变，因而 U_{im}也随之改变。因此，压电式传感

器与前置放大器之间连接电缆不能随意更换，否则将引入测量误差。

6.3　压电式传感器在无人装备中的应用

目前，压电式传感器应用最多的仍是力、压力、加速度尤其是冲击振动加速度的测量。在众多型式的测振传感器中，压电式加速度传感器占80%以上。

6.3.1　压电式加速度传感器

图6-16所示是压缩型压电式加速度传感器的结构原理图。它主要由压电片、质量块、弹簧、基座和外壳组成。整个部件装在外壳内，并用螺栓加以固定。

压电元件一般由两块压电片（石英晶片或压电陶瓷片）串联或并联组成。在压电片的两个表面上镀银，并在银层上焊接输出引线，或在两个压电片之间加一片金属薄片，引线焊接在金属薄片上。输出端的另一根引线直接与传感器基座相连。质量块放置在压电片上，它一般采用密度较大的金属钨或高密度合金制成，以保证质量且减小体积。弹簧的作用是消除质量块与压电元件之间、压电元件自身之间因加工粗糙造成的接触不良而引起的非线性误差，并对质量块加载，产生预压力，以保证在作用力变化时，压电片始终受到压缩。整个组件都装在基座上。为了防止被测件的任何应变传到压电片上而产生假信号，基座一般做得较厚。压电式加速度传感器同其他类型的加速度传感器相似，通过压电式传感器测出受力，从而获得加速度值。

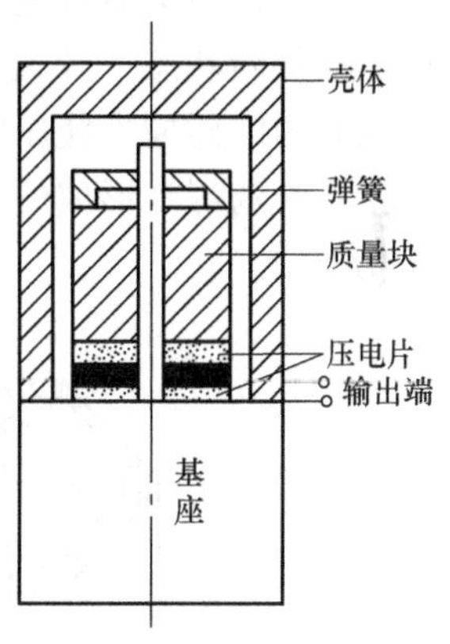

图6-16　压缩型压电式加速度传感器的结构原理图

测量时，将传感器基座与试件刚性固定在一起，使传感器的质量块与试件有相同的运动并受到与加速度方向相同的惯性力的作用。这样，质量块就有一个正比于加速度的交变力作用在压电元件上。压电元件两个表面上产生交变电荷（或电压）。当试件的振动频率远低于传感器的固有频率时，传感器输出电荷（或电压）正比于作用力，即 $q = d_{11}F$。由于 $F = ma$，于是

$$q = d_{11}ma \tag{6-34}$$

式中　d_{11}——压电常数；

m——质量块质量；

a——试件振动加速度；

压电式加速度传感器的灵敏度有两种表示法：当传感器与电荷放大器配合使用时，用电荷灵敏度 K_q 表示；与电压放大器配合使用时，则用电压灵敏度 K_u 表示，其表达式分别为

$$K_q = \frac{q}{a} = \frac{d_{11}F}{a} = d_{11}m \tag{6-35}$$

$$K_u = \frac{U_o}{a} \tag{6-36}$$

式中　U_o——传感器的开路电压。

结合式(6-35)和式(6-36)，电荷灵敏度与电压灵敏度之间存在如下关系：

$$K_u=\frac{K_q}{C_a}=\frac{d_{11}m}{C_a} \tag{6-37}$$

需要说明的是，以上各式是按压电元件的理想等效电路求得的，实际中还应考虑放大器的输入电容 C_i、连接电缆的分布电容 C_c 等的影响。

6.3.2 压电引信

压电引信是一种利用钛酸钡或锆钛酸铅压电陶瓷的压电效应制成的军用炮弹启爆装置。压电引信适用于破甲弹，其结构如图6-17所示。整个引信由压电元件和启爆装置两部分组成。压电元件安装在炮弹的头部，启爆装置设置在炮弹的尾部，通过导线互相连接。压电引信的原理电路如图6-18所示。平时，电雷管 E 处于短路保险安全状态，压电元件即使受压，其产生的电荷也会通过电阻 R 泄放掉，不会使电雷管动作。弹丸一旦发射后，引信启爆装置即解除保险状态，开关 S 从 a 处断开与 b 接通，处于待发状态。当弹丸与装甲目标相遇时，强有力的碰撞力使压电元件产生电荷，经导线传递给电雷管使其启爆，并引起炮弹的爆炸，锥孔炸药爆炸形成的能量使药形罩熔化，形成高温高速的金属流将坚硬的钢甲穿透，起到杀伤作用。

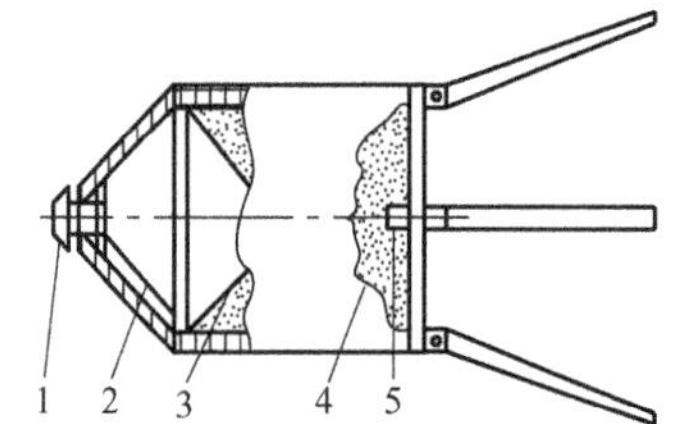

图6-17 破甲弹上的压电引信的结构

1—压电元件 2—导线 3—药形罩 4—炸药 5—启爆装置

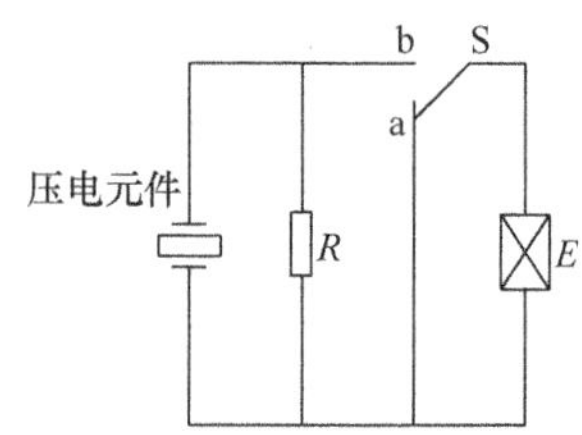

图6-18 压电引信的原理电路

压电引信的一个重要特点是大幅度提高了瞬发度（引信碰着目标时作用的迅速性）。当破甲弹用机械引信时，从碰着目标到炸药爆炸需万分之几秒，而用压电引信后就仅需十万分之几秒了，这样便大大减小因着速不同而造成的炸高散布（实弹射击时，需把炸高修正到有利炸高上，并减小炸点的分散）。所以，压电引信既可用于高初速火炮（如加农炮、反坦克炮、坦克炮等），又适用于低初速火炮（如无坐力炮）及火箭筒和反坦克导弹等。

6.3.3 超声波距离传感器

6.3.3-1 空气传导型超声波发生、接收器的结构

1. 超声波传感器的基本结构

振动在弹性介质内的传播称为波动，简称波。频率在20Hz～20kHz之间，能为人耳所闻的机械波称为声波；低于20Hz的机械波，称为次声波；高于20kHz的机械波称为超声波。超声波是一种机械振动波。由于它的波长短、绕射现象小，且方向性好、传播能量集中、能定向传播，超声波在工业、国防、医学、家电等领域有着广泛应用。

超声波传感器是利用压电效应的原理实现声电转换的装置，又称为超声波换能器或超声波探头，目前在移动式机器人导航和避障中应用广泛。超声波探头既能发射超声波信号又能接收发射出去的超声波的回波，并能转换成电信号。超声波传感器温度特性好，耐振动、耐

冲击，因此，用它构成的遥控器比红外线遥控器和无线电遥控器的性能更加优越可靠。超声波探头按其工作原理可分为压电式、磁致伸缩式、电磁式等。在实际生活中以压电式探头最为常见。超声波传感器内外部结构和表示符号如图 6-19 所示。

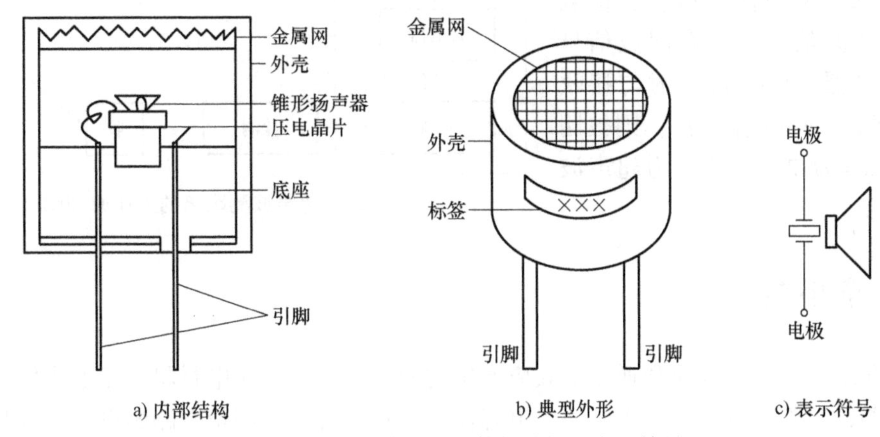

a) 内部结构　　b) 典型外形　　c) 表示符号

图 6-19　超声波传感器内外部结构和表示符号

2. 超声波传感器的基本原理

超声波传感器有发送器和接收器，同一个超声波传感器也可兼有发射和接收声波的双重作用。一般市场上出售的超声波传感器有专用型和兼用型，专用型就是发射器用于发送超声波，接收器用于接收超声波；兼用型就是集发射器和接收器为一体的传感器。超声波发送器利用逆压电效应原理，接收器利用正压电效应原理，即为可逆元件。在压电元件上施加电压，元件就会变形。若在图 6-20a 所示的已极化的压电陶瓷片上施加如图 6-20b 所示极性的电压，外部正电荷与压电瓷片的极化正电荷相斥，同时，外部负电荷与极化负电荷相斥。由于相斥的作用，压电陶瓷片在厚度方向上缩短，在长度方向上伸长。若外部施加电压的极性变反，如图 6-20c 所示那样，压电陶瓷片在厚度方向上伸长，在长度方向上缩短。

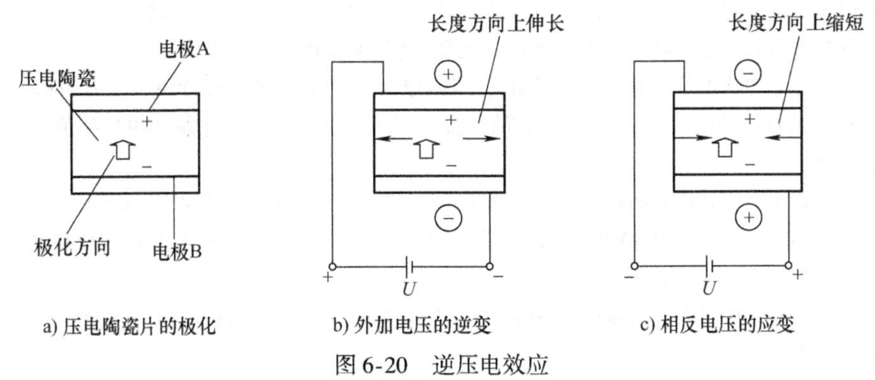

a) 压电陶瓷片的极化　　b) 外加电压的逆变　　c) 相反电压的应变

图 6-20　逆压电效应

3. 超声波测距离

超声波测厚度的方法有共振法、干涉法和脉冲回波法等。脉冲回波法是用回波幅度及时间来判断反射体的存在和位置的检测方法。图 6-21 所示为脉冲回波法检测距离的工作原理。

6. 3. 3-3　超声波测厚的原理

由单片机控制的发射控制电路驱动探头发出超声波，同时计时器开始计时。声波信号到达被测体表面反射回来，又被探头接收，检测电路检测回波信号，若有回波信号则停止计时器计时。设发射与接收超声波之间的时间间隔为 t，则被测体的距离 $h=ct/2$，其中 c 为超声波的传播速度。

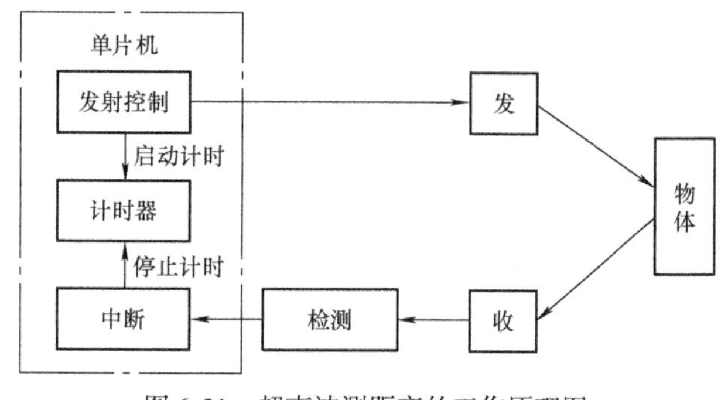

图 6-21　超声波测距离的工作原理图

6.4　本章小结

本章介绍了正压电效应和逆压电效应产生的原理以及常见压电材料。压电式传感器属于有源传感器，尽管其本质上相当于一个电容器，但在原理以及测量电路的设计上都与电容式传感器存在着不同之处。本章分别阐述了用于压电式传感器测量的电压放大器和电荷放大器的原理和特点，以及在设计中应注意的问题。以上几个方面的内容理解和能力培养应在压电式传感器应用实例中进行加深和拓展。

更多应用请扫描二维码。

思　考　题

6-1　什么是压电式传感器？它有何特点？其主要用途是什么？

6-2　简述压电效应的两种形式及产生的原理。

6-3　请说明压电传感器是否适合测量静态量。如果要测量，需要采取哪些措施？

6-4　试分析电荷放大器和电压放大器两种压电式传感器测量电路的输出特性。

6-5　用石英晶体加速度计及电荷放大器测量机器的振动。已知：加速度计灵敏度为 5pC/g（g 为重力加速度），电荷放大器灵敏度为 50mV/pC。当机器达到最大加速度值时相应的输出电压幅值为 2V，试求该机器的振动加速度。

6-6　某压电式压力传感器为两片石英晶片并联，每片厚度 $h=0.2\text{mm}$，圆片半径 $r=1\text{cm}$，$\varepsilon_r=4.5$，X 切型 $d_{11}=2.31\times10^{-12}\text{C/N}$。当 0.1MPa 压力垂直作用于 P_X 平面时，求传感器输出电荷 Q 和电极间电压 U_a 的值（真空介电常数为 $8.85\times10^{-12}\text{F/m}$）。

6-7　某压电式压力传感器的灵敏度为 80pC/Pa，如果它的电容量为 1nF，试确定传感器在输入压力为 1.4Pa 时的输出电压。

6-8　石英晶体压电式传感器，面积为 100mm^2，厚度为 1mm，固定在两金属板之间，用来测量通过晶体两面力的变化。材料的弹性模量为 $9\times10^{10}\text{Pa}$，电荷灵敏度为 2pC/N，相对介电常数是 5.1，材料相对两面间电阻是 $10^{14}\Omega$。一个 20pF 的电容和一个 100MΩ 的电阻与极板并联。若所加力 $F=0.01\sin(1000t)\text{N}$，求：

1）两极板间电压峰-峰值；

2）晶体厚度的最大变化。

第7章 磁电式传感器

磁电式传感器是一种将各种磁场及其变化量转变成电信号输出的装置。自然界和人类社会生活的许多地方都存在磁场或与磁场相关的信息。利用人工设置的永久磁体产生的磁场，可作为许多种信息的载体。因此，探测、采集、存储、转换、复现和监控各种磁场和磁场中承载的各种信息的任务，自然就落在磁电式传感器身上。目前，已研制出利用各种物理、化学和生物效应的磁电式传感器。

【学习目标】

通过本章学习，读者应掌握磁电感应式传感器的工作原理、结构特点、测量电路及其典型应用；霍尔效应、霍尔式传感器的结构及材料特点、测量电路形式、电磁特性、误差分析及其补偿方法、霍尔式传感器的应用。

【产出分析】

通过本章教学，应达成以下学习产出（包括但不限于）：

1）通过对磁电感应式传感器和霍尔式传感器的基本原理和结构特性的学习，具备解决复杂工程问题的基本能力。

2）通过对磁电感应式传感器和霍尔式传感器测量电路的学习，具备设计满足特定需求测量子系统的能力。

3）通过磁电感应式传感器和霍尔式传感器应用领域的学习与研讨，能评价传感器工程实践对社会、健康、安全、法律以及文化的影响，并理解工程实践中应承担的责任。

4）能够对霍尔式传感器进行误差分析，同时具备针对分析结果进行有效补偿的能力。

5）通过资料查询、学习交流、讲解与互动，具备自主学习的意识，培养不断学习和适应发展的能力。

6）能够就传感器工程问题进行有效沟通和交流，并通过文献调研与学习环节培养读者的国际视野，并能在跨文化背景下进行沟通和交流。

【知识结构图】

本章知识结构图如图7-1所示。

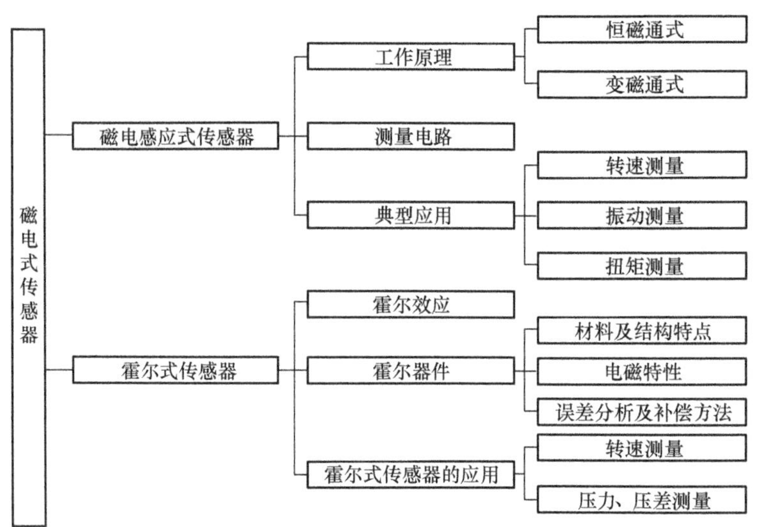

图 7-1　知识结构图

7.1　磁电感应式传感器

磁电感应式传感器又称电动势式传感器，是利用电磁感应原理将被测量（如振动、位移、转速等）转换成电信号的一种传感器。它是利用导体和磁场发生相对运动而在导体两端输出感应电动势的。它是一种机-电能量变换型传感器，不需要供电源，电路简单，性能稳定，输出阻抗小，又具有一定的频率响应范围（一般为 10～100Hz），所以得到了普遍应用。

磁电感应式传感器是以电磁感应原理为基础的。由法拉第电磁感应定律可知，N 匝线圈在磁场中运动切割磁力线时或线圈所在磁场的磁通发生变化时，线圈中产生的感应电动势 E(V) 的大小取决于穿过线圈的磁通量 Φ(Wb) 的变化率，即

$$E = -N\frac{\mathrm{d}\Phi}{\mathrm{d}t} \tag{7-1}$$

磁通量 Φ 的变化可以通过很多办法来实现，如让磁铁与线圈做相对运动、磁路中磁阻的变化、恒定磁场中线圈面积的变化等，一般可将磁电感应式传感器分为恒磁通型和变磁通型两类。

7.1.1　工作原理

1. 恒磁通型磁电感应式传感器

恒磁通型磁电感应式传感器结构中，工作气隙中的磁通恒定，感应电动势是由于永久磁铁与线圈之间有相对运动——线圈切割磁力线而产生。这类结构有动圈式和动铁式两种，如图 7-2 所示。

在动圈式结构中，永久磁铁与传感器壳体固定，线圈和金属骨架（合称线圈组件）柔软弹簧支承。在动铁式中，线圈组件与壳体固定，永久磁铁用柔软弹簧支承。两者的阻尼都是

7.1.1-1　恒磁通——动铁式磁电感应传感器

由金属骨架和磁场发生相对运动而产生的电磁阻尼。这里动圈、动铁都是相对于传感器壳体而言。动圈式和动铁式的工作原理是完全相同的，当壳体随被测振动体一起振动时，由于弹簧较软，运动部件质量相对较大，因此振动频率足够高（远高于传感器的固有频率）时，运动部件的惯性很大，来不及跟随振动体一起振动，接近于静止不动，振动能量几乎全被弹簧吸收，永久磁铁与线圈之间的相对运动速度接近于振动体的振动速度。磁铁与线圈相对运动使线圈切割磁力线，产生与运动速度 v 成正比的感应电动势 E，其大小为

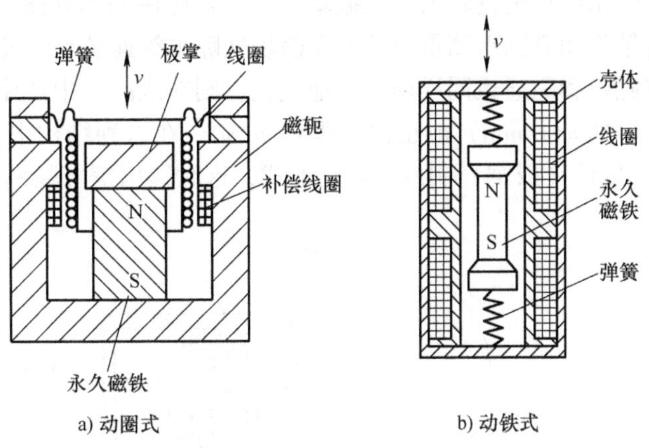

图 7-2　恒磁通型传感器结构

$$E = -NBlv \tag{7-2}$$

式中　N——线圈在工作气隙磁场中的匝数；

B——工作气隙磁感应强度；

l——每匝线圈平均长度；

v——磁铁与线圈相对直线运动的速度。

当传感器结构参数确定后，N、B 和 l 均为恒定值，E 与 v 成正比，根据感应电动势 E 的大小就可以知道被测速度的大小。

由理论推导可得，当振动频率低于传感器的固有频率时，这种传感器的灵敏度(E/v) 是随振动频率而变化的；当振动频率远大于固有频率时，传感器的灵敏度基本上不随振动频率而变化，近似为常数；当振动频率更高时，线圈阻抗增大，传感器灵敏度随振动频率增加而下降。

不同结构的恒磁通磁电感应式传感器的频率响应特性是有差异的，但一般频响范围为几十赫至几百赫，低的可到 10Hz 左右，高的可达 2kHz 左右。

2. 变磁通型磁电感应式传感器

变磁通型磁电感应式传感器一般做成转速传感器，产生感应电动势的频率作为输出，而电动势的频率取决于磁通变化的频率。变磁通型转速传感器的结构有开磁路和闭磁路两种。

图 7-3a 所示为一种开磁路变磁通型转速传感器。测量齿轮 4 安装在被测转轴上与其一起旋转。当齿轮旋转时，齿的凹凸引起磁阻的变化，从而使磁通发生变化，因而在线圈 3 中感应出交变的电动势，其频率等于齿轮的齿数 Z 和转速 n 的乘积，即

$$f = Zn/60 \tag{7-3}$$

式中　Z——齿轮齿数；

n——被测轴转速（r/min）；

f——感应电动势频率（Hz）。

因此，当 Z 已知，只要测得 f 就可以求出 n。

开磁路式转速传感器结构比较简单，但输出信号小，另外当被测轴振动比较大时，传感

器输出波形失真较大。在振动大的场合往往采用如图 7-3b 所示闭磁路式转速传感器。被测转轴带动椭圆形测量齿轮 5 在磁场气隙中等速转动，使气隙平均长度周期性地变化，因而磁路磁阻和磁通也同样周期性地变化，则在线圈 6 中产生感应电动势，其频率 f 与测量齿轮 5 的转速 n(r/min) 成正比，即 $f=n/30$。在这种结构中，也可以用齿轮代替椭圆形测量齿轮 5，软铁（极掌）制成内齿轮形式，这时输出信号频率 f 同式(7-3)。

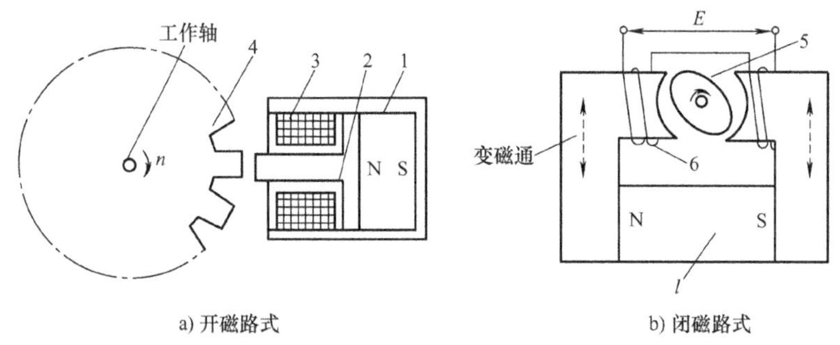

图 7-3　变磁通型磁电感应式传感器结构示意图

1—永久磁铁　2—软铁　3—感应线圈　4—齿轮　5—测量齿轮　6—线圈

变磁通式传感器对环境条件要求不高，能在 -150 ~ +90℃ 的温度下工作，不影响测量精度也能在油、水雾、灰尘等条件下工作。但它的工作频率下限较高，约为 50Hz，上限可达 100kHz。

7.1.2　测量电路

磁电感应式传感器可直接输出感应电动势，而且具有较高的灵敏度，对测量电路无特殊要求。用于测量振动速度时，能量全被弹簧吸收，磁铁与线圈之间相对运动速度接近于振动速度，磁路间隙中的线圈切割磁力线时，产生正比于振动速度的感应电动势，直接输出速度信号。如果要进一步获得振动位移和振动加速度，可分别接入积分电路和微分电路，将速度信号转换成与位移和加速度有关的电信号输出。

图 7-4 是磁电感应式传感器测量电路原理框图，为便于阻抗匹配，将积分电路和微分电路置于两级放大器之间，磁电感应式传感器的输出信号直接经主放大器输出，该信号与速度成比例。前置放大器分别接积分电路或微分电路，接入积分电路时，感应电动势输出正比于位移信号；接入微分电路时，感应电动势输出正比于加速度信号。

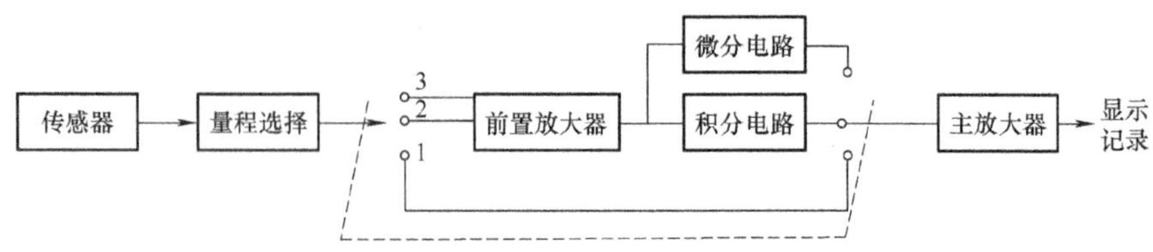

图 7-4　磁电感应式传感器测量电路原理框图

1. 位移测量

已知速度和位移、时间关系为

$$v = \mathrm{d}x/\mathrm{d}t \quad \text{或} \quad \mathrm{d}x = v\mathrm{d}t \tag{7-4}$$

设传感器输出电压为积分放大器输入电压：$U_i = e = sv$，通过积分电路（图 7-5a），输出电压为

$$U_o(t) = -\frac{1}{C}\int i\mathrm{d}t = -\frac{1}{C}\int \frac{U_i}{R}\mathrm{d}t = -\frac{1}{RC}\int U_i\mathrm{d}t \tag{7-5}$$

式中　RC——积分时间常数。

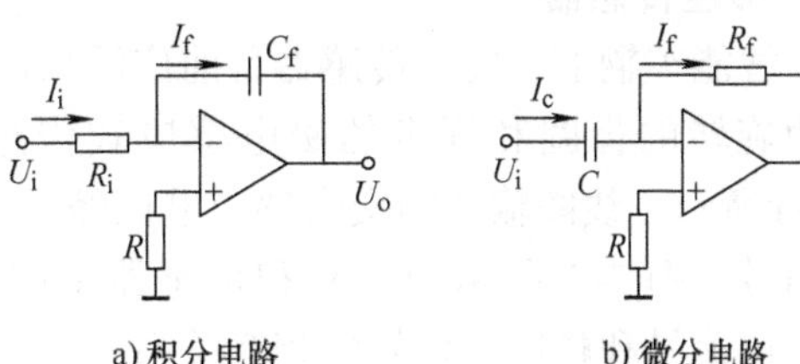

图 7-5　磁电感应式传感器测量电路

式(7-5) 结果表示积分电路的输出电压 U_o 正比于输入信号 U_i 对时间的积分值，即正比于位移 x 的大小。

2. 加速度测量

已知加速度和速度、时间关系为

$$a = \mathrm{d}v/\mathrm{d}t \tag{7-6}$$

同样设传感器输出电压为微分放大器输入电压：$U_i = e = sv$，通过微分电路（图 7-5b），输出电压为

$$U_o(t) = -Ri = -RC\frac{\mathrm{d}U_i(t)}{\mathrm{d}t} \tag{7-7}$$

式(7-7) 的结果表示微分电路的输出电压 U_o 正比于输入信号 U_i 对时间的微分值，即正比于加速度 a。

7.1.3　无人装备中的典型应用

目前广泛应用于工业生产中的磁电感应式传感器主要有接近觉传感器、转速传感器和扭矩传感器。

1. 接近觉传感器

如图 7-6 所示，电磁感应接近觉传感器的核心由线圈和永久磁铁构成。当传感器远离铁磁性材料时，永久磁铁的原始磁力线如图 7-6a 所示；当传感器靠近铁磁性材料时，引起永久磁铁磁力线的变化，如图 7-6b 所示，从而在线圈中产生电流。这种传感器在被测物体相对静止的条件下，由于磁力线不发生变化，因而线圈中没有电流，因此电磁感应接近觉传感器只是在外界物体与之产生相对运动时，才能产生输出。同时，随着距离的增大，输出信号明显减弱，因而这种类型的传感器只能用于很短距离测量，一般仅为零点几毫米。

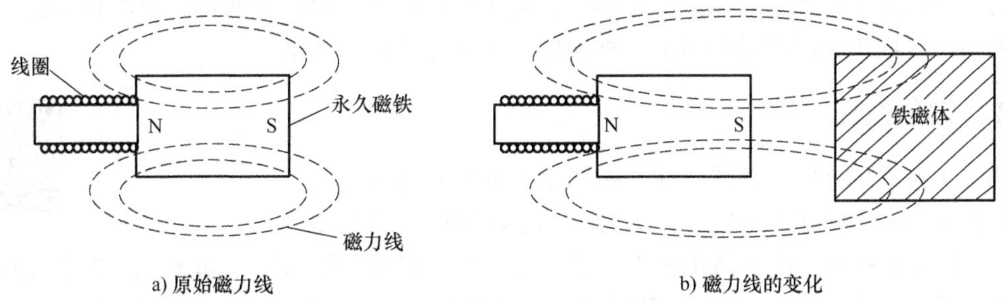

图 7-6　电磁感应接近觉传感器

2. 转速传感器

在智能车辆上，转速传感器目前广泛采用磁电式转速传感器。它是由旋转的齿圈和固定的磁电感应式传感器两部分构成，如图 7-3a 所示。线圈输出的交变感应电压经整形电路后生成标准的方波信号。图 7-7 所示为齿圈和传感器感应头之间的相对位置、线圈输出信号和整形后信号的相互关系。

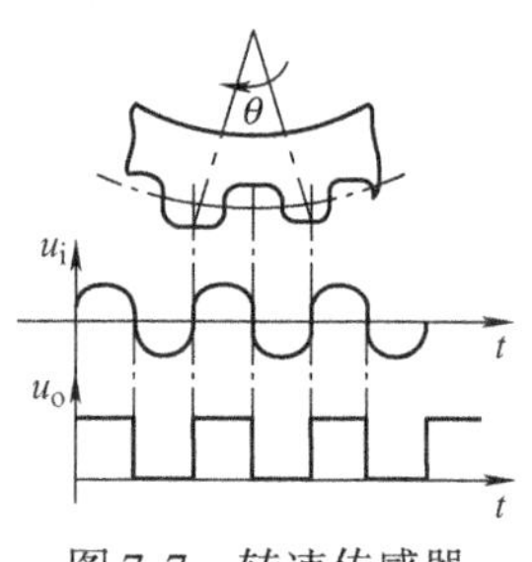

图 7-7　转速传感器输出信号示意图

通过输出的整形信号测量转速，有两种方法：一种是周期法，另一种是频率法。两种方法各有利弊，周期法在低速时测量较准确，而频率法适合高速情况下的测量。

3. 扭矩传感器

磁电感应式相位差扭矩传感器是一种比较成熟的传感器，现经改型成为不带辅助电动机的扭矩传感器，不但减轻了质量、缩小了体积、降低了成本，而且耐振性能好。其测量原理如图 7-8 所示。在转轴上固定两个齿轮 1 和 2，它们的材质、尺寸、齿形和齿数均相同。永久磁铁和线圈组成的磁电式检测头 1 和 2 对着齿顶安装。当转轴不受扭矩时，两线圈输出信号相同，相位差为零。当被测轴感受扭矩时，轴的两端产生扭转角，因此两个传感器输出的两个感应电动势将因扭矩而有附加相位差 φ。扭转角 φ_0 与感应电动势相位差的关系为

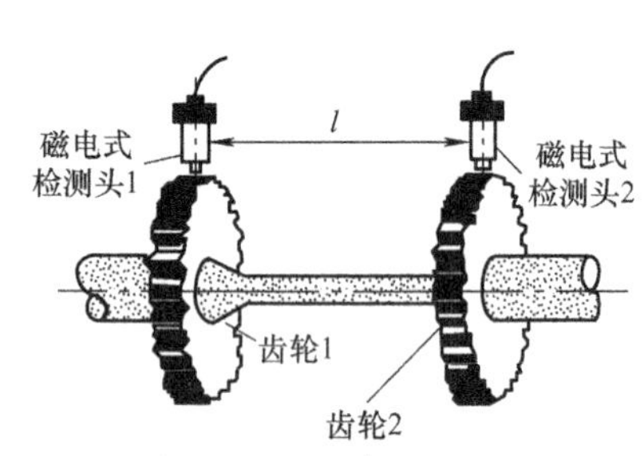

图 7-8　磁电感应式扭矩传感器原理示意图

$$\varphi_0 = z\varphi \tag{7-8}$$

式中　z——传感器定子、转子的齿数。

磁电感应式传感器除了上述一些应用外，还可构成磁电感应式振动速度传感器，反应灵敏，可以测量微小的振动，可用来对机械故障进行预测和报警。

7.2　霍尔式传感器

霍尔式传感器是基于霍尔效应的一种传感器。1879 年，美国物理学家霍尔首先在金属材料中发现了霍尔效应，但由于金属材料的霍尔效应太弱而没有得到应用。随着半导体技术的发展，开始用半导体材料制成霍尔器件，由于它的霍尔效应显著而得到应用和发展。霍尔式传感器广泛用于电磁测量和压力、加速度、振动等方面的测量。

7.2.1　霍尔效应

7.2.1　霍尔元件

图 7-9 为霍尔效应原理图。在与磁场垂直的半导体薄片上通以电流 I，假设载流子为电子（N 型半导体材料），沿与电流 I 相反的方向运动。由于洛伦兹力 f_L 的作用，电子将向一侧偏转（如图中虚线箭头方向），并使该侧形成电子的积累。而另一侧形成正电荷积累，于是元件的横向便形成了电场。该电场阻止电子继续向侧面偏移，当电子所受到的电场力 f_E 与洛伦兹力 f_L 相等时，电子的积累达到动态平衡。这时在两端面之间建立的电场称为霍尔电场 E_H，相应的电压称为霍尔电压 U_H。

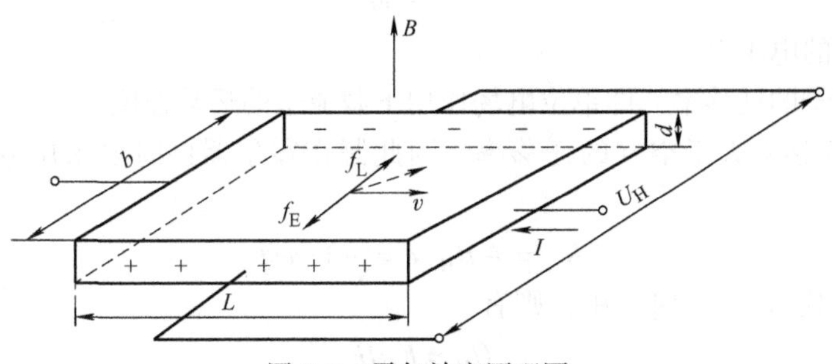

图 7-9 霍尔效应原理图

设电子以相同的速度 v 按图示方向运动，并设其正电荷所受洛伦兹力方向为正，则在磁感应强度 B 的磁场作用下，则电子受到的洛伦兹力 f_L 可表示为

$$f_L = -evB \tag{7-9}$$

式中 e——电子电量。

与此同时，霍尔电场作用于电子的力 f_E 可表示为

$$f_E = (-e)(-E_H) = e\frac{U_H}{b}$$

式中 $-E_H$——指电场方向与所规定的正方向相反；

b——霍尔器件的宽度。

当达到动态平衡时，两个力的代数和为零，即 $f_L + f_E = 0$，于是得

$$vB = \frac{U_H}{b} \tag{7-10}$$

又因为

$$j = -nev$$

式中 j——电流密度；

n——单位体积中的电子数，负号表示电子运动方向与电流方向相反。

于是电流 I 可表示为

$$I = -nevbd$$

$$v = -I/nebd \tag{7-11}$$

式中 d——霍尔器件的厚度。

将式(7-11) 代入式(7-10) 得

$$U_H = -IB/ned \tag{7-12}$$

若霍尔器件采用 P 型半导体材料，则可以推导出

$$U_H = IB/ped \tag{7-13}$$

式中 p——单位体积中的空穴数。

由式(7-12) 及式(7-13) 可知，根据霍尔电压的正负可以判别材料的类型。

设 $R_H = 1/ne$，则式(7-12) 可写成

$$U_H = -R_H IB/d \tag{7-14}$$

式中 R_H——霍尔系数，其大小反映出霍尔效应的强弱。

由电阻率公式 $\rho = 1/ne\mu$，得

$$R_H = \rho\mu \tag{7-15}$$

式中 ρ——材料的电阻率；

μ——载流子的迁移率，即单位电场作用下载流子的运动速度。

一般电子的迁移率大于空穴的迁移率，因此制作霍尔器件时多采用 N 型半导体材料。若设

$$K_H = -R_H/d = -1/ned \tag{7-16}$$

将式(7-16) 代入式(7-14) 中，则有

$$U_H = K_H IB \tag{7-17}$$

式中 K_H——器件的灵敏度，它表示霍尔器件在单位磁感应强度和单位控制电流作用下霍尔电压的大小，其单位是 mV/(mA · T)。

对式(7-16) 做以下说明：

1）由于金属的电子浓度很高，所以它的霍尔系数或灵敏度都很小，因此不适宜制作霍尔器件。

2）霍尔器件的厚度 d 越小，灵敏度越高，因而制作霍尔片时可采取减小 d 的方法增加灵敏度，但是不能认为 d 越小越好，因为这会导致器件的输入和输出电阻增加，尤其对于锗器件，更是不希望如此。

还应指出，当磁感应强度 B 和霍尔片平面法线 n 成角度 θ 时，如图 7-10 所示，此时实际作用于霍尔片的有效磁场是其法线方向的分量，即 $B\cos\theta$，则其霍尔电压为

$$U_H = K_H IB\cos\theta \tag{7-18}$$

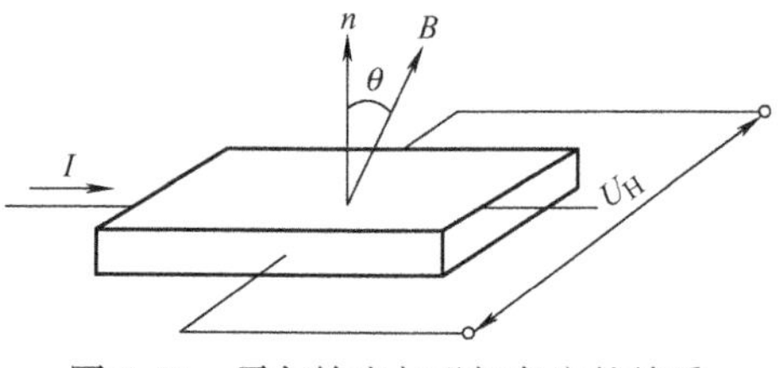

图 7-10　霍尔输出与磁场角度的关系

由式(7-18) 可知，当控制电流转向时，输出电压方向也随之变化；磁场方向改变时亦如此。但是若电流和磁场同时换向，则霍尔电压方向不变。

通常应用时，霍尔片两端加的电压为 E，如果将式(7-12) 中的电流 I 改写成电压 E，可使计算方便。根据材料电阻率公式 $\rho = \frac{1}{ne\mu}$ 及霍尔片电阻表达式

$$R = \rho\frac{L}{S}$$

式中 S——霍尔片横截面积，$S = bd$；

L——霍尔片的长度。将式(7-12) 代入 $I = E/R$，经整理可改写为

$$U_H = -\frac{b}{L}\mu EB \tag{7-19}$$

由式(7-19) 可知，适当地选择材料迁移率(μ) 及霍尔片的宽长比(b/L)，可以改变霍尔电压 U_H 的值。

7.2.2　霍尔器件及其电磁特性

1. 霍尔器件基本电路形式

霍尔片一般采用 N 型锗（Ge）、锑化铟（InSb）和砷化铟（InAs）等半导体材料制成。

锑化铟器件的霍尔输出电压较大，但受温度的影响也大；锗器件的输出虽小，但它的温度性能和线性度却比较好；砷化铟与锑化铟器件比较，前者输出电压小，受温度影响小，线性度较好。因此，采用砷化铟材料作为霍尔器件受到普遍重视。

霍尔器件的结构比较简单，它由霍尔片、引线和壳体组成，如图 7-11 所示。霍尔片是块矩形半导体薄片。在短边的两个端面上焊出两根控制电流端引线（见图 7-11 中的 1、1′），在长边中点以点焊形式焊出两根霍尔电压输出端引线（见图7-11 中的2、2′），焊点要求接触电阻小（即为欧姆接触）。霍尔片一般用非磁性金属、陶瓷或环氧树脂封装。在电路中，霍尔器件常用如图 7-12 所示的符号表示。

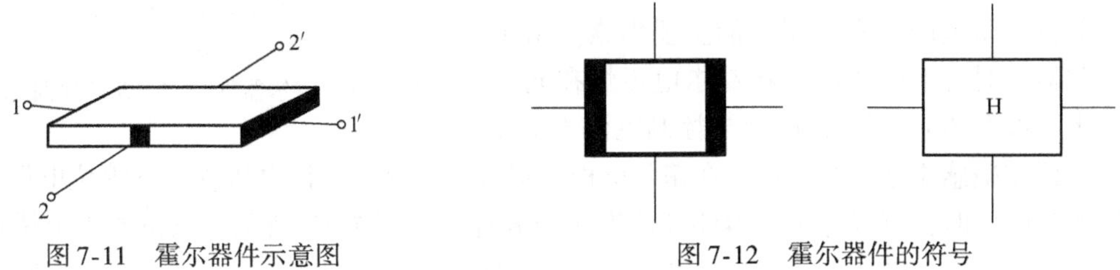

图 7-11　霍尔器件示意图　　　　图 7-12　霍尔器件的符号

霍尔器件的基本测量电路如图 7-13 所示。控制电流由电源 E 供给，R 为调整电阻，以保证器件中得到所需要的控制电流。霍尔输出端接负载 R_L，R_L 可以是一般电阻，也可以是放大器输入电阻或表头内阻等。

2. 霍尔器件的电磁特性

（1）U_H-I 特性

当磁场恒定时，在一定温度下测定控制电流 I 与霍尔电压 U_H，可以得到如图 7-14 所示的线性关系。其直线斜率称为控制电流灵敏度，以符号 K_I 表示，结合式(7-17) 可以写成

$$K_I=(U_H/I)_{B=\text{const}}=K_HB \tag{7-20}$$

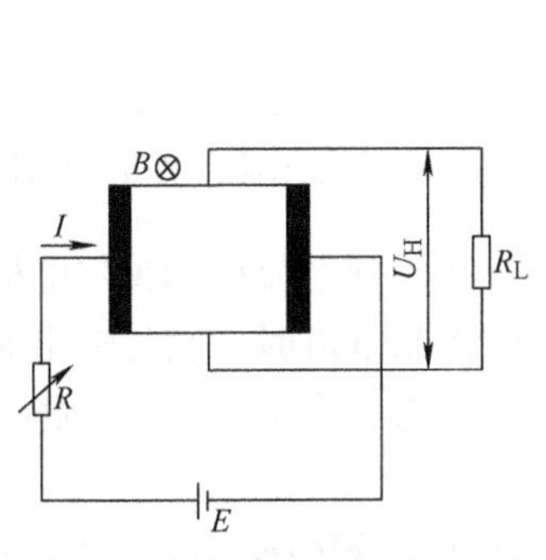

图 7-13　霍尔器件的基本电路

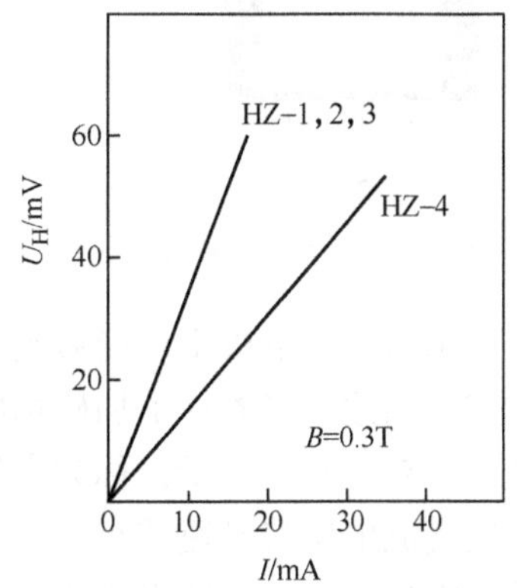

图 7-14　霍尔器件的 U_H-I 特性曲线

由此可见，灵敏度 K_H 大的器件，其控制电流灵敏度一般也较大。但是灵敏度大的器件，其霍尔电压输出并不一定大，这是霍尔电压的值与控制电流成正比的缘故。

由于建立霍尔电压所需的时间很短（约10^{-12}s），因此控制电流采用交流时频率可以很高（例如几千兆赫），而且器件的噪声系数较小，如锑化铟的噪声系数约为 7.66dB。

（2）U_H-B 特性

当控制电流保持不变时，器件的开路霍尔输出随磁场的增加不完全呈线性关系，而有非线性偏离。图7-15给出了这种偏离程度，从图中可以看出：锑化铟（InSb）的霍尔输出对磁场的线性度不如锗（Ge）。通常霍尔器件工作在0.5T以下时线性度较好。在使用中，若对线性度要求很高时，可以采用HZ-4，它的线性偏离一般不大于0.2%。

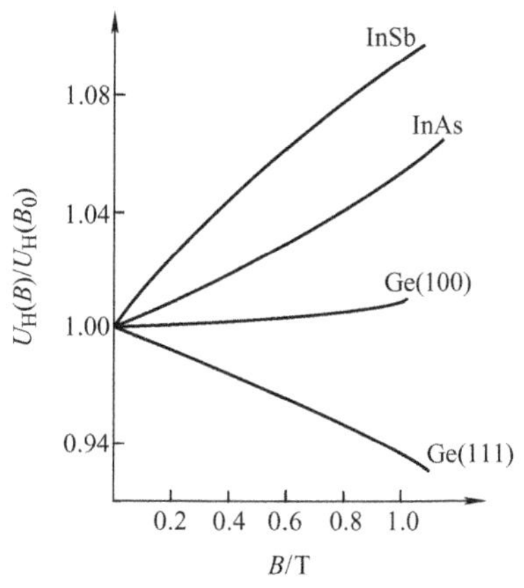

图7-15　霍尔器件的 U_H-B 特性曲线

3. 误差分析及其补偿方法

不等位电压是产生零位误差的主要因素。由于制作霍尔器件时，不可能保证将霍尔电极焊在同一等位面上，如图7-16所示，因此当控制电流 I 流过器件时，即使磁感应强度等于零，在霍尔电极上仍有电压存在，该电压称为不等位电压 U_0。分析不等位电压时，可以把霍尔器件等效为一个电桥，如图7-17所示。电桥的4个桥臂电阻分别为 r_1、r_2、r_3 和 r_4。若两个霍尔电极在同一等位面上，此时 $r_1=r_2=r_3=r_4$，则电桥平衡，输出电压 $U_0=0$。当霍尔电极不在同一等位面上时（见图7-16），因 r_3 增大而 r_4 减小，则电桥的平衡被破坏，使输出电压 U_0 不等于零。恢复电桥平衡的办法是减小 r_2 和 r_3，如果经测试确知霍尔电极偏离等位面的方向，则可以采用机械修磨或用化学腐蚀的方法减小不等位电压以达到补偿的目的。

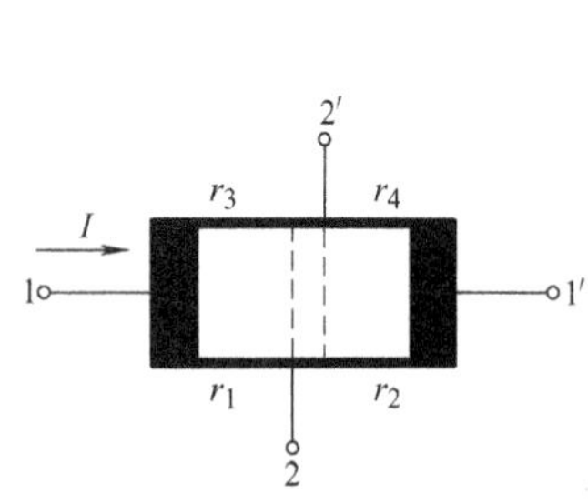

图7-16　不等位电压示意图

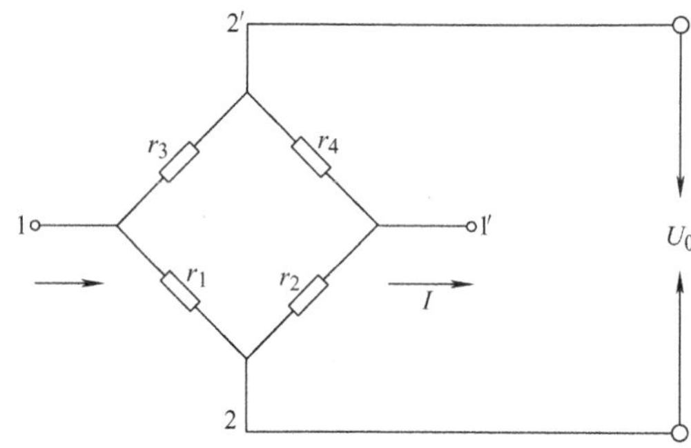

图7-17　霍尔器件的等效电路

由于霍尔器件的电极不可能做到完全的欧姆接触，在控制电流极和霍尔电极上均可能出现整流效应。因此，当器件不加磁场的情况下通入交流控制电流时，它的输出除了交流不等位电压外，还有一直流分量，称为寄生直流电压。其大小与工作电流有关，随着工作电流的减小，寄生直流电压将迅速减小。

另外，霍尔器件与一般半导体器件一样，对温度变化十分敏感。这是由于半导体材料的电阻率、迁移率和载流子浓度等随温度变化的缘故。因此，霍尔器件的性能参数，如内阻、霍尔电压等均将随温度变化。为了减少霍尔器件的温度误差，除选用温度系数小的器件（如砷化铟）或采用恒温措施外，还可采用恒流源供电，这样可以减小器件内阻随温度变化而引起的控制电流的变化。但是采用恒流源供电不能完全解决霍尔电压的稳定问题，因此还应采用其他补偿方法。

7.2.3　霍尔式传感器在无人装备中的应用

根据霍尔输出与控制电流和磁感应强度的乘积成正比的关系可知，霍尔器件的用途大致分为三类。保持器件的控制电流恒定，则器件的输出正比于磁感应强度，根据这种关系可用于测定恒定和交变磁场强度；当保持器件感受的磁感应强度不变时，则器件的输出与控制电流成正比；当器件的控制电流和磁感应强度均变化时，器件输出与两者乘积成正比，如乘法器、功率计等。下面介绍霍尔式传感器在无人装备中的两种典型应用。

1. 霍尔式转速传感器

利用霍尔器件的开关特性可以实现对转速的测量，如图7-18所示，将被测非磁性材料的旋转体上粘贴一对或多对永磁体，其中图7-18a是永磁体粘在旋转体盘面上，图7-18b为永磁体粘在旋转体盘侧。导磁体霍尔器件组成的测量头置于永磁体附近，当被测物以角速度 ω 旋转，每个永磁体通过测量头时，霍尔器件上即产生一个相应的脉冲，测量单位时间内的脉冲数目，便可推出被测物的旋转速度。

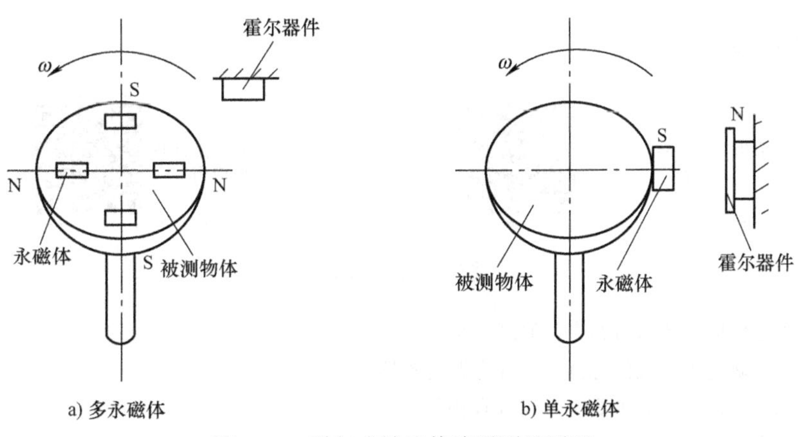

图7-18　霍尔式转速传感器测量原理

设旋转体上固定有 n 个永磁体，则每采样时间 t（单位为 s）内霍尔器件送入数字频率计的脉冲数为

$$N=\frac{\omega t}{2\pi}n \tag{7-21}$$

得转速为

$$\omega=\frac{2\pi N}{tn}(\text{单位为 rad/s}) \tag{7-22}$$

或

$$r=\frac{\omega}{2\pi}=\frac{N}{tn}(\text{单位为 r/s}) \tag{7-23}$$

由式(7-22)和式(7-23)可见，该方法测量转速时分辨力的大小由转盘上的小磁体的数目 n 决定。基于上述原理可制作计程表等。

2. 霍尔式压力传感器

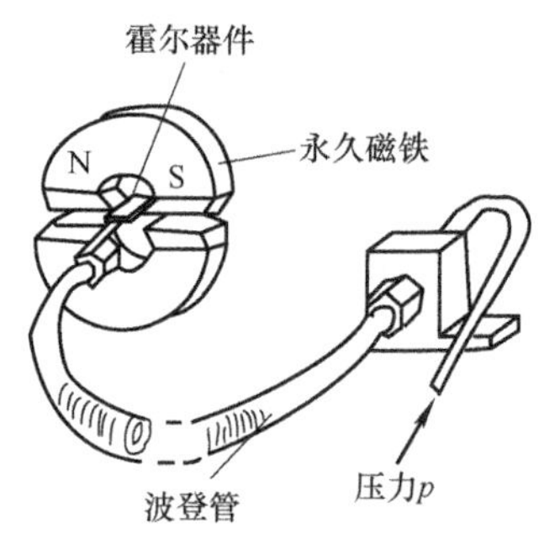

图 7-19　霍尔式压力传感器结构原理

图 7-19 为霍尔式压力传感器的结构原理示意图。霍尔式压力（或压差）传感器一般由两部分组成：一部分是弹性元件，用来感受压力，并把压力（或压差）转换成为位移量；另一部分是霍尔器件和磁路系统，通常把霍尔器件固定在弹性元件上，当弹性元件产生位移时，将带动霍尔器件在具有均匀梯度的磁场中移动，从而产生霍尔电动势的变化，完成将压力（或压差）变换成电量的转换过程。

7.3　本章小结

本章介绍了磁电感应式传感器和霍尔式传感器的基本构成、工作原理、特性参数、误差及补偿及其测量电路等。学习以上两种传感器的系统构成及应用，为今后设计和使用磁电式传感器打下基础。

更多应用请扫描二维码。

7.3-2　霍尔式接近开关的应用

思　考　题

7-1　试述磁电感应式传感器的工作原理和结构形式。

7-2　为什么说磁电感应式传感器是一种有源传感器？

7-3　磁电感应式传感器的主要应用场合有哪些？

7-4　什么是霍尔效应？

7-5　霍尔器件常用什么材料制作？为什么不采用金属材料制作霍尔器件？

7-6　霍尔器件不等位电压产生的原因有哪些？温度补偿的方法有哪几种？

7-7　已知测量齿轮齿数 $Z=18$，采用变磁通感应式传感器测量工作轴转速（见图 7-3a），若测得输出电动势的交变频率为 24Hz，求：被测轴的转速 n(r/min) 为多少？当分辨误差为 ±1 齿时，转速测量误差是多少？

7-8　某霍尔器件尺寸为 $l=10\text{mm}$，$b=3.5\text{mm}$，$d=1.0\text{mm}$，沿图 7-9 所示方向通以电流 $I=1.0\text{mA}$，在垂直于 l 和 b 的方向上加有均匀磁场 $B=0.3\text{T}$，灵敏度为 22V/(A · T)，试求输出的霍尔电压以及载流子浓度。

7-9　若一个霍尔器件的 $K_H=4\text{mV/(mA·kGs)}$，控制电流 $I=3\text{mA}$，将它置于 1Gs～5kGs 变化的磁场中（设磁场与霍尔器件平面垂直），它的输出霍尔电压范围多大？

第8章 热电式传感器

热电式传感器是利用其敏感元件的特征参数随温度变化的特性，对温度及与温度有关的参量进行测量的装置。其中，将温度量转换为电阻和电动势是目前工业生产和控制中应用最为普遍的方法。将温度变化转换为电阻变化的称为热电阻传感器；将温度变化转换为热电动势变化的称为热电偶传感器。

【学习目标】

本章将介绍热电偶、热电阻、热敏电阻和红外温度传感器的基本概念、工作原理。以热电阻传感器在发酵罐的应用为例，设计一套温度测量装置。通过本章学习，应达成以下学习目标：

1）掌握热电偶、热电阻、热敏电阻和红外温度传感器的基本工作原理。

2）掌握热电偶的基本定律、基本类型、温度补偿方法、使用热电偶的测温方法。

3）掌握热电阻的内部引线方式及其适用场合。

4）掌握半导体温度传感器特性，掌握这类传感器的工作原理以及测量电路的设计方法。

5）熟悉红外温度传感器的工作原理以及应用场景。

【产出分析】

通过本章教学，应达成以下学习产出（包括但不限于）：

1）通过温度测量中常用的热电偶、热电阻、热敏电阻以及红外温度传感器原理的学习，使读者具备解决复杂工程问题的基本能力。

2）通过对热电偶冷端温度补偿等内容的学习，具备设计能满足特定需求的测量子系统的能力。

3）通过发酵罐温度检测与控制案例的学习与研讨，能评价传感器工程实践对社会、健康、安全、法律以及文化的影响，并理解工程实践中应承担的责任。

4）通过资料查询、学习交流、讲解与互动，具备自主学习的意识，培养不断学习和适应发展的能力。

5）能够就传感器工程问题进行有效沟通和交流，并通过文献调研与学习环节培养国际视野，并能在跨文化背景下进行沟通和交流。

6）在各种温度测量传感器分析比较的基础上，理解并掌握实践活动所需的工程管理原理与经济决策方法，并能在多学科环境中应用。

【知识结构图】

本章知识结构图如图 8-1 所示。

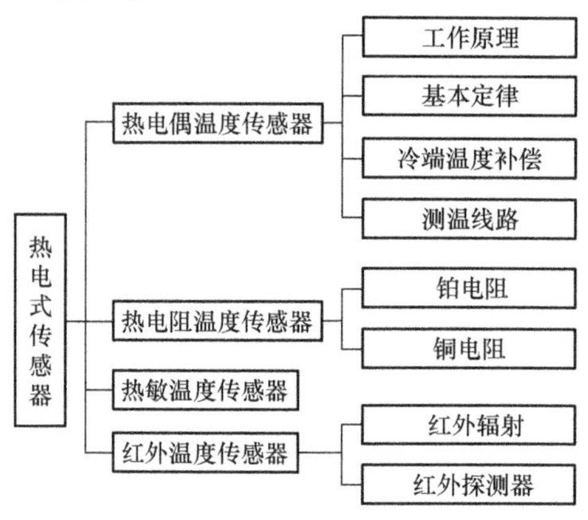

图 8-1　知识结构图

8.1　热电偶式温度传感器

8.1.1　热电偶的工作原理

8.1.1　热电偶的工作原理

热电偶是利用导体或半导体材料的热电效应将温度变化转换为电动势变化的元件。

所谓热电效应是指两种不同导体 A、B 的两端连接成如图 8-2 所示的闭合回路。若使连接点分别处于不同温度场 T_0和 T（设 $T>T_0$），则在回路中产生由于接点温度差（$T-T_0$）引起的温差电动势，称为热电动势。通常把两种不同金属的这种组合成为热电偶，A 和 B 称为热电极，温度高的接点称为热端（或工作端），温度低的接点称为冷端（或自由端）。两端的温差越大，产生的热电动势也越大。

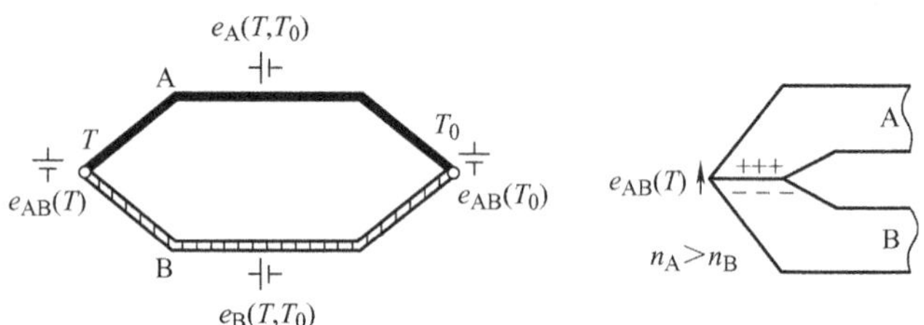

图 8-2　热电效应

图中，$e_{AB}(T)$ 表示导体 A、B 的接点在温度 T 时形成的接触电动势，$e_{AB}(T_0)$ 表示导体 A、B 的接点在温度 T_0时形成的接触电动势；$e_A(T,T_0)$ 表示导体 A 两端温度为 T、T_0时形成的温差电动势，$e_B(T,T_0)$ 表示导体 B 两端温度为 T、T_0时形成的温差电动势，$e_{AB}(T)$ 和 $e_{AB}(T_0)$ 是由于两种不同导体的自由电子密度不同而在接触处形成的电动势。接触电动势的数值取决于两种不同导体的材料特性和接点的温度。两接点的接触电动势 $e_{AB}(T)$ 和 $e_{AB}(T_0)$ 可表示为

$$e_{AB}(T)=\frac{kT}{e}\ln\frac{n_A(T)}{n_B(T)} \tag{8-1}$$

$$e_{AB}(T_0)=\frac{kT_0}{e}\ln\frac{n_A(T_0)}{n_B(T_0)} \tag{8-2}$$

$e_A(T,T_0)$ 和 $e_B(T,T_0)$ 是同一导体的因其两端温度不同而产生的一种电动势，其工作原理是高温端的电子能量要比低温端的电子能量大，从高温端跑到低温端的电子数比从低温端跑到高温端的要多，结果高温端因失去电子而带正电，低温端因获得多余的电子而带负电，在导体两端便形成温差电动势。

因此，总回路的热电动势的大小可表示为（巡游一周法）

$$e_{AB}(T,T_0)=e_{AB}(T)+e_B(T,T_0)-e_{AB}(T_0)-e_A(T,T_0) \tag{8-3}$$

由于接触电动势远大于温差电动势，忽略温差电动势，热电偶的热电势可表示为

$$\begin{aligned} e_{AB}(T,T_0)&=e_{AB}(T)-e_A(T,T_0)+e_B(T,T_0)-e_{AB}(T_0)\approx e_{AB}(T)-e_{AB}(T_0)\\ &=\frac{kT}{e}\ln\frac{n_A(T)}{n_B(T)}-\frac{kT_0}{e}\ln\frac{n_A(T_0)}{n_B(T_0)} \end{aligned} \tag{8-4}$$

对于热电势，有以下四点说明：

1）影响因素与形状、尺寸等无关，只取决于材料和接点温度。

2）（均匀导线定律）两热电极相同时，总电动势为0。

3）两接点温度相同时，总电动势为0。

4）对于已选定的热电偶，当参考端温度 T_0 恒定时，$e_{AB}(T_0)=C$（常数），则总的热电动势就只与温度 T 成单值函数关系，即

$$e_{AB}(T,T_0)=f(T)-f(T_0)=f(T)-C=\varphi(T) \tag{8-5}$$

可见，根据测量的 $e_{AB}(T,T_0)$ 就能得到被测温度 T，这就是利用热电偶测温的原理。热电偶用于测温的基本性质可归结为以下基本定律。

1. 等值定律

用两种不同的金属组成闭合电路，如果两端温度不同，则会产生热电动势。其大小取决于两种金属的性质和两端的温度，与金属导线尺寸、导线的温度及测量热电动势在电路中所取位置无关。

2. 均匀导线定律

如用同一种金属组成闭合电路，则不管截面是否变化，也不管在电路内存在什么样的温度梯度，电路中都不会产生热电动势。

3. 中间导线定律

如图 8-3a 所示，在热电偶回路中接入第三种金属，只要其两端温度相同，就不会使热电偶的热电动势发生变化。

图 8-3 中，回路总热电动势

$$e_{ABC}(T,T_0)=e_{AB}(T)+e_{BC}(T_0)+e_{CA}(T_0) \tag{8-6}$$

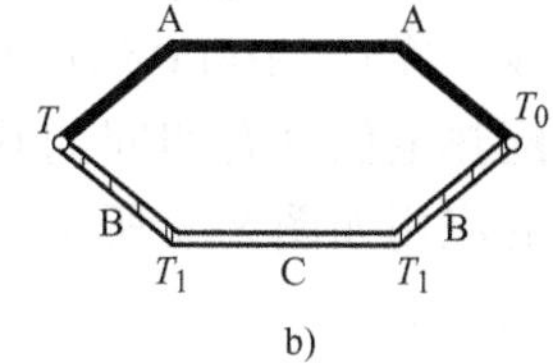

图 8-3　中间导线定律

在 $T=T_0$ 的情况下，回路中总电动势为零，即

$$e_{ABC}(T_0)=e_{AB}(T_0)+e_{BC}(T_0)+e_{CA}(T_0)=0 \tag{8-7}$$

由式(8-6) 和式(8-7) 可得

$$e_{ABC}(T,T_0)=e_{AB}(T)+e_{BA}(T_0)=e_{AB}(T,T_0) \tag{8-8}$$

请自行证明图 8-3b 中接入导线 C 对回路热电动势无影响。利用热电偶测温，必须在回路中引入连接导线和仪表，接入导线和仪表后不会影响回路中的热电动势。

4. 中间温度定律

如图 8-4 所示，热电偶回路两接点[T，T_0]间的热电动势等于热电偶在温度为（T，T_n）时的热电势与温度为（T_n，T_0）时的热电动势的代数和，T_n称为中间温度。

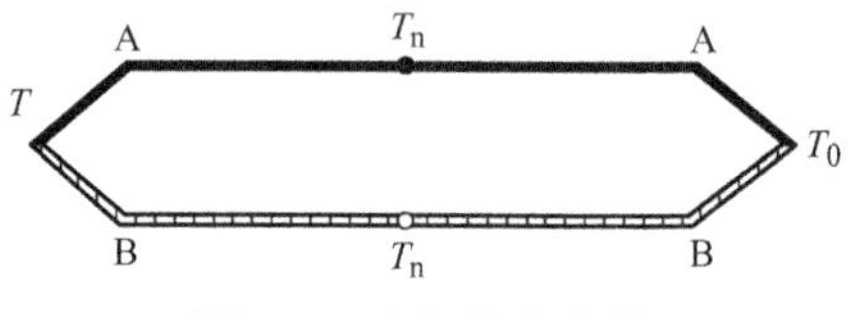

图 8-4　中间温度定律

$$e_{AB}(T,T_0)=e_{AB}(T,T_n)+e_{AB}(T_n,T_0) \qquad (8\text{-}9)$$

证明：在热电偶冷端温度 $T_0=0℃$ 的情况下进行标定，有

$$e_{AB}(T,T_0)=e_{AB}(T)-e_{AB}(T_0) \qquad (8\text{-}10)$$

正常工作时，在热电偶冷端温度 T_n的情况下

$$e_{AB}(T,T_n)=e_{AB}(T)-e_{AB}(T_n) \qquad (8\text{-}11)$$

式(8-10) 和式(8-11) 相减得

$$e_{AB}(T,T_0)-e_{AB}(T,T_n)=e_{AB}(T_n)-e_{AB}(T_0)=e_{AB}(T_n,T_0)=-e_{AB}(T_n,T_0) \qquad (8\text{-}12)$$

可得：

$$e_{AB}(T,T_0)=e_{AB}(T,T_n)+e_{AB}(T_n,T_0) \qquad (8\text{-}13)$$

8.1.2　热电偶的冷端温度补偿

当热端温度为 T 时，其对应的热电动势 $e_{AB}(T,0)$ 与热电偶实际产生的热电动势 $e_{AB}(T,T_0)$ 之间的关系可根据中间温度定律得到，由式(8-13) 可得

$$e_{AB}(T,0)=e_{AB}(T,T_0)+e_{AB}(T_0,0) \qquad (8\text{-}14)$$

由此可见，$e_{AB}(T_0,0)$ 是冷端温度 T_0的函数，冷端温度受周围环境温度的影响，难以自行保持为 0℃或某一定值。为减小测量误差，需对热电偶冷端人为采取一定措施，使其温度为恒定，或用其他方法进行校正和补偿。对热电偶冷端温度进行处理通常有以下方法。

1. 热电偶补偿导线

热电偶一般做得较短，为 350～2000mm。在实际测温时，需要把热电偶输出的电动势信号传输到远离现场数十米远的控制室里的显示仪表或控制仪表，这样，冷端温度 T_0比较稳定。

8.1.2-1　热电偶补偿导线的外形图

工程中常用的冷端温度补偿办法是采用补偿导线。在 0～100℃温度范围内，要求补偿导线和所配热电偶具有相同的热电特性，热电偶补偿导线的应用如图 8-5 所示。常用热电偶的补偿导线见表 8-1。

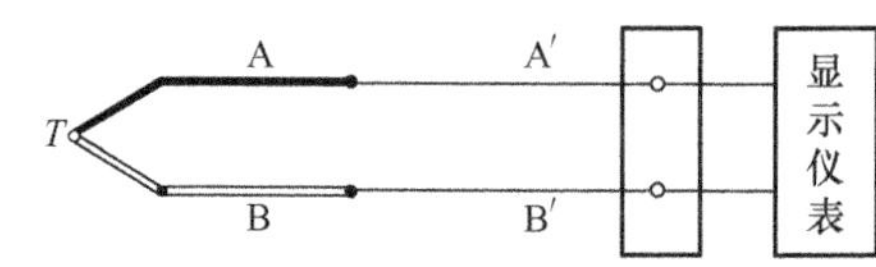

图 8-5　热电偶补偿导线应用

表 8-1　热电偶补偿导线选用表

热电偶类型	补偿导线类型	补偿导线	
		正极	负极
铂铑$_{10}$-铂	铜-铜镍合金	铜	铜镍合金（镍的质量分数为 0.6%）
镍铬-镍硅	Ⅰ型：镍铬-镍硅	镍铬	镍硅
镍铬-镍硅	Ⅱ型：铜-康铜	铜	康铜

（续）

热电偶类型	补偿导线类型	补偿导线	
		正极	负极
镍铬-康铜	镍铬-康铜	镍铬	康铜
铁-康铜	铁-康铜	铁	康铜
铜-康铜	铜-康铜	铜	康铜

2. 冷端0℃恒温法

8.1.2-2　冰浴法接线原理

在实验室及精密测量中，通常把冷端放入0℃恒温器或装满冰水混合物的容器中，以便冷端温度保持0℃；也可以将冷端放入盛油的容器内，利用油的热惰性保持冷端接近于室温；或者将容器制成带有水套的结构，让流经水套的冷却水来保持容器温度的稳定。但这是一种理想的补偿方法，在工业中使用极为不便。

3. 冷端温度修正法

当冷端温度 T_0 不等于0℃时，需要对热电偶回路的测量电动势值 $e_{AB}(T,T_0)$ 加以修正。当工作端温度为 T 时，分度表可查 $e_{AB}(T,0)$ 与 $e_{AB}(T_0,0)$，从而计算出校正后的热电动势。

【例8-1】 用镍铬-镍硅热电偶测量加热炉的温度。已知冷端温度 $T_0=30℃$，测得热电动势 $e_{AB}(T,T_0)=33.29\mathrm{mV}$，求加热炉温度。

解： 查镍铬-镍硅热电偶分度表，有 $e_{AB}(30,0)=1.203\mathrm{mV}$，可得

$$e_{AB}(T,0)=e_{AB}(T,T_0)+e_{AB}(T_0,0)=33.29\mathrm{mV}+1.203\mathrm{mV}=34.493\mathrm{mV}$$

由镍铬-镍硅热电偶分度表得 $e_{AB}(830,0)=34.502\mathrm{mV}$，而 $e_{AB}(820,0)=34.461\mathrm{mV}$，由线性插值公式可得 $T=829.8℃$。

4. 冷端温度自动补偿法（电桥补偿法）

图8-6示出的是热电偶冷端温度自动补偿法一种应用。当环境温度 T_0 升高时，热电动势 $e_{AB}(T,T_0)$ 减小，电桥电阻 R_{Cu} 因温度变化而变化，电桥输出电压 U_{AB} 为

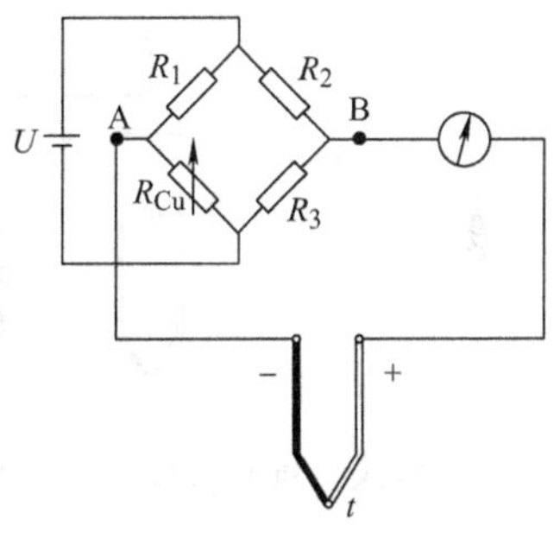

图8-6　热电偶冷端温度自动补偿法

$$U_{AB}=U\frac{R_2R_{Cu}-R_1R_3}{(R_{Cu}+R_1)(R_2+R_3)}=U\frac{R_2-\dfrac{R_1R_3}{R_{Cu}}}{\left(1+\dfrac{R_1}{R_{Cu}}\right)(R_2+R_3)} \tag{8-15}$$

R_{Cu} 增大时，电桥输出电压 U_{AB} 增大，这样可以通过设计适当的桥臂电阻保持

$$e_{AB}(T,T_0)+U_{AB}=常数 \tag{8-16}$$

从而实现冷端温度自动补偿。

8.1.3　热电偶测温线路

1. 测量单点温度

应用热电偶可以简单地测量某个点的温度值，其测温线路如图8-7所示。图8-7a为普通测温线路，热电偶后面加上补偿导线，用以延长到仪表室接显示仪表。图8-7b为带有温

度补偿器的测温线路图，在图 8-7a 的基础上，在显示仪表前接上相应的温度补偿器。

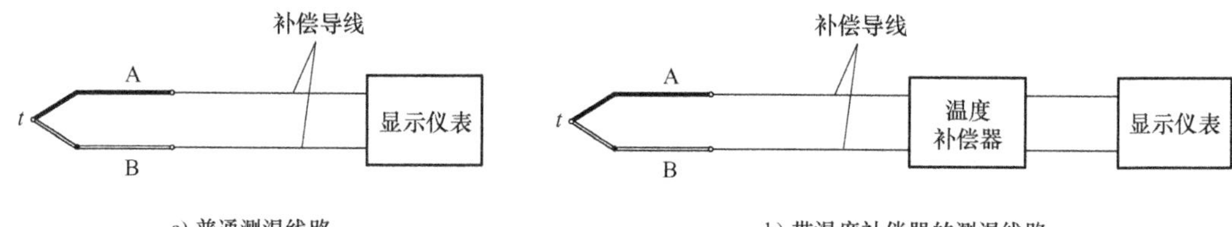

a) 普通测温线路　　b) 带温度补偿器的测温线路

图 8-7　热电偶单点温度的测量

2. 测量两点间温度差（反向串联）

特殊情况下，热电偶可以串联或并联使用，但只能是同一分度号的热电偶，且冷端应在同一温度下。如热电偶正向串联，可获得较大的热电动势输出和提高灵敏度；在测量两点温差时，可采用热电偶反向串联；利用热电偶并联可以测量平均温度。

测量两点温度差的接线图如图 8-8 所示，由前面的相关理论可推出

$$e_T = e_{AB}(t_1, t_0) - e_{AB}(t_2, t_0) = e_{AB}(t_1, t_2) \tag{8-17}$$

即可测两点间的温度差。

3. 测量平均温度（并联或正向串联）

测量平均温度可采用热电偶并联的方式，如图 8-9 所示，可得

$$e_T = \frac{e_1 + e_2 + e_3}{3} = \frac{e_{AB}(t_1, t_0) + e_{AB}(t_2, t_0) + e_{AB}(t_3, t_0)}{3} \tag{8-18}$$

当有一只热电偶烧断时，难以觉察出来，但不会中断整个测温系统的工作。

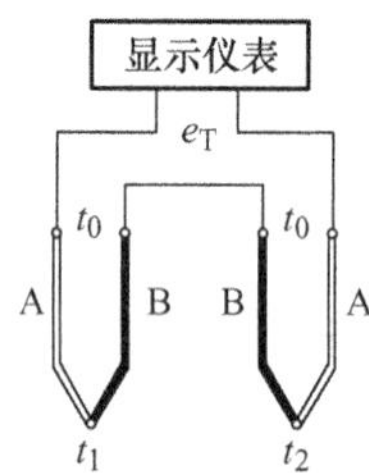

图 8-8　热电偶测量两点的温度差的接线方式

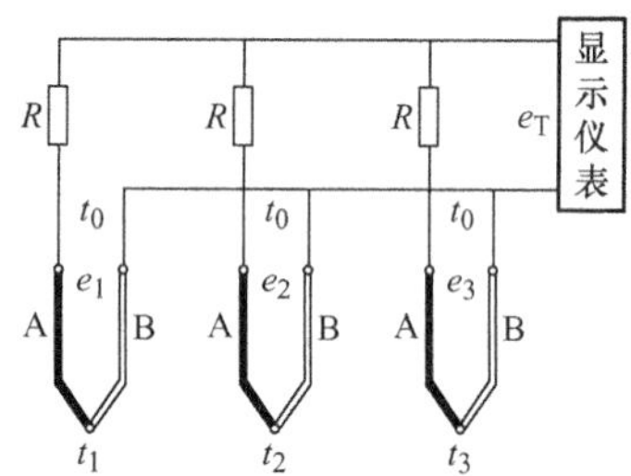

图 8-9　热电偶的并联测温线路图

测量平均温度也可采用热电偶串联的方式，如图 8-10 所示，可得

$$e_T = e_1 + e_2 + e_3 = e_{AB}(t_1, t_0) + e_{AB}(t_2, t_0) + e_{AB}(t_3, t_0) \tag{8-19}$$

串联的优点是热电势大，仪表的灵敏度大大增加，且避免了热电偶并联线路存在的缺点，可立即发现断路。缺点是只要有一支热电偶断路，整个测温系统将停止工作。

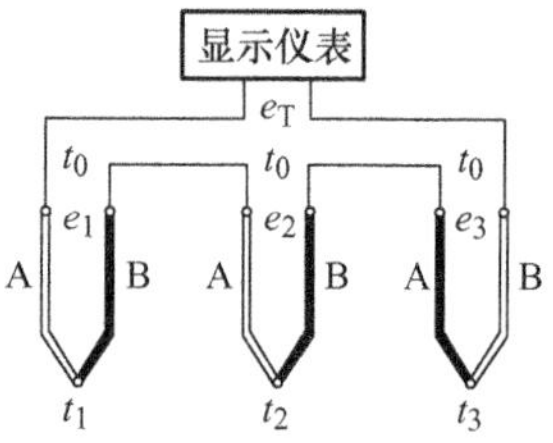

图 8-10　热电偶的串联测温线路图

8.1.4　热电偶式加速度传感器

热电偶式加速度传感器目前多应用于低成本的测量领域，既可以测量动态加速度，也可以测量静态加速度，基于热交换原理，采用气体介质。如图 8-11 所示，热源处于硅片的中央，

硅片悬空。由铝和多晶硅组成的热电偶组被等距离对称地放置在热源的四个方向。图中的加速度传感器上有两路信号：一路测量 x 轴加速度；另一路测量 y 轴加速度。在没有加速度的情况下，热源的温度均匀梯度分布，四周的热电偶温度一样，输出的电压也一样。由于自由热交换，任何方向的加速度都将打破温度分布平衡，使之分布不平衡。此时四个热电偶组的输出电压也将随之改变。热电偶输出的电压差和加速度成正比例。

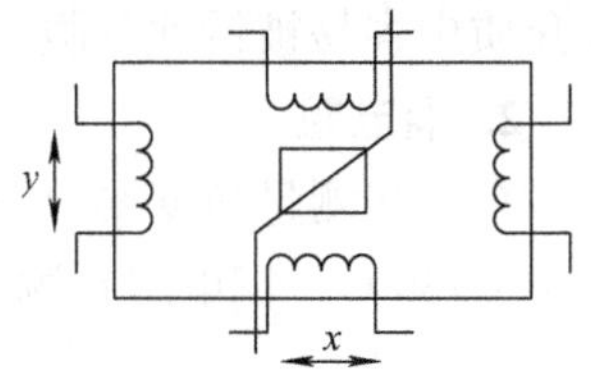

图 8-11　热电偶式加速度传感器示意图

8.2　其他温度传感器

8.2.1　热电阻

导体（或半导体）的电阻值随温度变化而改变，将电阻值的变化转换为电信号，通过测量其电阻值推算出被测物体的温度，这就是电阻温度传感器的工作原理。热电阻被广泛用来测量 -200 ~ 850℃ 的温度，少数情况下，低温可测量至 1K(1K = -272.15℃)，高温达 1000℃。标准铂电阻温度计的精确度高，作为复现国际温标的标准仪器。

纯金属是热电阻的主要制造材料，热电阻的材料应具有以下特性：

1）电阻温度系数要大而且稳定，电阻值与温度之间应具有良好的线性关系。

2）电阻率高，热容量小，反应速度快。

3）材料的复现性和工艺性好，价格低。

4）在测温范围内化学物理性能稳定。

目前最常用的热电阻有铂电阻和铜电阻。

1. 铂电阻

铂电阻的特点是精度高、稳定性好、性能可靠，所以在温度传感器中得到了广泛应用。

按 IEC 标准，铂电阻的使用温度范围为 -200 ~ 850℃。铂电阻的特性方程：在 -200 ~ 0℃ 温度范围内为

$$R_t = R_0[1 + \alpha t + \beta t^2 + \gamma t^3(t - 100)] \tag{8-20}$$

在 0 ~ 850℃ 温度范围内为

$$R_t = R_0(1 + \alpha t + \beta t^2) \tag{8-21}$$

在 ITS-90 中，规定 $\alpha = 3.91 \times 10^{-3}/℃$，$\beta = -5.80 \times 10^{-7}/℃^2$，$\gamma = -4.27 \times 10^{-12}/℃^4$。可见，热电阻在温度 t 时的电阻值与 0℃ 时的电阻值 R_0 有关。

目前我国规定工业用铂电阻有 $R_0 = 10\Omega$ 和 $R_0 = 100\Omega$ 两种，它们的分度号分别为 Pt10 和 Pt100，其中，以 Pt100 为常用。铂电阻不同分度号也有相应分度表，即 $R_t - t$ 的关系表，这样，在实际测量中，只要测得热电阻的阻值 R_t，便可从分度表中查出对应的温度值。

【例 8-2】 Pt100 铂电阻的电阻值为 $R_t = 180.25\Omega$，求被测温度 t。

解：由 Pt100 分度表查得 $t = 210℃$，$R_t = 179.51\Omega$；$t = 220℃$，$R_t = 183.17\Omega$，则

$$t = 210℃ + \frac{180.25 - 179.51}{183.17 - 179.51} \times 10℃ = 212.02℃$$

铂易于提纯，在氧化性介质中，甚至在高温下其物理、化学性质都很稳定。但它在还原

性介质中容易被侵蚀变脆，因此对套管一定要加保护。

2. 铜电阻

在一些测量精度要求不高且温度较低的场合，可采用铜电阻进行测温，它的测量范围为 $-50\sim150℃$。铜电阻在测量范围内其电阻值与温度的关系几乎是线性的，可近似表示为

$$R_t = R_0(1+\alpha t) \tag{8-22}$$

式中　$\alpha = 4.28\times10^{-3}/℃$。

铜电阻有两种分度号，Cu50（$R_0 = 50\Omega$）和 Cu100（$R_0 = 100\Omega$）。铜电阻的特点是电阻温度系数较大、线性度好、价格便宜；缺点是电阻率较低、电阻体的体积较大、热惯性较大、稳定性较差，在 100℃以上时容易氧化，因此只能用于低温及没有侵蚀性的介质中。

3. 热电阻的测量电路

用热电阻传感器进行测温时，测量电路经常采用电桥电路。热电阻与检测仪表相隔一段距离，因此，热电阻的接线对测量结果有较大的影响。

热电阻接线方式有二线制、三线制和四线制三种。对于不同的应用要求，可采用不同接线方式，见表 8-2。

表 8-2　三种接线方式的应用

接线方式	二线制	三线制	四线制
接线图	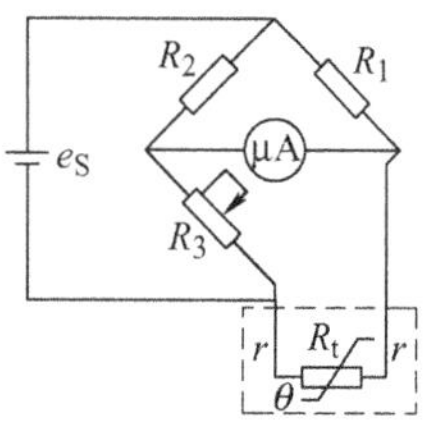	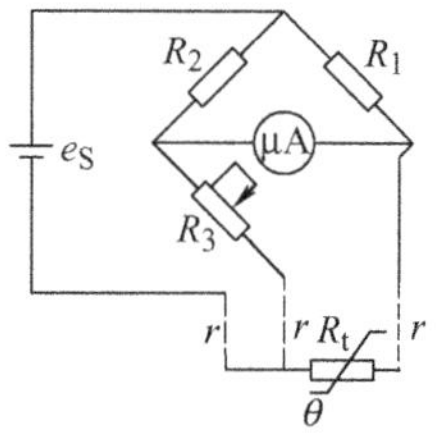	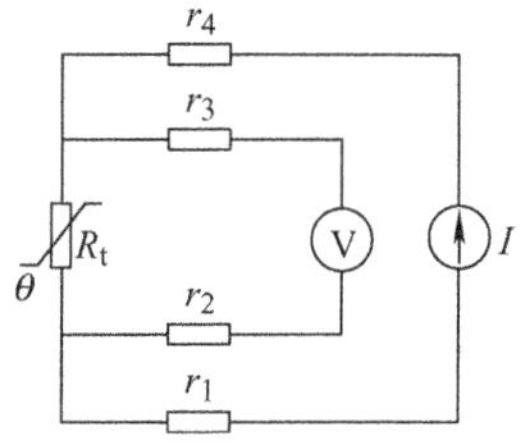
特点	简单、费用低，但引线电阻以及引线电阻的变化会带来附加误差。适用于引线不长、测温精度要求较低的场合	用于工业测量，一般精度	实验室用，高精度测量

在工业中广泛应用热电阻测量温度，应用时应注意以下几点：

1）热电阻测温的特点是精度高，适用于测低温。

2）温度测量的范围一般为 $-200\sim850℃$。在特殊情况下，测量的低温端可达 3.4K，甚至更低。

3）一般采用电桥作为测量电路，采用三线制或四线制接法。

4）对于测量精度要求较高的场合，可采用线性化的测量电路。

5）在测量过程中，不要使流经热电阻的电流过大（一般规定不超过 6mA）。

热电阻测温系统是热电阻与显示仪表组成的接触式测温系统。其系统误差包括：

1）由于电阻温度系数 α 的不同和调整 R_0所引起的误差。

2）电阻的分度误差。因为热电阻采用的也是电阻-温度分度表，热电阻的实际阻值与分度表内的阻值不一致会造成分度误差。

3）绝缘电阻影响的误差。热电阻的感应丝是绕在云母、陶瓷、玻璃、塑料等材料制成的骨架上，在高温时这些材料的绝缘电阻会急剧下降，使热电阻的阻值减小，引起测量误差。

4）热电阻自热所引起的误差。热电阻通过电流后使热电阻本身温度略有升高，这样测得的温度总比被测的温度高一些。

5）热电阻引出线所引起的误差。测温时热电阻与显示仪表之间的导线会引起测温误差，常采用三线制、四线制接法来消除导线误差。

6）显示仪表误差。它是以仪表的准确度等级形式给出的。

8.2.2　热敏电阻的结构

8.2.2　热敏电阻

热敏电阻是利用半导体（某些金属氧化物如 NiO、MnO_2、CuO、TiO_2）的电阻值随温度显著变化这一特性制成的一种热敏元件，其特点是电阻率随温度而显著变化。一般测温范围为 -50 ~ 300℃。

热敏电阻主要有三种类型，即正温度系数（Positive Temperature Coefficient，PTC）型、负温度系数（Negative Temperature Coefficient，NTC）型和临界温度系数（Critical Temperature Resistor，CTR）型。PTC 和 CTR 热敏电阻在某些温度范围内其电阻值会产生急剧变化，适用于某些狭窄温度范围内的特殊应用，而 NTC 热敏电阻可用于较宽温度范围的测量。热敏电阻的电阻 - 温度（$R-t$）特性曲线如图 8-12 所示。

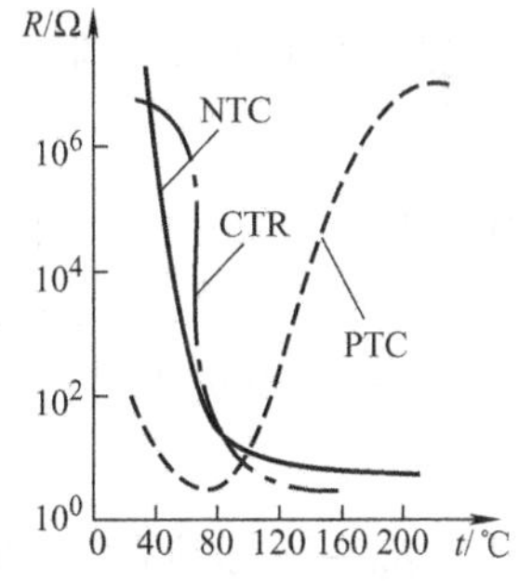

图 8-12　热敏电阻的电阻-温度特性曲线

1. 基本特性

热敏电阻是非线性电阻，表现为电阻、温度的指数关系以及电压、电流不符合欧姆定律。在热敏电阻的温度特性曲线中，白银电阻的阻值在 100℃时只比 0℃时大 1.4 倍，NTC 热敏电阻的温度系数为（-6 ~ -2)%/℃，缓慢型 PTC 的热敏电阻的温度系数为（1 ~ 10)%/℃，开关型 PTC 热敏电阻的温度系数为 10%/℃以上。

在稳态情况下，热敏电阻上的电压和通过的电流之间的关系称为伏安特性。热敏电阻典型伏安特性如图 8-13 所示。从图中可见，在小电流情况下，电压和电流成正比，这一工作区是线性区，这一区域适合温度测量。随着电流增加，电压上升变缓，曲线呈非线性，这一工作区是非线性正阻区。当电流超过一定值以后，曲线向下弯曲，出现负阻特性，电流引起热敏电阻自身发热、升温，阻值减小，所以电压反而降低，称为负阻区。

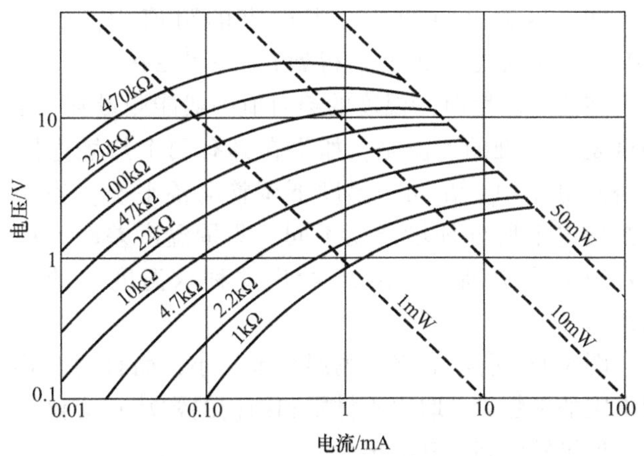

图 8-13　热敏电阻的伏安特性

热敏电阻的主要特点如下：

1）灵敏度高。其电阻温度系数比金属大 10～100 倍，能检测出 10^{-6}℃温度变化。

2）小型。尺寸可做到直径为 0.2mm，能测出一般温度计无法测量的空隙、腔体、内孔、生物体血管等处的温度。

3）使用方便。电阻值可在 0.1～100MΩ 之间任意选择。

目前，半导体热敏电阻还存在如下缺陷：

1）互换性和稳定性还不够理想。虽然近几年有明显改善，但仍比不上金属热电阻。

2）非线性严重，且不能在高温下使用，因而限制了其应用领域。

2. 热敏电阻的基本测温电路

下面分析热敏电阻（以 NTC 热敏电阻为例）测温的基本电路。为了取得热敏电阻的阻值和温度成比例的电信号，需要考虑它的直线性和自身加热问题。图 8-14 给出了热敏电阻的基本连接电路。

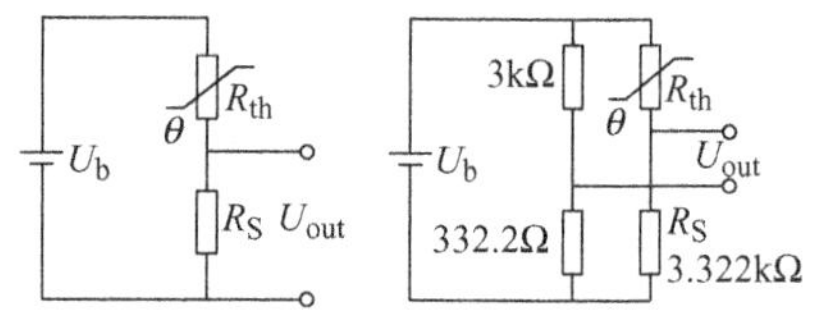

图 8-14　热敏电阻的基本连接电路

$$U_{out}=\frac{U_bR_S}{R_{th}+R_S}\tag{8-23}$$

对于 NTC 热敏电阻，在 0～100℃温度范围内有如下关系：

$$R=Ae^{\frac{B}{t}}\tag{8-24}$$

式中　R——温度 t 时的阻值，单位为 Ω；

t——温度，单位为 K；

A，B——取决于材料和结构的常数（其中，A 的量纲为 Ω，B 的量纲为 K）。进一步可得

$$R=R_0e^{B\left(\frac{1}{t}-\frac{1}{t_0}\right)}\tag{8-25}$$

式中　R_0——标准温度 t_0 时的阻值；

B——负温度材料系数。

为了使输出电压 U 与温度有近似的线性关系，可以适当调整 R_S，使得特性曲线通过 0℃、50℃、100℃三个温度点。

从 $U_{out}(50)\times2=U_{out}(0)+U_{out}(100)$ 的关系，利用各点热敏电阻的阻值可求出 R_S 值。

$$R_S=\frac{2R_{th0}R_{th100}-R_{th0}R_{th50}-R_{th50}R_{th100}}{2R_{th50}-R_{th100}-R_{th0}}\tag{8-26}$$

如果热敏电阻的三个温度点的阻值为：$R_{th0}=30.0\text{k}\Omega$，$R_{th50}=4.356\text{k}\Omega$，$R_{th100}=1.017\text{k}\Omega$ 代入式(8-27) 后得到 $R_S=3.322\text{k}\Omega$。

在测量温度时，温度的绝对值一般能测量到 0.1℃左右的精度，而要测到 0.01℃的高精度是很困难的。但是，如果在具有两个热敏电阻的桥式电路中，在同一温度下调整电桥平衡，当两个热敏电阻所处环境温度不同，测量温度差时，精度可以大大提高，图 8-15 给出这种求温度差的电路图。

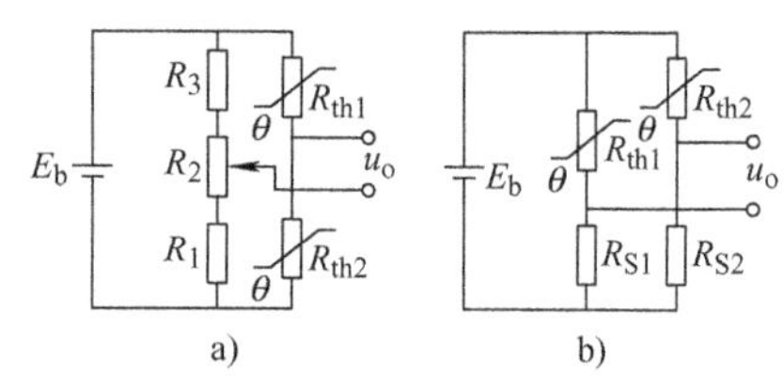

图 8-15　求温度差的桥式电路

图 8-15a 所示电路的测温范围较小，而且两个热敏电阻的常数 B（取决于材质和结构的常数）应该一致，但灵敏度高，其输出为

$$u_o=\frac{E_b}{R_1+R_3+R_2}(R_3+R_2')-\frac{E_b}{R_{th1}+R_{th2}}R_{th1} \tag{8-27}$$

图 8-15b 所示电路的测温范围较大，而且对 B 常数一致性的要求也不严格，因为可以用 R_S 来适当调整，其输出为

$$u_o=\frac{E_b}{R_{th1}+R_{S1}}R_{th1}-\frac{E_b}{R_{S2}+R_{th2}}R_{th2} \tag{8-28}$$

8.2.3　红外温度传感器

1. 红外辐射

温度为 t 的物体对外辐射的能量 E 与波长 λ 的关系可用普朗克定律描述，即

$$E(\lambda T)=\varepsilon_T C_1\lambda^{-5}\mathrm{e}^{\left(\frac{C_2}{\lambda T}-1\right)^{-1}} \tag{8-29}$$

式中　ε_T——物体在温度 T 时的发射率（也称为黑度系数，当 $\varepsilon_T=1$ 时，物体为绝对黑体）；

C_1——第一辐射常数（第一普朗克常数），$C_1=3.7418\times10^{-16}\mathrm{W\cdot m^2}$；

C_2——第二辐射常数（第二普朗克常数），$C_2=1.4388\times10^{-2}\mathrm{m\cdot K}$。

根据斯特藩-玻耳兹曼定律，将式(8-29) 对波长从 0 到无穷大进行积分，当 $\varepsilon_T=1$ 时可得物体的辐射能

$$\int_0^\infty E(\lambda T)\mathrm{d}\lambda=\sigma_b T_b^4 \tag{8-30}$$

式中　σ_b——黑体的斯特藩-玻耳兹曼常数，$\sigma_b=5.7\times10^{-8}\mathrm{W/(m^2\cdot K^4)}$；

T_b——黑体的温度。

一般物体都不是黑体，其发射率 ε_T 不可能等于 1，而且普通物体的发射率不仅和温度有关，且和波长有关，即 $\varepsilon_T=f(\lambda T)$，其值很难求得。虽然如此，辐射测温方法可避免与高温被测体接触，测温不破坏温度场，测温范围宽，精度高，反应速度快，既可测近距离小面积目标的温度，又可测远距离大面积目标的温度。辐射能与温度的关系通常用实验方法确定。

黑体的辐射规律之中还有维恩位移定律，即辐射能量的最大值所对应的波长 λ_m 随温度的升高向短波方向移动，用公式表达为

$$\lambda_m=\frac{2898}{T}(单位为\ \mu m) \tag{8-31}$$

利用以上各项特性构成的传感器，必须由透镜或反射镜将物体的辐射能会聚起来，再由热敏元件转换成电信号。常用的热敏元件有热电堆、热敏电阻或光敏电阻、光电池或热释电元件。

2. 红外探测器

红外温度传感器是基于辐射原理来测温的。红外探测器是红外探测系统的关键元件。目前已研制出几十种性能良好的探测器，大体可分为两类。

1）热探测器。基于热电效应，即入射辐射与探测器相互作用引起探测元件的温度变化，进而引起探测器中与温度有关的电学性质变化。常用的热探测器有热释电型、热敏电阻型、热电偶型和气体型。

2）光探测器（量子型）。它的工作原理基于光电效应，即入射辐射与探测器相互作用时激发电子。光探测器的响应时间比热探测器短得多。常用的光探测器有利用外光电效应而制成的光电子发射探测器，利用内光电效应制成的光电导探测器，利用阻挡层光电效应制成的光生伏特探测器，利用光磁电效应制成的光磁探测器。

目前用于辐射测温的探测器已有长足进展。我国许多单位可生产硅光电池、钽酸钾热释电元件、薄膜热电堆热敏电阻及光敏电阻等。

图 8-16 给出的是红外测温仪的工作原理图。被测物体的热辐射线由光学系统聚焦，经调制盘调制为一定频率的光能，落在红外探测器上，经能量转换后输出电信号，最后经放大后进行显示或记录。调制盘是边缘等距开孔的旋转圆盘，光线通过圆盘的小孔照射到红外探测器上，圆盘由电动机带动按一定频率正、反向转动，实现开（透光）、关（不透光），使入射线变为一定频率的能量作用在探测器上。红外测温仪的表面温度测量范围为 0～600℃。

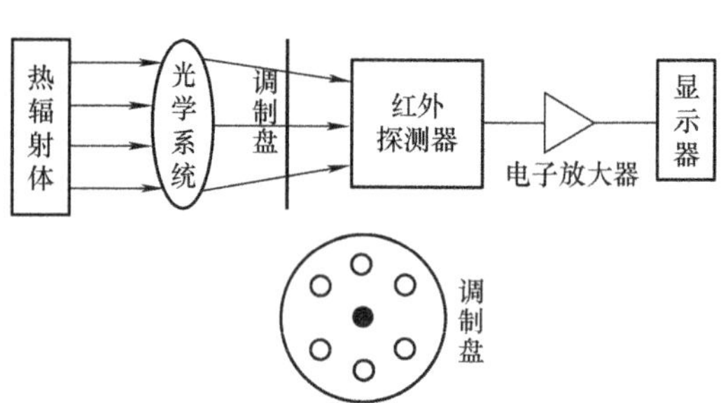

图 8-16　红外测温仪工作原理图

日本的 JTG-A 型热像仪的测温范围为 0～1500℃，并分为三个测量段：0～180℃，适用于测量机床厂温度场；100～500℃和 300～1500℃，适用于测量工件或刀具的温度场。它的温度分辨率为 0.2℃，视场为 20°×25°。瑞典的 AGA680 型热像仪、美国 Barnes 公司的 74C 型热像仪都达到了较高的水平。

8.3　本章小结

本章主要介绍了热电偶、热电阻、热敏电阻和红外温度传感器的工作原理和应用。在掌握热电偶工作原理的基础上，应具备性质分析、冷端补偿以及测温电路设计的能力。读者应掌握各类温度传感器的工作原理和测量电路。

更多应用请扫描二维码。

思　考　题

8-1　什么是金属导体的热电效应？产生热电效应的条件有哪些？

8-2　热电偶产生的热电动势由哪几种电动势组成？起主要作用的是哪种电动势？

8-3　试分析金属导体中产生接触电动势的原因，其大小与哪些因素有关？

8-4　试分析金属导体中产生温差电动势的原因，其大小与哪些因素有关？

8-5　试证明热电偶的中间导体定律，该定律在热电偶实际测温中有什么作用？

8-6　试证明热电偶的标准电极定律，该定律在热电偶实际测温中有什么作用？

8-7　试证明热电偶的中间温度定律，该定律在热电偶实际测温中有什么作用？

8-8　热敏电阻测温有什么特点？热敏电阻可分为几种类型？

8-9　将一灵敏度为0.08mV/℃的热电偶与电压表相连，电压表接线端处温度为500℃。若电压表读数为60mV，求热电偶热端温度。

8-10　什么是补偿导线？热电偶测温为什么要采用补偿导线？目前的补偿导线有哪几种类型？

8-11　用分度号为K的镍铬-镍硅热电偶测温度，已知冷端温度为20℃，用高精度毫伏表测得此时的热电动势为21.505mV，求被测点温度。（K型热电偶分度表数据：20℃、60℃、500℃、538℃、539℃、557℃、558℃时的热电动势分别为0.798mV、2.436mV、20.640mV、22.260mV、22.303mV、23.070mV、23.113mV。）

8-12　用分度号为K的镍铬-镍硅热电偶测量温度，在没有采取冷端温度补偿的情况下，显示仪表指示温度为500℃，而这时冷端温度为60℃，试问实际温度应为多少？如果冷端温度不变，保持在20℃，此时显示仪表的指示值应为多少？（分度表参见题8-11。）

第9章 光电式传感器

现代化生活离不开光电式传感器（Photoelectric Transducer），如扫描仪、打印机、液晶显示器、色度计、分光计、汽车和医疗诊断仪器等。光电式传感器是一种采用光电器件作为检测元件的传感器，其基本原理是以光电效应为基础的。它首先把被测量的变化转换成光信号的变化，然后借助光电器件进一步将光信号转换成电信号。

光电传感及其相关技术的迅速发展，使得各领域的自动化程度越来越高，同时也使得光电式传感器的重要性不断提高。尤其是伴随智能化设备的快速发展，光电式传感器的技术迭代同样呈现了智能化的发展趋势。研发人员应用人工智能、信息处理等新技术，使其具有更高级的智能，具有分析、判断、自适应、自学习的功能，可以完成图像识别、特征检测、多维检测等复杂任务。本章将介绍光电式传感器的原理、特性、器件及其应用。

【学习目标】

1）了解光电式传感器的基本原理和器件类型。

2）掌握两种光电效应的原理、基本特性和区别。

3）掌握光电器件的基本原理和特性、结构以及相关电路分析。

4）掌握电荷耦合器件和红外凝视成像系统的基本原理与特性、器件及应用。

5）通过不断学习具备在生活工作中应用光电式传感器的能力和追踪最新发展趋势的意识。

【产出分析】

通过本章教学，应达成以下学习产出（包括但不限于）：

1）通过光电式传感器的基本原理和器件类型的学习，具备解决复杂工程问题的基本能力。

2）通过光电器件的基本原理和特性、结构以及相关电路分析，具备设计满足特定需求测量子系统的能力。

3）通过机器人视觉导航系统和光电式传感器典型应用的学习与研讨，能评价传感器工程实践对社会、健康、安全、法律以及文化的影响，并理解工程实践中应承担的责任。

4）通过资料查询、学习交流、讲解与互动，使学生具备自主学习的意识，培养不断学习和适应发展的能力。

5）能够就传感器工程问题进行有效的沟通和交流，通过文献调研与学习环节培养学生的国际视野，并能在跨文化背景下进行沟通和交流。

【知识结构图】

本章知识结构图如图 9-1 所示。

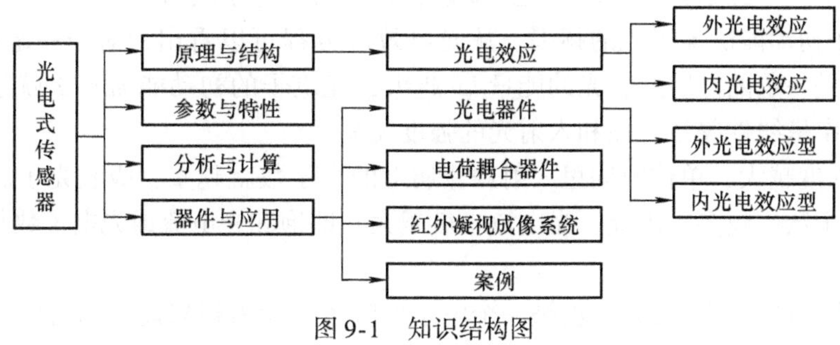

图 9-1　知识结构图

9.1　光电效应与光电器件

9.1.1　光电效应

在高于某特定频率的电磁波照射下，某些物质内部的电子会被光子激发出来而形成电流。这类光照射到某些物质上，引起物质的电性质发生变化的物理现象被人们统称为光电效应（Photoelectric Effect）。光电效应通常分为外光电效应和内光电效应两大类。

1. 外光电效应

在光线作用下，物体内的电子逸出物体表面向外发射的物理现象称为外光电效应。基于外光电效应的光电器件有光电管、光电倍增管等。

光电材料通常是金属或金属氧化物。当光照射到金属或金属氧化物上时，光电材料表面的电子会吸收光子的能量，增加动能，如果入射到表面的光能使电子获得足够的能量，电子会克服正离子对它的吸引力，脱离金属表面而进入外部空间。

根据爱因斯坦的光子假设：光是运动着的粒子流，这些光粒子称为光子。光子是具有能量的。不同频率的光子，具有不同的能量。每个光子具有的能量由下式确定：

$$E = h\nu \tag{9-1}$$

式中　h——普朗克常数，$h = 6.626 \times 10^{-34}$ J · s；

ν——光的频率（Hz）。

若物体中电子吸收的入射光子能量足以克服逸出功 A_0 时，电子便逸出物体表面，产生光电子发射。故要使一个电子逸出，则光子能量 $h\nu$ 必须超过逸出功 A_0，超过部分的能量表现为逸出电子的动能，即

$$h\nu = \frac{1}{2}m\nu_0^2 + A_0 \tag{9-2}$$

式中　m——电子质量；

ν_0——电子逸出速度。

式(9-2) 即为爱因斯坦光电效应方程。由该式可知：

1）光电子能否产生，取决于光子的能量是否大于该物体的表面逸出功。这意味着每种物体都有一个对应的光频阈值，称为红限频率。光线的频率小于红限频率，光子的能量不足以使物体内的电子逸出，因而小于红限频率的入射光，光强再大也不会产生光电子发射；反之，入射光频率高于红限频率，即使光线微弱，也会有光电子发射。

2）光电子初动能决定于光的频率。从光电效应方程可以看出，对于一定的物体来说，电子的逸出功是一定的。因此，光的能量 $h\nu$ 越大，光电子的初动能 $mv_0^2/2$ 就越大。光电子的初动能和频率呈线性关系，而和入射光的强度无关。

3）光的强度越大，单位时间里入射到金属上的光子数就越多，吸收光子后，从金属表面逸出的光电子数也越多，因此，光电流也就越大，即饱和光电流或光电子数与光的强度之间成正比关系。

4）一个光子的全部能量是一次被一个电子所吸收，无需积累能量的时间，所以光照射后，立刻有光电子发射，其时间响应不超过 10^{-9}s，即使入射光照度非常微弱，一旦照射后，也几乎立即有光电子发出。

2. 内光电效应

某些半导体材料在入射光能量的激发下产生电子-空穴对，致使材料电性能改变的现象称为内光电效应。基于该效应的光电器件有光电池和光电晶体管等。内光电效应又可以分为光电导效应和光生伏特效应两类。

（1）光电导效应

在光线作用下，电子吸收光子能量从键合状态过渡到自由状态，而导致材料电阻率的变化，这种现象称为光电导效应。基于光电导效应的光电器件有光敏电阻。

要产生光电导效应，光子能量 $h\nu$ 必须大于半导体材料的禁带宽度 E_g，由此入射光能导出光电导效应的临界波长 λ_0（单位为 μm）为

$$\lambda_0 \approx \frac{1.24}{E_g} \tag{9-3}$$

（2）光生伏特效应

在光线作用下能够使物体产生一定方向电动势的现象称为光生伏特效应，简称光伏效应。光生伏特效应又可以分为势垒效应（结光电效应）和侧向光电效应。

势垒效应的原理是在金属和半导体的接触面（或在 PN 结）中，光照射 PN 结时，电子受光子的激发脱离势垒的束缚而产生电子-空穴对，在阻挡层内电场的作用下，电子偏向 N 区外侧，空穴偏向 P 区外侧，使 P 区带正电，N 区带负电，形成光生电动势。

侧向光电效应是当半导体光电器件受光照不均匀时，光照部分受光激发而产生的电子-空穴对的浓度也分布不均，电子向未被光照射部分扩散，导致光照部分带正电，未照部分带负电，从而产生电动势的现象。

9.1.2 光电器件

从 9.1.1 节可知，根据光电效应的不同，光电器件可分为外光电效应型光电器件和内光电效应型光电器件。这一节将重点介绍外光电效应型光电器件中的光电管和光电倍增管，以及内光电效应型光电器件中的光敏电阻、光电晶体管和光电耦合器等。最后介绍各类器件的应用情况。

1. 光电管

光电管是基于外光电效应的基本光电转换器件。在一个抽成真空（真空光电管）或充以惰性气体（充气光电管）的玻璃管内装有两个电极：光电阴极（简称阴极）和光电阳极（简称阳极），如图 9-2 所示。阴极装在玻璃管内壁上，其上涂有光电发射材料。阳极通常用金属丝弯曲成矩形或圆形，置于玻璃管的中央。当光照在阴极上时，中央阳极可收集从阴极上逸出的电子，在外电场作用下形成电流 I。按照阴极和阳极的形状和设置的不同，光电管一般可分为五种类型：中心阴极型、中心阳极型、半圆柱面阴极型、平行平板极型和带圆筒平板阴极型。图 9-2a、b 分别为中心阴极型和半圆柱面阴极型，图 9-2c 是它们的等效电路图。

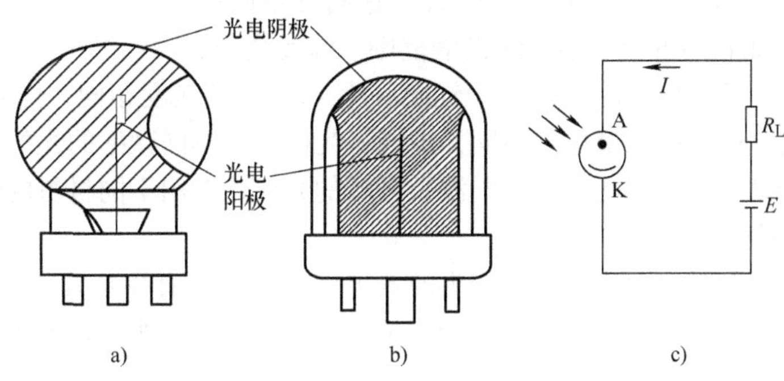

图 9-2　光电管的结构

充气光电管内充有少量的惰性气体如氩或氖，当充气光电管的阴极被光照射后，光电子在飞向阳极的途中，和气体的原子发生碰撞，使气体电离，因此增大了光电流，从而使光电管的灵敏度增加。但导致充气光电管的光电流与入射光强度不成比例关系，因而使其具有稳定性较差、惰性大、温度影响大、容易衰老等一系列缺点。目前由于放大技术的发展，对于光电管的灵敏度不再要求严格，且真空式光电管的灵敏度也不断提高。在自动检测仪表中，由于要求温度影响小和灵敏度稳定，所以一般都采用真空式光电管。

光电器件的性能主要由伏安特性、光照特性、光谱特性、响应时间、峰值探测率和温度特性来描述。本节将对最主要的特性进行介绍。

（1）伏安特性

在一定的光照射下，对光电器件的阴极所加电压与阳极所产生的电流之间的关系称为光电管的伏安特性。真空光电管和充气光电管的伏安特性分别如图 9-3a、b 所示，这是应用光电式传感器参数的主要依据。

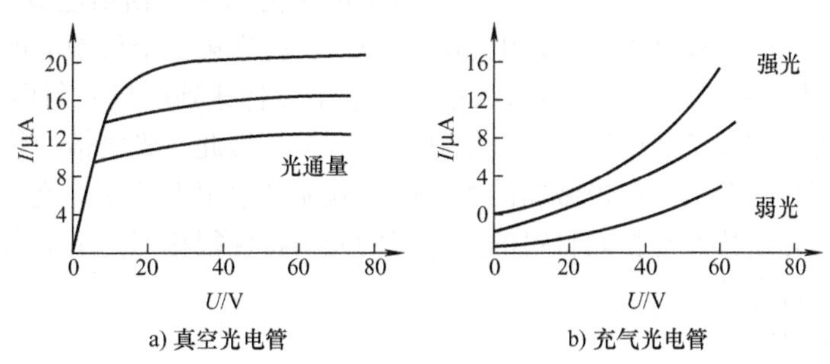

图 9-3　真空光电管和充气光电管的伏安特性

(2) 光照特性

当光电管的阳极和阴极之间所加电压一定时，光通量与光电流之间的关系为光电管的光照特性。其特性曲线如图9-4所示。曲线1表示氧铯阴极光电管的光照特性，光电流 I 与光通量 Φ 呈线性关系。曲线2为锑铯阴极的光电管光照特性，它呈非线性关系。光照特性曲线的斜率，即光电流与入射光光通量之比称为光电管的灵敏度。

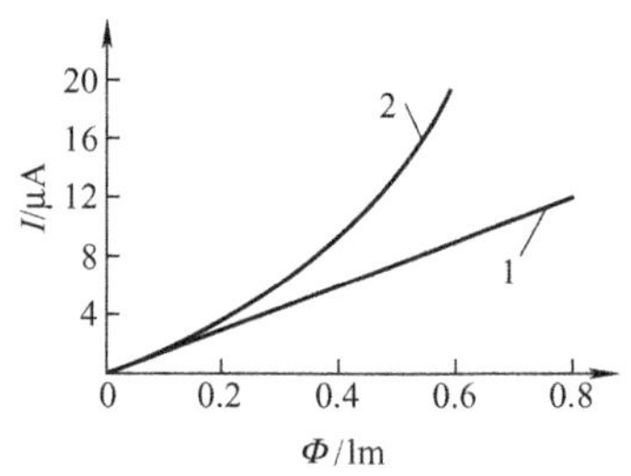

图9-4 光电管的光照特性

1—氧铯阴极 2—锑铯阴极

(3) 光谱特性

一般对于光电阴极材料不同的光电管，它们有不同的红限频率 ν_0，因此它们可用于不同的光谱范围。除此之外，即使照射在阴极上的入射光的频率高于红限频率 ν_0，并且强度相同，随着入射光频率的不同，阴极发射的光电子的数量也会不同，即同一光电管对不同频率的光的灵敏度也不同，这就是光电管的光谱特性。因此，对不同波长区域的光应该选用不同材料的光电阴极。

2. 光电倍增管

当入射光很微弱时，普通光电管产生的光电流很小，只有零点几微安，很不容易探测，这时常用光电倍增管对电流进行放大，图9-5是光电倍增管的外形和工作原理图。

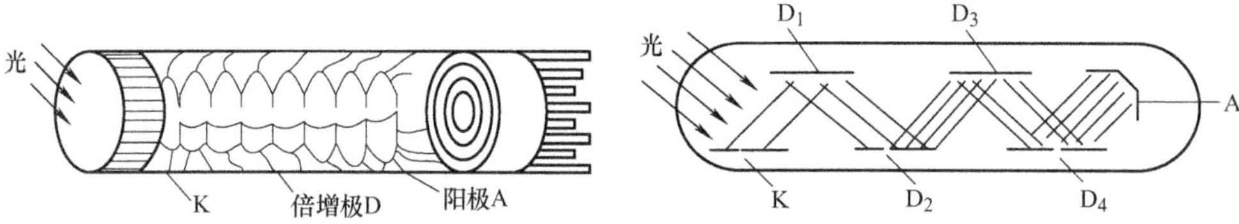

图9-5 光电倍增管的外形与工作原理

光电倍增管由光阴极、次阴极（倍增电极）以及阳极三部分组成。光阴极是由半导体光电材料锑铯做成。次阴极是在镍或铜-铍的衬底上涂上锑铯材料而形成的。次阴极多的可达30级，通常为12~14级。阳极是最后用来收集电子的，它输出的是电压脉冲。

使用光电倍增管时，在各个倍增电极上均加上电压。阴极电位最低，从阴极开始，各个倍增电极的电位依次升高，阳极电位最高。同时这些倍增电极用次级发射材料制成，这种材料在具有一定能量的电子的轰击下，能够产生更多的“次级电子”。由于相邻两个倍增电极之间有电位差，因此，存在加速电场对电子加速。从阴极发出的光电子，在电场的加速下，打到第1个倍增电极上，引起二次电子发射。每个电子能从这个倍增电极上打出3~6倍个次级电子，被打出来的次级电子再经过电场的加速后，打在第2个倍增电极上，电子数又增加为3~6倍，如此不断倍增，阳极最后收集到的电子数将达到阴极发射电子数的10^5~10^6倍，即光电倍增管的放大倍数可达到几万倍到几百万倍。因此，光电倍增管的灵敏度比普通光电管高几万倍到几百万倍，在极微弱的光照时，就能产生很大的光电流。

光电倍增管的光谱特性与相同材料的光电管的光谱特性很相似。下面对光电倍增管的另外几个主要参数进行介绍。

(1) 倍增系数 M

倍增系数 M 等于各倍增电极的二次电子发射系数 δ_i 的乘积。如果 n 个倍增电极的 δ_i 都

一样，则 $M=\delta_i^n$，因此，阳极电流 I 为

$$I=iM=i\delta_i^n \tag{9-4}$$

式中 I——光电阳极的光电流；

i——初始光电流。光电倍增管的电流放大倍数为

$$\beta=\frac{I}{i}=\delta_i^n=M \tag{9-5}$$

M 与所加电压有关，M 一般为 $10^5\sim10^8$。如果电压有波动，倍增系数也会波动，因此，M 具有一定的统计涨落。一般阳极和阴极之间的电压为 1000～2500V。两个相邻的倍增电极的电位差为 50～100V。因此，所加的电压越稳越好，这样可以减少 M 的统计涨落，从而减小测量误差。

（2）光电阴极灵敏度和光电倍增管总灵敏度

一个光子在阴极上能够打出的平均电子数叫作光电阴极的灵敏度。入射一个光子在阴极上，最后在阳极上能收集到的平均电子数叫作光电倍增管的总灵敏度。

光电倍增管的实际放大倍数或灵敏度如图 9-6 所示。它的最大灵敏度可达 10A/lm，极间电压越高，灵敏度越高。但极间电压也不能太高，太高反而会使阳极电流不稳。另外，由于光电倍增管的灵敏度很高，所以不能受强光照射，否则易于损坏。

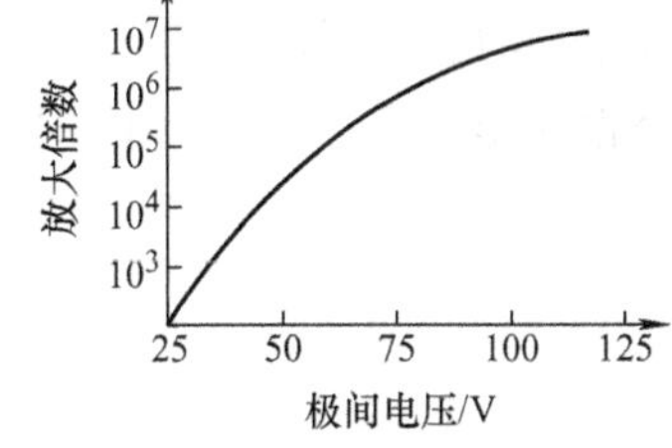

图 9-6 光电倍增管的特性曲线

（3）暗电流

一般在使用光电倍增管时，必须把管放在暗室里避光使用，使其只对入射光起作用。但是，由于环境温度、热辐射和其他因素的影响，即使没有光信号输入，加上电压后阳极仍有电流，这种电流称为暗电流。暗电流主要由热电子发射引起，它随温度增加而增加。不过暗电流通常可以用补偿电路加以消除。

3. 光敏电阻

光敏电阻又称光导管，是一种均质半导体光电器件。它具有灵敏度高、光谱响应范围宽、体积小、质量轻、力学强度高，耐冲击、耐振动、抗过载能力强和寿命长等特点。

当光照射到光电导体上时，若光电导体为本征半导体材料，而且光辐射能量又足够强，光导材料价带上的电子将激发到导带上去，从而使导带的电子和价带的空穴增加，致使光导体的电导率变大。为实现能级的跃迁，入射光的能量必须大于光导材料的禁带宽度 E_g（单位为 eV），即

$$h\nu=\frac{hc}{\lambda}=\frac{1.24}{\lambda}\geqslant E_g \tag{9-6}$$

式中 ν——入射光的频率；

λ——入射光的波长。

也就是说，一种光电导体，存在一个照射光的波长限 λ_c，只有波长小于 λ_c 的光照射在光电导体上，才能产生电子在能级间的跃迁，从而使光电导体电导率增加。

光敏电阻常用硫化镉（CdS）制成。硫化镉光敏电阻的结构如图 9-7a 所示。绝缘衬底（陶瓷基座）上均匀地涂上一层具有光电效应的半导体材料硫化镉，称为光导层。

在光导层薄膜上蒸镀金或铟等金属，形成梳状电极（图 9-7b），然后接出引线并用带有玻璃的外壳严密地封装起来，以降低潮湿对灵敏度的影响。图 9-7c 是光敏电阻的符号表示。

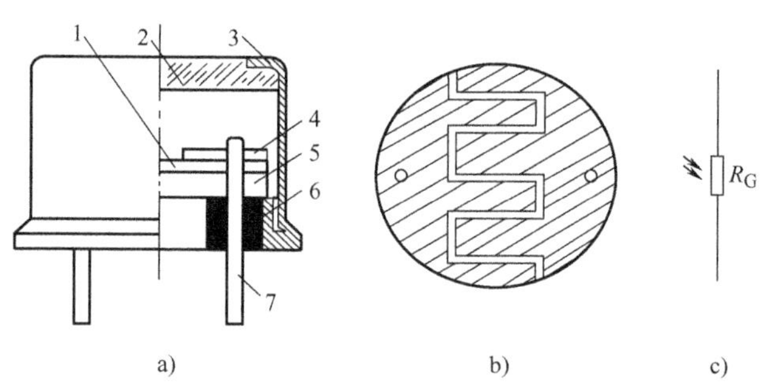

图 9-7 硫化镉光敏电阻的结构与符号
1—光导层 2—玻璃窗口 3—金属外壳 4—电极
5—陶瓷基座 6—黑色绝缘玻璃 7—电极引线

光敏电阻的灵敏度高、体积小、质量轻、性能稳定、价格便宜，因此应用广泛。

4. 光电二极管和光电晶体管

光电二极管是一种 PN 结单向导电性的结型光电器件，与一般半导体二极管类似，其 PN 结装在管的顶部，以便接受光照，上面有一个透镜制成的窗口，可使光线集中在敏感面上。光电二极管在电路中通常工作在反向偏压状态。其原理电路如图 9-8 所示。在无光照时，处于反偏的光电二极管，工作在截止状态，这时只有少数载流子在反向偏压的作用下渡越阻挡层，形成微小的反向电流即暗电流。

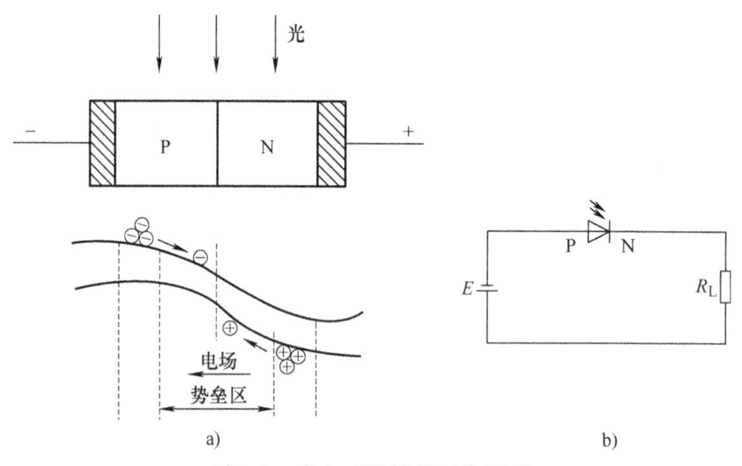

图 9-8 光电二极管的工作原理

当光电二极管受到光照时，PN 结附近受光子轰击，吸收其能量而产生电子-空穴对，从而使 P 区和 N 区的少数载流子浓度大大增加。因此在外加反偏电压和内电场的作用下，P 区少数载流子渡越阻挡层进入 N 区，N 区的少数载流子渡越阻挡层进入 P 区，从而使通过 PN 结的反向电流大为增加，形成了光电流。

光电晶体管与光电二极管的结构相似，内部有两个 PN 结。和一般晶体管不同的是它发射极一边做得很小，以扩大光照面积。当基极开路时，基极-集电极处于反偏。当光照射到 PN 结附近时，使 PN 结附近产生电子-空穴对，在内电场作用下，定向运动形成增大了的反向电流即光电流。由于光照射集电结产生的光电流相当于一般晶体管的基极电流，因此集电极电流被放大了$(\beta+1)$倍，从而使光电晶体管具有比光电二极管更高的灵敏度。

锗光电晶体管由于其暗电流较大，为使光电流与暗电流之比增大，常在发射极-基极之间接一电阻（约 5kΩ）。对应硅平面光电晶体管，由于暗电流很小（小于 10^{-9}A），一般不备有基极外接引线，仅有发射极、集电极两根引线。光电晶体管的原理和电路图如图 9-9 所示。

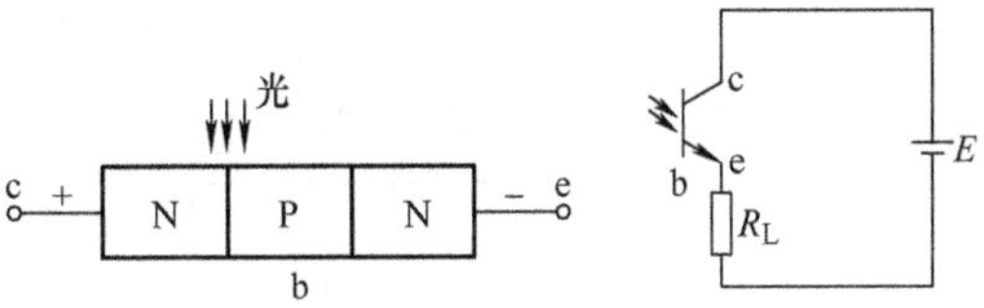

a) 原理图　　b) 电路图

图 9-9　光电晶体管的原理和电路图

5. 光电耦合器

光电耦合器是由发光元件和光电元件同时封装在一个壳体内组合而成的转换元件。光电耦合器的结构有金属密封型和塑料密封型两种。

金属密封型如图 9-10a 所示，采用金属外壳和玻璃绝缘的结构。在其中部对接，采用环焊以保证发光二极管和光电晶体管对准，以此提高其灵敏度。

塑料密封型如图 9-10b 所示，采用双立直插式用塑料封装的结构。管心先装于管脚上，中间再用透明树脂固定，具有集光作用，故此种结构灵敏度较高。

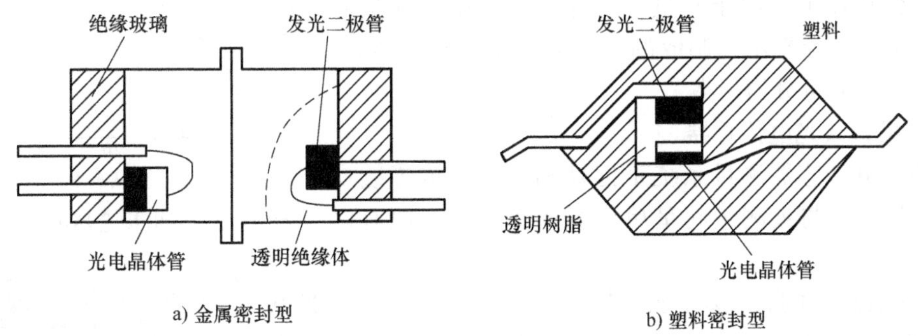

a) 金属密封型　　b) 塑料密封型

图 9-10　光电耦合器结构图

光电耦合器中的发光器件通常采用砷化镓发光二极管，它是一种半导体发光器件，与普通二极管一样，管心由一个 PN 结组成，具有单向导电的特性。当给 PN 结加以正向电压后，空间电荷区势垒下降，引起载流子的注入，P 区的空穴注入 N 区，注入的电子和空穴相遇而产生复合，释放出能量。对于发光二极管来说，复合时放出的能量大部分以光的形式出现。此光为单色光，对于砷化镓发光二极管来说波长为 0.94μm 左右。随着正向电压的提高，正向电流增加，发光二极管产生的光通量亦增加，其最大值受发光二极管最大允许电流的限制。

光电耦合器的组合形式有四种，如图 9-11 所示。

图 9-11a 所示的形式结构简单、成本低，通常用于 50kHz 以下工作频率的装置内。

图 9-11b 为采用高速开关管构成的高速光电耦合器，适用于较高频率的装置中。

图 9-11c 的组合形式采用了放大晶体管构成的高传输效率的光电耦合器，适用于接驱动和较低频率的装置中。

图 9-11d 为采用固体功能器件构成的高速、高传输效率的光电耦合器。

光电耦合器的特性曲线是输入发光元件和输出光电元件的特性曲线合成的。作为输入元件的砷化镓发光二极管与输出元件的硅光电晶体管合成的光电耦合器的特性曲线如图 9-12 所示。光电耦合器的输入量是直流电流 I_F，而输出量也是直流电流 I_C。从图中可以看出，

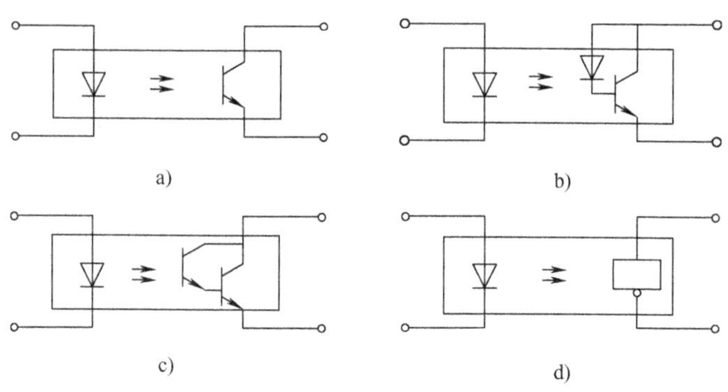

图 9-11　光电耦合器的组合形式

该器件的直线性较差，但可采用反馈技术对其非线性失真进行校正。

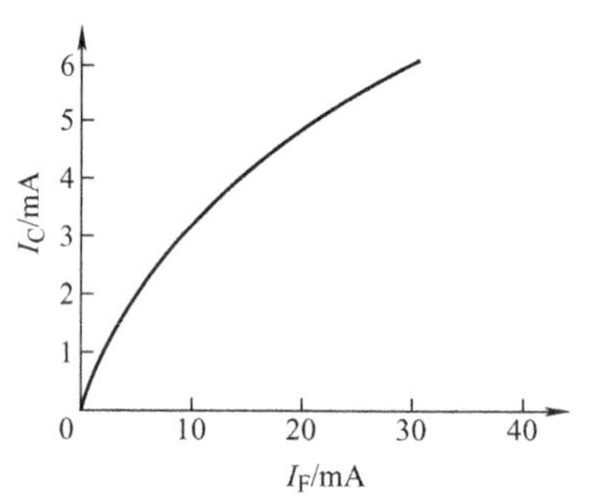

图 9-12　光电耦合器的特性曲线

6. 光电传感器的类型及应用

光电传感器可应用于测量多种非电量。由光通量对光电元件的作用原理不同制成的光学装置是多种多样的，按其输出量性质可分为两类。

（1）模拟式光电传感器

这类光电传感器测量系统是把被测量转换成连续变化的光电流，它与被测量间呈单值对应关系。一般有以下几种情况。

9.1.2(6)　(1)光电传感器的几种形式（模拟式光电传感器）

1）光辐射源本身是被测物，被测物发出的光通量射向光电元件，如图 9-13a 所示。这种形式的光电传感器可用于光电比色高温计中，它的光通量和光谱的强度分布均为被测温度的函数。

2）恒光源是白炽灯（或其他任何光源），光通量穿过被测物，部分被吸收后到达光电元件上，如图 9-13b 所示。吸收量决定于被测物介质中被测的参数。例如，测量液体浊度、气体的浑浊度的光电比色计。

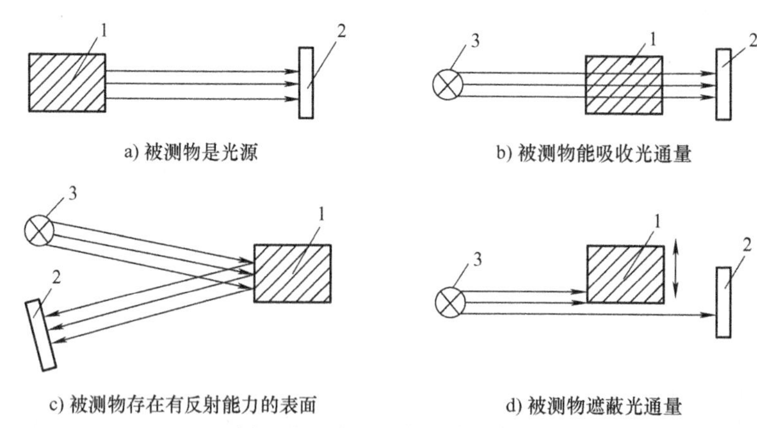

图 9-13　光电元件的应用形式

1—被测物　2—光电元件　3—光源

3）恒光源发出的光通量射到被测物，再从被测物体表面反射后投射到光电元件上，如图 9-13c 所示。被测体表面的反射条件决定于表面性质或状态，因此光电元件的输出信号是被测非电量的函数。例如，测量表面粗糙度等的仪器中的传感器等。

4）从恒光源发射到光电元件的光通量遇到被测物，被遮蔽了一部分，如图 9-13d 所示，由此改变了照射到光电元件上的光通量。在某些测量尺寸或振动等的仪器中，常采用这种传感器。

9.1.2(6)　(2)光电开关的类型及应用（开关式光电传感器）

9.1.2(6)　(2)光电式转速表（开关式光电传感器）

(2）开关式光电传感器

开关式光电传感器利用光电元件受光照或无关照时“有/无”电信号输出的特性，将被测量转换成断续变化的开关信号。开关式光电传感器对光电元件的灵敏度要求较高，而对光特性的线性度要求不高。此类传感器主要应用于零件或产品的自动记数、光控开关、电子计算机的光电输入设备、光电编码器以及光电报警等装置。

图 9-14 为光电式数字转速表的工作原理图。电动机转轴转动时，将带动调制盘转动，发光二极管发出的恒定光被调制成随时间变化的调制光，透光与不透光交替出现，光电元件间断地接收到透射光信号，输出电脉冲。经放大整形电路转换成方波信号，由数字频率计得到电动机的转速。若频率计的计数频率为 f，则电动机转速 $n=60f/z$，其中 z 为调制盘齿数。

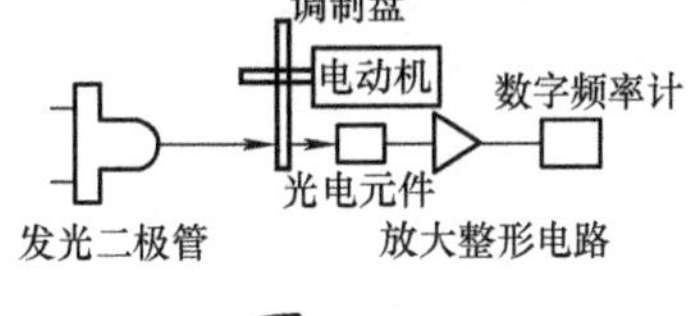

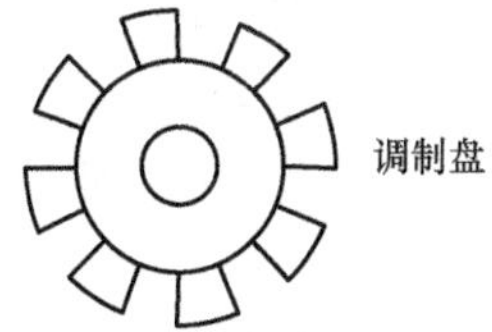

图 9-14　光电式数字转速表的工作原理

9.2　电荷耦合器件（CCD）

电荷耦合器件（Charge Coupled Device，CCD）以电荷转移为核心，是一种应用非常广泛的固体图像传感器，它是以电荷包的形式存储和传递信息的半导体表面器件，是在金属氧化物半导体（Metal Oxide Semiconductor，MOS）结构的电荷存储器的基础上发展起来的。CCD 的概念最初于 1970 年由美国贝尔实验室的 W. S. Boyle 和 G. E. Smith 提出，很快就推出各种实用的 CCD。由于它具有光电转换、信息存储和延时等功能，而且集成度高、功耗小，所以在固体图像传感、信息存储和处理方面得到广泛应用，诸如医疗、通信、天文以及工业检测与自动控制系统。

9.2.1　CCD 工作原理及特性

CCD 传感器由许多感光单元组成，通常以百万像素为单位，它使用一种高感光度的半导体材料制成，能够将光信号转变成电荷信号。当 CCD 表面受到光线照射时，每个感光单元将入射发光强度的大小以电荷数量的多少反映出来，这样所有感光单元所产生的信号组合在一起，构成了一幅完整的图像。CCD 不同于大多数以电流或电压为信号的器件，它是以电荷作为信号载体，CCD 的基本功能表现为信号电荷的产生、存储、传输和检出（即输出）。

1. 电荷的产生

电荷产生的方法主要分为光注入和电注入两类，CCD 传感器一般采用光注入方式。当光照射到 CCD 硅片上时，在栅极附近的半导体体内产生电子-空穴对，其多数载流子被栅极电压所排斥，少数载流子则被收集在势阱中形成信号电荷。

2. 电荷的存储

CCD 的基本单元是 MOS 结构，其作用是将产生的电荷进行存储。图 9-15a 中，栅极 G 电压为零，P 型半导体中的空穴（多数载流子）的分布是均匀的；图 9-15b 中，施加了正偏压 U_G（此时 U_G 小于 P 型半导体的阈值电压 U_{th}），在图 9-15b 中的空穴中产生了耗尽区；施加的电压继续增加，则耗尽区将进一步向半导体内延伸，如图 9-15c 所示，当 $U_G > U_{th}$ 时，以 Φ_S 表示半导体与绝缘体界面上的电动势，Φ_S 变得很高，以至于将半导体内的电子（少数载流子）吸引到表面，形成一层很薄但电荷浓度很高的反型层。反型层电荷的存在则表明了 MOS 结构存储电荷的功能。

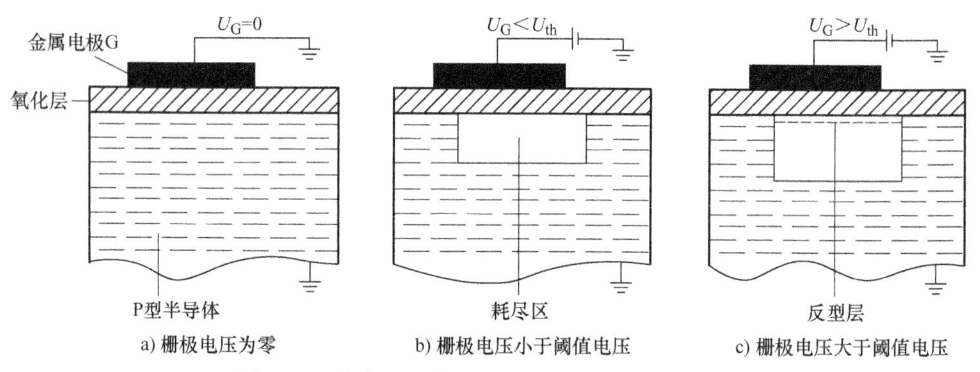

图 9-15　单个 CCD 栅极电压变化对耗尽层的影响

表面电动势 Φ_S 与反型层的电荷浓度 Q_{INV}、栅极电压 U_G 有关，Φ_S 与 Q_{INV} 之间存在反比例线性关系，由于氧化物与半导体的交界面处的势能最低，可以形象地说，半导体表面形成电子的“势阱”。电子被加有栅极电压的 MOS 结构吸引过去，没有反型层时，势阱的深度和 U_G 成正比，如图 9-16a 的情况；当反型层电荷填充势阱时，表面电动势收缩，如图 9-16b 所示；随着反型层电荷浓度的继续增加，势阱被填充更多，此时表面不再束缚多余的电子，电子将产生“溢出”现象，如图 9-16c 所示。

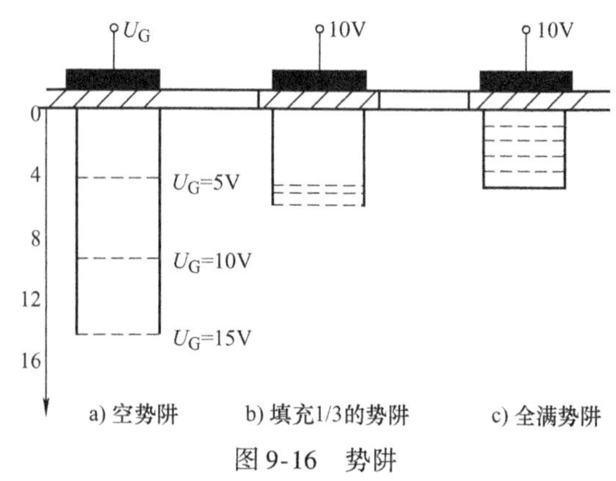

图 9-16　势阱

3. 电荷的转移

通过按一定的时序在电极上施加高低电平，可以实现电荷在相邻势阱间的转移，图 9-17 表示三相 CCD 势阱中电荷的转移过程。

图 9-17 中，CCD 的 4 个电极彼此靠得很近，假定开始在偏压为 10V 的电极 1 下面的深势阱中，其他电极加有大于阈值的较低电压（如 2V），如图 9-17a 所示；一定时间后，电极 2 由 2V 变为 10V，其余电极保持不变，如图 9-17b 所示，因为电极 1、2 靠得很近（间隔只

有几微米)，它们各自的对应势阱将合并在一起，原来在电极 1 下的电荷变为电极 1、2 共有，如图 9-17c 所示；此后，电极 1 上的电压由 10V 变为 2V，电极 2 上 10V 不变，如图 9-17d 所示，电荷就将慢慢转移到电极 2 下的势阱中；最后电极 1 下的电荷就转移到了电极 2 下，如图 9-17e 所示，由此深势阱及电荷包向右转移了一个位置。

为了实现转移，CCD 电极间的间隙必须很小，电荷才能不受阻碍地从一个电极转移到相邻电极下，电极间的间隙大小由电极结构、表面态密度等因素决定。

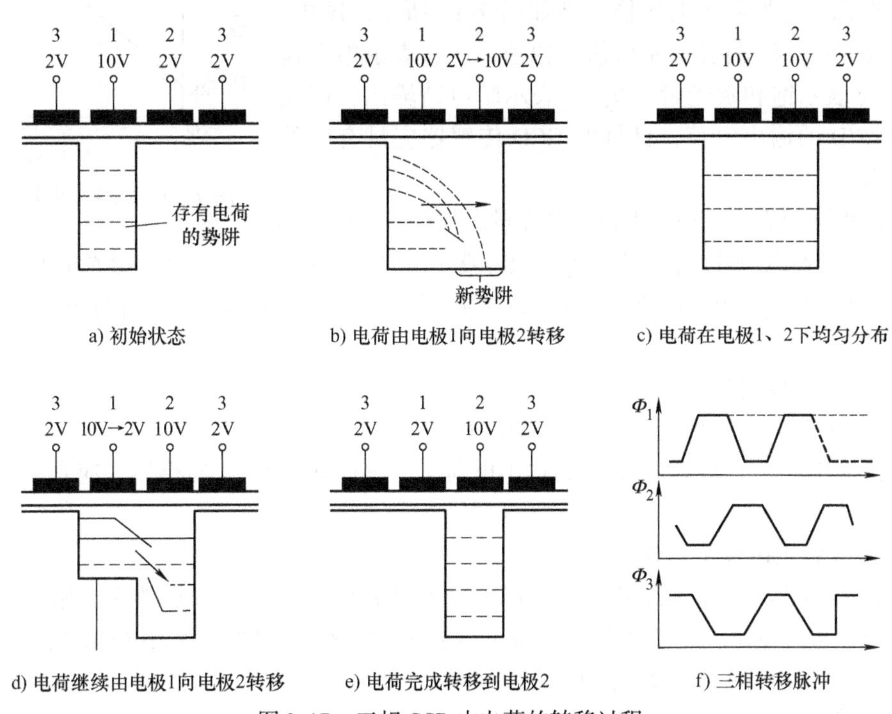

图 9-17 三相 CCD 中电荷的转移过程

4. 电荷的输出

电荷的输出是指在电荷转移通道的末端，将电荷信号转换为电压或电流信号输出，也称为电荷的检出。目前 CCD 的主要输出方式有电流输出、浮置扩散放大输出和浮置栅极放大输出。

以电流输出方式为例，如图 9-18 所示，当信号电荷在转移脉冲的驱动下向右转移到末电极的势阱中后，Φ_2 电极电压由高变低，由于势阱的提高，信号电荷将通过输出栅(加有恒定电压）下的势阱进入反向偏置的二极管（图中 N^+ 区）。由 U_D、电阻 R、衬底 P 和 N^+ 区构成的反向偏置二极管相当于一个深势阱，进入反向偏置二极管中的电荷，将产生输出电流 I_D，I_D 的大小与注入二极管中的信号电荷量 Q_S 成正比。由于 I_D 的存在，使得 A 点的电位发生变化；I_D 增大，A 点的电位降低，CCD 的电流输出模式即是

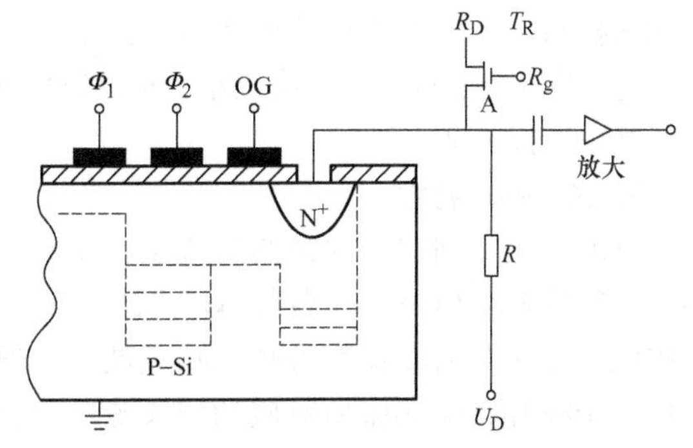

图 9-18 CCD 电流输出模式结构示意图

用隔直电容将 A 点的电位变化取出，经放大器输出。

9.2.2 CCD 的性能参数

CCD 的性能参数包括灵敏度、分辨力、信噪比、光谱响应、动态范围、暗电流等，CCD 性能的优劣可由上述参数来衡量。

1. 光电转换特性

CCD 图像传感器的光电转换特性如图 9-19 所示。图中，横轴表示曝光量，纵轴表示输出信号幅值，Q_{SAT} 表示饱和输出电荷，H_S 表示饱和曝光量，Q_{DARK} 表示暗电荷输出，即无光照射时 CCD 的输出电荷，良好的 CCD 传感器应具有低的暗电荷输出。

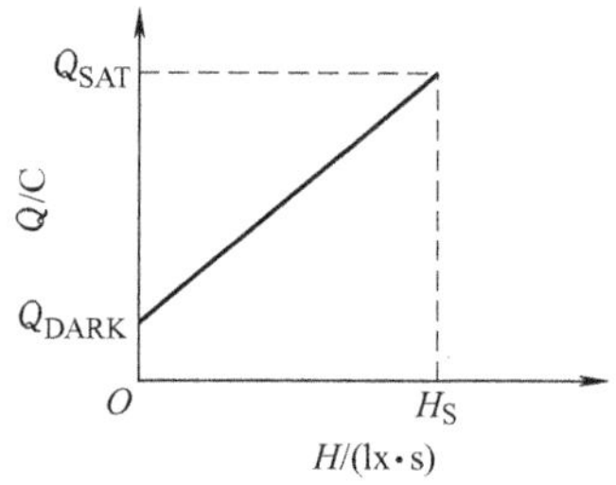

图 9-19　CCD 光电转换特性

由图 9-19 可以看出，输出电荷与曝光量之间有一线性工作区域，在曝光量不饱和时，输出电荷 Q 正比于曝光量 H，当曝光量达到饱和曝光量 H_S 后，输出电荷达到饱和值 Q_{SAT}，并不随曝光量增加而增加。曝光量等于光照度乘以积分时间，即

$$H = ET_{int} \tag{9-7}$$

式中　E——光照度（lx）；

T_{int}——积分时间，即起始脉冲的周期（s）。

暗电荷输出为无光照射时 CCD 的输出电荷。一只良好的 CCD 传感器，应具有低的暗电荷输出。

2. 灵敏度和灵敏度不均匀性

CCD 传感器的灵敏度或称量子效率标志着器件光敏区的光电转换效率，用在一定光谱范围内，单位曝光量下器件输出的电流或电压表示。实际上，图 9-19 中 CCD 光电转换特性曲线的斜率就是器件的灵敏度 S，可得

$$S = (Q_{SAT} - Q_{DARK})/H_S \tag{9-8}$$

理想情况下，CCD 器件受均匀光照时，输出信号幅度完全一样。实际上，由于半导体材料不均匀和工艺条件的影响，在均匀光照下，CCD 器件的输出幅度出现不均匀现象，通常用 NU 值表示其不均匀性，定义如下：

$$NU = \pm\frac{\text{输出最大值} - \text{输出最小值}}{\text{输出最大值} + \text{输出最小值}} \times 100\% \tag{9-9}$$

显然，我们把工作点选择在光电转换特性曲线的线性区域内（可通过调整光强或积分时间来控制）且工作点接近饱和点，但最大发光强度又不进入饱和区，这样 NU 值减小，S 均匀性增加，提高了光电转换精度。

3. 光谱响应特性

CCD 对于不同波长的光的响应度是不相同的。光谱响应特性表示 CCD 对于各种单色光的相对响应能力，其中响应度最大的波长称为峰值响应波长。通常把响应度等于峰值响应 50% 所对应的波长范围称为波长响应范围。图 9-20 给出了使用硅衬底的不同像元结构的

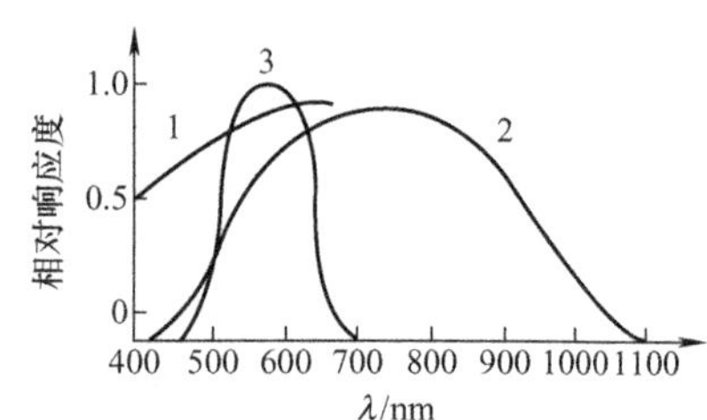

图 9-20　CCD 光谱响应曲线
1—光电二极管像源
2—光电 MOS 管像源　3—人眼

光谱响应曲线。CCD 器件的光谱响应范围基本上是由使用的材料性质决定的，但是也与器件的光敏元结构和所选用的电极材料有密切关系。目前，大多数 CCD 器件的光谱响应范围为 400～1100nm。

4. 暗电流特性和动态范围

CCD 器件在既无光注入又无电注入的情况下的输出信号称为暗信号，它是由暗电流引起的。产生暗电流的原因在于半导体的热激发，主要包括 3 部分：

1）耗尽层产生复合中心的热激发。

2）耗尽层边缘的少数载流子的热扩散。

3）界面上产生中心的热激发。

其中第 1）项的影响是主要的，所以暗电流受温度的强烈影响且与积分时间成正比。暗电流的存在，每时每刻地加入到信号电荷包中，与图像信号电荷一起积分，形成一个暗信号图像，称为固定图像噪声。它叠加到光信号图像上，降低了图像的分辨力。另外，暗电流的存在会占据 CCD 势阱的容量，降低器件的动态范围。为了减少暗电流的影响，应当尽量缩短信号电荷的积分时间和转移时间。

CCD 传感器的动态范围 DR 是指饱和输出信号与暗信号的比值。

5. 分辨力

分辨力是用来表示能够分辨图像中明暗细节的能力。分辨力通常有两种不同的表示方式：一种是极限分辨力；另一种是调制传递函数。

极限分辨力是指人眼能够分辨的最细线条数，通常用每毫米线对数来表示（一黑一白两个线条称为线对）。用人眼分辨的方法带有很大的主观性，为了客观地表示 CCD 传感器的分辨力，一般采用调制传递函数（Modulation Transfer Function，MTF）来表示。

设调幅波信号的最大值为 A_{max}，最小值为 A_{min}，平均值为 A_0，振幅为 A_m，如图 9-21 所示，调制度定义为调幅波信号通过器件传递输出后，通常调制度要受到损失而减小。一般来说，调制度随空间频率增加而减小。

$$M=(A_{max}-A_{min})/(A_{max}+A_{min}) \tag{9-10}$$

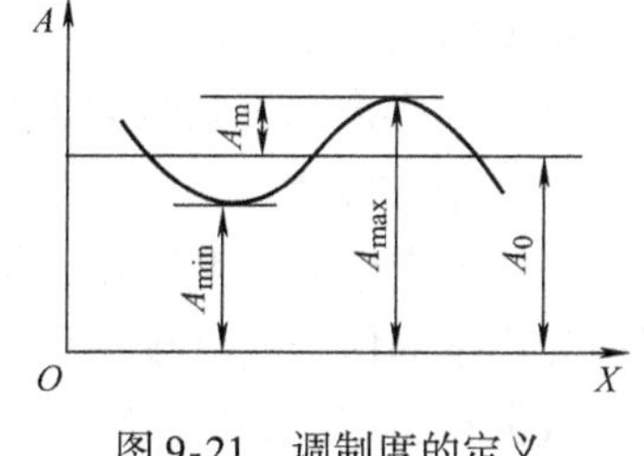

图 9-21　调制度的定义

调制传递函数（MTF）定义为：在各个空间频率下，CCD 器件的输出信号的调制度 $M_{out}(v)$ 与输入信号的调制度 $M_{in}(v)$ 的比值：

$$MTF(v)=M_{out}(v)/M_{in}(v) \tag{9-11}$$

式中　v——空间频率。

调制传递函数能够客观地反映 CCD 器件对于不同频率的目标成像的清晰程度。随着空间频率的增加，*MTF* 值减小。当 *MTF* 减小到某一值时，图像就不能够清晰分辨，该值对应的空间频率为图像传感器能分辨的最高空间频率。

实际上，调制传递函数不仅与空间频率有关，还受入射光波长的影响。空间频率一定时，波长增加，*MTF* 值下降。

6. 转移效率和工作频率

（1）转移效率

CCD 中电荷包从一个势阱转移到另一个势阱时转移效率定义为

$$\eta = Q_1/Q_0 \tag{9-12}$$

式中　Q_1——转移一次的电荷量；

Q_0——原始电荷量。

同样可定义转移损耗为

$$\varepsilon = 1 - \eta \tag{9-13}$$

当信号电荷进行 N 次转移时，总效率为

$$\frac{Q_N}{Q_0} = \eta^N = (1-\varepsilon)^N \tag{9-14}$$

由于 CCD 中的电荷要进行成百上千次转移，因此，要求转移效率必须达到 99.00% ~ 99.999%。

（2）工作频率

CCD 器件的下限工作频率主要受暗电流限制。为了避免热生少数载流子对注入电荷或光生电荷的影响，电荷从一个电极转移到另一个电极所用的时间必须小于载流子的寿命 τ。对于三相 CCD，转移时间为

$$t = \frac{T}{3} = \frac{1}{3f} < \tau \text{ 即 } \tau > \frac{1}{3f} \tag{9-15}$$

CCD 器件的上限工作频率主要受电荷转移快慢限制。电荷在 CCD 相邻像元之间移动所需要的平均时间，称为转移时间。为了使电荷有效转移，对于三相 CCD，其转移时间应为

$$t \leqslant \frac{T}{3} = \frac{1}{3f} \quad \text{即} \quad f \leqslant \frac{1}{3t} \tag{9-16}$$

7. CCD 的噪声

CCD 的噪声源可归纳为 3 类：散粒噪声、暗电流噪声和转移噪声。

（1）散粒噪声

光注入光敏区产生信号电荷的过程可以看作是独立、均匀连续发生的随机过程。单位时间内光产生的信号电荷数并非绝对不变，而是在一个平均值上做微小波动，这一微小的起伏便形成散粒噪声，又称白噪声。散粒噪声的一个重要性质是与频率无关，在很宽的范围内都有均匀的功率分布。散粒噪声功率等于信号幅度，故散粒噪声不会限制器件的动态范围，但是它决定了 CCD 器件的噪声极限值，特别是当器件在低照度、低反差情况下时，如果采用了一切可能的措施降低各种噪声，光子噪声便成为主要的噪声源。

（2）暗电流噪声

暗电流噪声可以分为两部分：一是耗尽层热激发产生，可用泊松分布描述；二是复合产生中心非均匀分布，特别是在某些单元位置上形成暗电流尖峰。由于器件时各个信号电荷包的积分地点不同，读出路径也不同，这些尖峰对各个电荷包贡献的电荷量不等，于是形成很大的背景起伏，这就是常称的固定图像噪声的起因。

（3）转移噪声

转移噪声产生的主要原因有：转移损失引起的噪声、界面态俘获引起的噪声和体态俘获引起的噪声。输出结构采用浮置栅放大器，噪声最小。

9.2.3　CCD 器件

1. CCD 图像传感器的原理

CCD 图像传感器是利用 CCD 的光电转移和电荷转移的双重功能。当一定波长的入射光照射 CCD 时，若 CCD 的电极下形成势阱，则光生少数载流子就积聚到势阱中，其数目与光照时间和发光强度成正比。使用时钟控制将 CCD 的每一位下的光生电荷依次转移出来，分别从同一输出电路上检测出，则可以得到幅度与各光生电荷包成正比的电脉冲序列，从而将照射在 CCD 上的光学图像转移成了电信号“图像”。由于 CCD 能实现低噪声的电荷转移，并且所有光生电荷均通过一个输出电路进行检测，具有良好的一致性，因此，对图像的传感具有优越的性能。

CCD 图像传感器可以分为线列和面阵两大类，它们各具有不同的结构和用途。

2. CCD 线列图像器件

CCD 线列图像器件由光敏区、转移栅、模拟移位寄存器（即 CCD）、胖零（即偏置）电荷注入电路、信号读出电路等几部分组成。图 9-22 是一个有 N 个光敏单元的线列 CCD 图像传感器件。器件中各部分的功能及器件的工作过程分述如下。

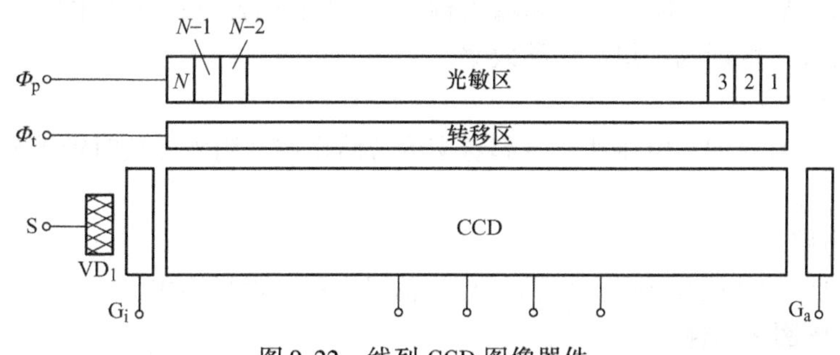

图 9-22　线列 CCD 图像器件

（1）光敏区

N 个光敏单元排成一列。如图 9-23 所示，光敏单元为 MOS 电容结构（目前普遍采用 PN 结构）。透明的低阻多晶硅薄条作为 N 个 MOS 电容（即光敏单元）的共同电极，称为光栅 Φ_P。MOS 电容的低电极为半导体 P 型单晶硅，在硅表面，相邻两光敏单元之间用沟阻隔开，以保证 N 个 MOS 电容互相独立。

器件其余部分的栅极也为多晶硅栅，但为避免非光敏区“感光”，除光栅外，器件的所有栅区均以铝层覆盖，以实现光屏蔽。

（2）转移区

转移栅 Φ_t 与光栅 Φ_P 一样，同样是狭长细条。转移区位于光敏区和 CCD 之间，它是用来控制光敏势阱中的信号电荷向 CCD 中转移。

（3）模拟移位寄存器（即 CCD）

CCD 有二相、三相、四相几种结构，现以四相结构为例进行讨论。一、三相为转移相，二、四相为存储相。在排列上，N 位 CCD 与 N 个光敏单元对齐，最靠近输出端的那位 CCD 称第一位，对应的光敏单元为第一个光敏单元，依此类推。各光敏单元通向 CCD 的各转移沟道之间由沟阻隔开，而且只能通向每位 CCD 中某一个相，如图 9-24 所示，只通向每位

CCD 的第二相，这样可防止各信号电荷包转移时可能引起的混淆。

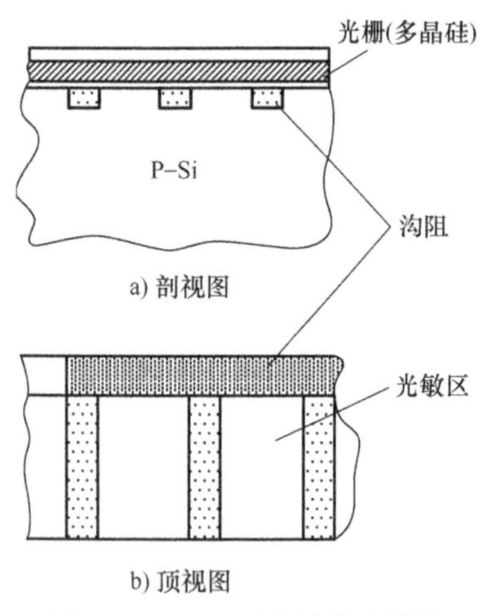

b) 顶视图

图 9-23 MOS 型光敏单元结构

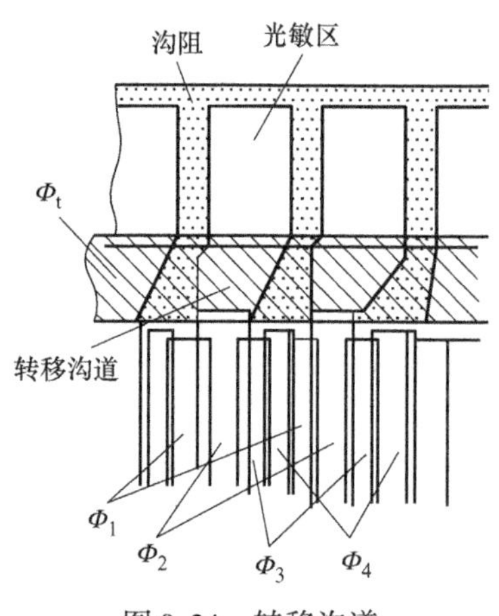

图 9-24 转移沟道

（4）偏置电荷注入电路

由输入二极管VD_1（通称为源）和输入栅 G_i 组成的偏置电荷注入电路，用来注入胖零信号，以减小界面态的影响，提高转移效率。

（5）输出栅 G_a

输出栅工作在直流偏置电压状态，起着交流旁路作用，用来屏蔽时钟脉冲对输出信号的干扰。

（6）输出电路

CCD 输出电路的功能是将信号电荷转移为信号电压，然后输出。

3. CCD 面阵图像器件

面阵图像器件的感光单元呈二维矩阵排列，组成感光区。面阵图像器件能够检测二维 CCD 面阵图像器件的平面图像。常见的传输方式有行传输、帧传输和行间传输三种。由于传输和读出的结构不同，面阵图像器件有许多种类型。

行传输（LT）面阵 CCD 的结构如图 9-25a 所示，它由行选址电路、感光区、输出寄存器（即普通结构的 CCD）组成。当感光区光积分结束后，由行选址电路一行一行地将信息电荷通过输出寄存器转移到输出端。行传输的缺点是需要的时钟电路（即行选址电路）较复杂，并且在电荷传输转移过程中，光积分还在进行，会产生“拖影”，因此，这种结构采用较少。

帧传输（FT）面阵 CCD 的结构如图 9-25b 所示，它由感光区、暂存区、输出寄存器组成。工作时，在感光区光积分结束后，先将信号电荷从感光区迅速转移到暂存区，暂存区表面具有不透光的覆盖层。然后再从暂存区一行一行地将信号电荷通过输出寄存器转移到输出端。这种结构的时钟要求比较简单，它对“拖影”问题比行传输虽有所改善，但同样是存在的。

行间传输（IT）面阵 CCD 的结构如图 9-25c 所示，感光列和暂存列相间排列。在感光列结束光积分后同时将每列信号电荷转移入相邻的暂存列中，然后再进行下一帧图像的光积分，同时将暂存列中的信号电荷逐列通过输出寄存器转移到输出端。行间传输结构具有良好的图像抗混淆性能，即图像不存在“拖影”，但不透光的暂存转移区降低了器件的收光效率，并且这种结构不适宜光从背面照射。

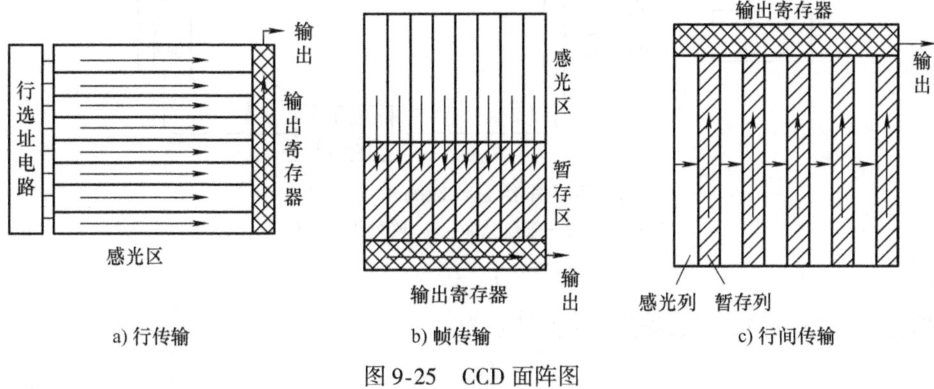

图 9-25　CCD 面阵图

9.2.4　CCD 传感器的应用

CCD 传感器可广泛地应用于摄像、信号检测等领域。如前所述，这些阵列光电器件有线列和面阵两种，线列光电器件可传感一维的图像，面阵光电器件则可以感受二维的平面图像，它们各具有不同的用途。

1. 尺寸检测

在自动化生产线上，经常需要进行物体尺寸的在线检测，例如零件的尺寸检验、轧钢厂钢板宽度的在线检测和控制等。利用阵列光电器件，即可实现物体尺寸的高精度非接触检测。

（1）微小尺寸的检测

微小尺寸的检测通常用于对微隙、细丝或小孔的尺寸进行检测。例如，在游丝轧制的精密机械加工中，要求对游丝的厚度进行精密的在线检测和控制。而游丝的厚度通常只有 10～20μm。

对微小尺寸的检测一般采用激光衍射的方法。当激光照射细丝或小孔时，会产生衍射图像，用阵列光电器件对衍射图像进行接收，测出暗纹的间距，即可计算出细丝或小孔的尺寸。

对于细丝尺寸检测的结构图如图 9-26 所示。由于 He-Ne 激光器具有良好的单色性和方向性，当激光照射到细丝时，满足远场条件，在 $L \gg a^2/\lambda$ 时，就会得到夫琅禾费衍射图像，由夫琅禾费衍射理论及互补定理可推导出衍射图像暗纹的间距 d 为

$$d = \frac{L\lambda}{a} \tag{9-17}$$

式中　L——细丝到接收阵列光电器件的距离；

λ——入射激光波长；

a——被测细丝直径。

用阵列光电器件将衍射光强信号转移为脉冲电信号，根据两个幅值为极小值之间的脉冲数 N 和阵列光电器件单元的间距 l，即可算出衍射图像暗纹之间的间距为

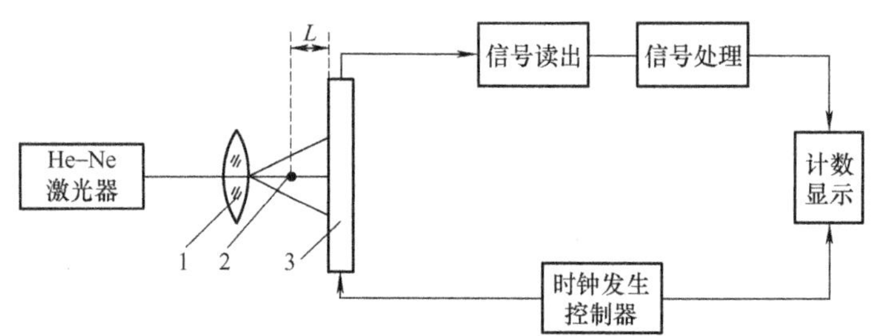

图 9-26　细丝直径检测系统结构

1—透镜　2—细丝截面　3—阵列光电器件

$$d = Nl \tag{9-18}$$

根据式(9-17) 可知，被测细丝的直径 a 为

$$a = \frac{L\lambda}{d} = \frac{L\lambda}{Nl} \tag{9-19}$$

由于各种阵列光电器件存在噪声，在噪声影响下，输出信号在衍射图形暗纹峰值附近有一定的失真，从而会影响检测精度。应采取相应办法减小噪声影响，提高检测精度。

（2）物体轮廓尺寸的检测

阵列光电器件除了可以测量物体的一维尺寸外，还可以用于检测物体的形状、面积等参数，以实现对物体的形状识别或轮廓尺寸检验。轮廓尺寸的检测方法有两种：一种是投影法，如图 9-27a 所示，光源发出的平行光透过透明的传送带照射所测物体，将物体轮廓投影在阵列光电器件上，对阵列光电器件的输出信号进行处理后即可得到被测体的形状和尺寸；另一种检测方法是成像法，如图 9-27b 所示，通过成像系统将被测工件成像在阵列光电器件上，同样可以测出物体的尺寸和形状。投影法的特点是图像清晰、信噪比高，但需要设计产生平行光的光源。成像法不需要专门的光源，但被测物要有一定的辉度，并且需要设计成像光学系统。

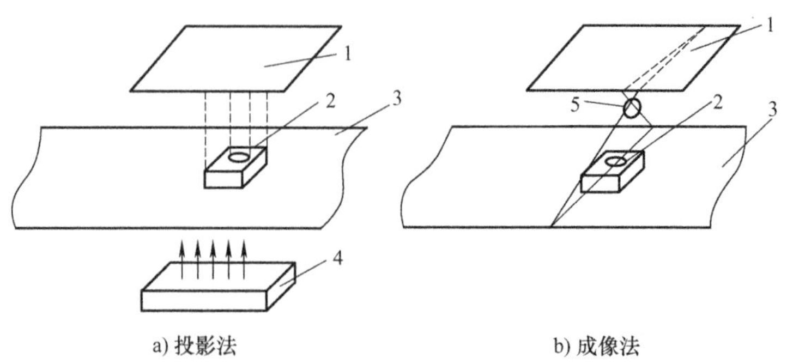

图 9-27　物体轮廓尺寸检测原理图

1—阵列光电器件　2—被测物体　3—传送带　4—光源　5—成像透镜

用于轮廓尺寸检测的阵列光电器件可以是线列，也可以是面阵。在用线列光电器件时，传送带必须以恒定速度传送工件，并向阵列光电器件提供同步检测信号，由线列光电器件一行一行地扫描到物件完全经过后得到一个完整的图像输出。采用面阵光电器件时，只需要进行一次“曝光”。并且，只要物像不超出面阵的边缘，则检测精度不受物体与阵列光电器件

之间相对位置的影响。因此，采用面阵光电器件时不仅可以提高检测速度，而且检测精度也比用线列光电器件高得多。

2. 表面缺陷检测

在自动化生产线上，经常需要对产品的表面质量进行检测，以作为产品质量检验的一个方面，或者作为控制的反馈信号。采用阵列光电器件进行物体表面检测时，根据不同的检测对象，可以采用不同的方法。

（1）透射法

透明体的缺陷检测常用于透明胶带、玻璃等拉制生产线中。检测方法可用透射法，如图9-28所示。它类似于物件轮廓尺寸的检测，用一平行光源照射被测物体，透射光由成像系统的线列光电器件接收。当被测物体以一定的速度经过时，线列进行连续的扫描。若被测物体中存在气泡、针孔或夹杂物时，线列的输出将会出现“毛刺”或尖峰信号，采用微型计算机对数据进行适当的处理即可进行质量检验或发出控制信号。该方法还可应用于非透明体和磁带上的针孔检测。

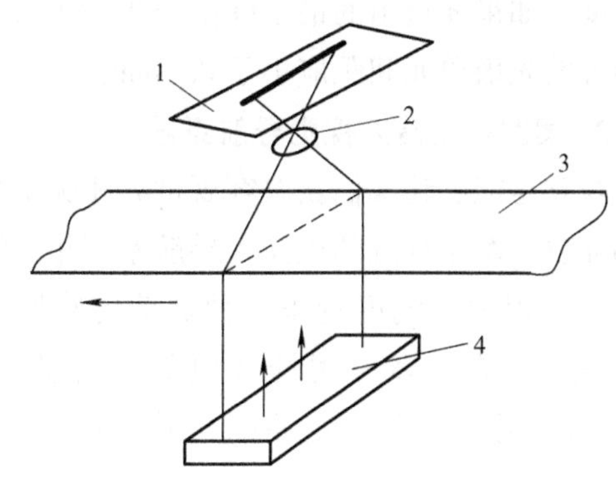

图9-28　透明体的缺陷检测

1—线列光电器件　2—成像透镜　3—被测物体　4—光源

（2）反射法

反射法进行表面缺陷检测的结构如图9-29所示。光源发出的光照射被测表面，反射光经成像系统成像到线列光电器件上。被测体表面若存在划痕或疵点，将由线列光电器件检出。若检测环境有足够的亮度，则也可不用光源照明，直接用成像系统将被测物体表面成像在阵列光电器件上。图9-30所示的成像法检验零件表面质量的系统结构，用两个线列光电器件同时监视一对零件。假设在两个零件表面的同样位置不可能出现相同的疵点，则可以将两个线列的输出进行比较，若两个线列的输出出现明显的不同，则说明这两个零件中至少有一个零件表面存在疵点。实际应用中，可将两个线列的输出用比较器比较，若比较器的输出超过某一阈值，则说明被检测的一对零件中至少有一个表面质量不符合要求。

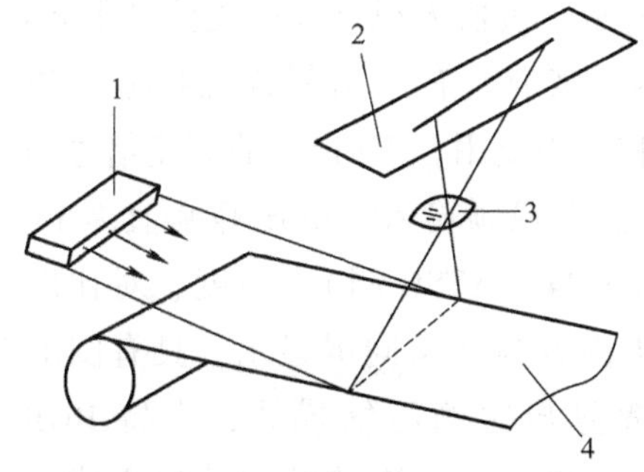

图9-29　表面缺陷的反射检测法

1—光源　2—线列光电器件　3—成像透镜　4—被测物体

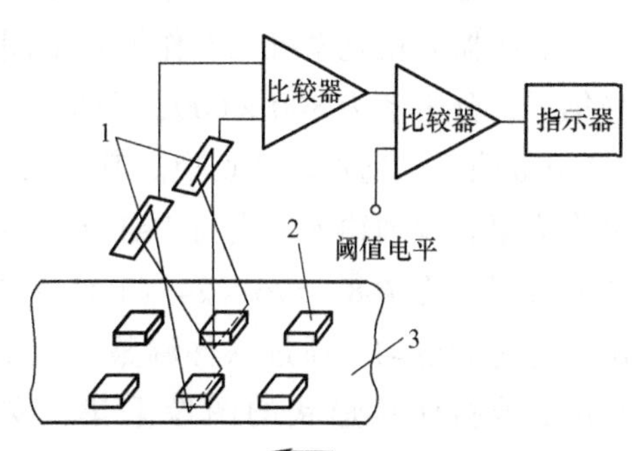

图9-30　零件表面的质量检测

1—线列光电器件　2—被测物体　3—传送带

在需要照明的检测场合，理想的光源是发光均匀的直流光源，但直流光源需要大功率的直流电源，因此，也可采用交流供电的钨光源代替直流光源。此时，应在线列的输出信号后加上滤波器，以滤掉 50Hz 的发光强度变化。

表面缺陷检测系统的分辨力取决于缺陷与背景之间的反差及成像系统的分辨力和线列像元的间距。假设缺陷周围图像间有明显的反差，则一般要求缺陷图像应至少覆盖两个光敏单元。例如，要检出铝带上的划痕或疤痕，能否检出取决于划痕与周围金属的镜面反射特性差异程度。如果要检出的最小缺陷宽度为 0.4mm，成像系统放大倍数为 2 倍，则要求线阵光电器件的光敏单元间距应小于 0.1mm。

3. 案例：机器人视觉导航系统

视觉是能够让人们获取客观世界相关信息的一种感知。近年来，计算机视觉技术不断发展和完善，基于视觉的机器人导航系统正逐渐成为现实，并不断取得新的进展。

一个视觉系统可看作一种被动传感器，与看作主动传感器的红外、激光和声呐等传感器相比，在许多应用场合更具有优势。被动传感器（如摄像头）通过发射光或波来获取数据而不会改变环境，并且所获得的图像中包含更多的信息（如空间和时间信息）。

基于视觉的机器人导航是一种利用视觉传感器来引导机器人移动的技术。一般说来，基于视觉的机器人具有一个能够感知外界环境的视觉系统。

设计机器人视觉系统大致有两条途径。一条途径是将视觉传感器安装在机器人车体上。机载视觉系统的主动性高、灵活性强，但是动态视觉技术难度相当大，还需要功能强大的计算机支持，就目前所掌握的技术，多数单位做不到。另一条途径是视觉传感器静止，让它起到全局监控的作用，如比赛的规则的设计与制作。机器人视觉系统的组成如图 9-31 所示，由全程摄像机、下位机和控制软件（控制程序、视觉数据库）等组成。一般来说，机器人赛场的照明条件是不可控的，但照明方式对视觉系统的方案和是否实施成功起关键的作用。

CCD 摄像机的优点很多，是比赛机器人最适合的视觉输入方式。CCD 摄像机可以是一维的（线列），也可以是二维的（面阵），比赛机器人常采用后者。在视觉数据库里存放着比赛场地的虚拟地图，将整个场地分割为若干规则的场地，对各个目标分别做不同的标记。机器人视觉系统的工作原理框图如图 9-32 所示。机器人视觉系统硬件采用 CG-300 采集卡，分辨率为 800 × 600，采集频率为 30 帧/s。该卡具有三路复合视频输入和一路 S-Video 输入，通过软件切换。其中第一路为音频和视频复用，S-Video 的亮度信号输入也可作为复合视频输入，支持 PAL 制、NTSC 制或者黑白视频输入，电压峰峰值为 1V。图像的分辨率为 768 ×576 × 24（PAL 制）及 640 × 4 × 24（NTSC 制）。亮度、对比度、色调、色饱和度均可通过软件调整。板卡支持计算机内容与图像同屏显示，具有图形覆盖功能，支持任意形状的图像采集，支持图像的裁剪与比例压缩模式，支持 RGB888、RGB565、RGB555 及 256 色模式，支持单场、单帧、连续场、连续帧的采集方式，支持单声道音频采集。

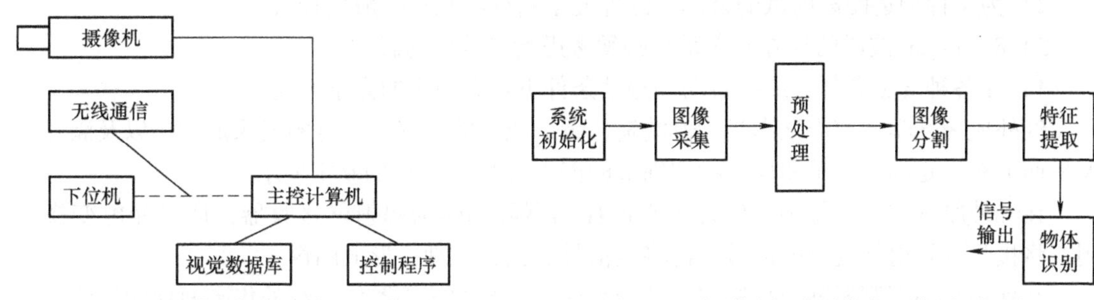

图 9-31 机器人视觉系统的组成

图 9-32 机器人视觉系统的工作原理框图

9.3 红外凝视成像系统

在红外成像系统中，多采用红外焦平面探测器阵列，相比于单元探测器和线列探测器，它具有体积小、功耗低、探测器面宽、可同时监视多个目标等优点。由于红外焦平面探测器阵列由排成矩阵形的许多微小探测单元组成，在一次成像时间内可对一定的区域成像，真正实现了即时成像，因此采用红外焦平面探测器阵列的无光机扫描机构的系统又叫红外凝视成像系统。换句话说，这种系统完全取消了光机扫描，采用元数足够多探测器面阵，使探测器单元与系统观察范围内的目标一一对应。所谓红外焦平面探测器阵列，就是将红外探测器与信号处理电路结合在一起，并将其设置在光学系统焦平面上。而凝视是指红外探测器响应景物或目标的时间与取出阵列中每个探测器响应信号所需的读出时间相比很长，探测器“看”景物时间很长，而取出每个探测器的响应信号所需的时间很短，即久看快取，因此称为凝视。

由于景物中的每一点对应一个探测器单元，阵列在一个积分时间周期内对全视场积分，然后由信号处理装置依次读出。由此，在给定帧频条件下，红外凝视成像系统的采样频率取决于所使用的探测器数目，而信号通道频带只取决于帧频。在红外凝视成像系统中，以电子扫描取代光机扫描，从而显著改善了系统的响应特性，简化了系统结构，缩小了体积，减小了质量，提高了系统的可靠性，给使用者带来极大的便利。

9.3.1 红外凝视成像系统的组成和工作原理

红外凝视成像系统一般由红外光学系统、红外焦平面探测器阵列、信号放大及处理系统、显示记录系统等组成。其组成框图如图 9-33 所示。

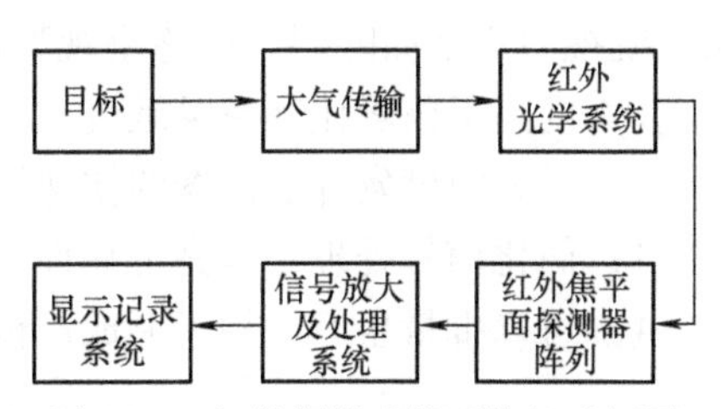

图 9-33 红外凝视成像系统组成框图

由于红外辐射的特有性能，使得红外成像光学系统具有以下特点。

1）红外辐射源的辐射波段位于 1μm 以上的不可见光区，普通光学玻璃对 2.5μm 以上的光波不透明，而在所有可能透过红外波段的材料中，只有几种材料有需要的机械性能，并能加工得到一定的尺寸，如锗、硅等，这就大大限制了透镜系统在红外光学系统设计中的应用，使反射式和折射式光学系统占有比较重要的地位。

2）为了探测远距离的微弱目标，红外光学系统的孔径一般比较大。

3）8～14μm 波段的红外光学系统必须考虑衍射效应的影响。

4）在各种气象条件，或在抖动和振动条件下具有稳定的光学性能。

红外成像光学系统应该满足物像共轭位置、成像放大率、一定的成像范围，以及满足在像平面上有一定的光能量和反映物体细节的能力（分辨率）的基本要求。

在红外凝视成像系统中，红外焦平面探测器阵列作为辐射能接收器，通过光电变换作用，将接收的辐射能变为电信号，再将电信号放大、处理，形成图像。

红外焦平面探测器阵列是构成红外凝视成像系统的核心器件。红外焦平面探测器阵列可分为两大类：制冷焦平面探测器阵列和非制冷焦平面探测器阵列。制冷红外焦平面探测器阵列是当今使用最多的红外焦平面探测器阵列，为了探测很小的温差，降低探测器的噪声，以获得较高的信噪比，红外探测器必须在深冷条件下工作，一般为 77K 或更低。为了使探测器传感元件保持这种深冷温度，探测器都集成于杜瓦瓶组件中。杜瓦瓶尺寸虽小，但由于制造困难，所以价格特别昂贵。杜瓦瓶实际上就是绝热的容器，类似于保温瓶。图 9-34 所示为通用探测器/杜瓦瓶组件的剖视图。冷指贴向探测器，并使之冷却（这种冷指是一种用气罐或深冷泵冷却至深冷的元件），透过红外线的杜瓦窗起到真空密封的作用。图 9-34 中还有冷屏（或冷阑），它是杜瓦组件不可分割的一部分。

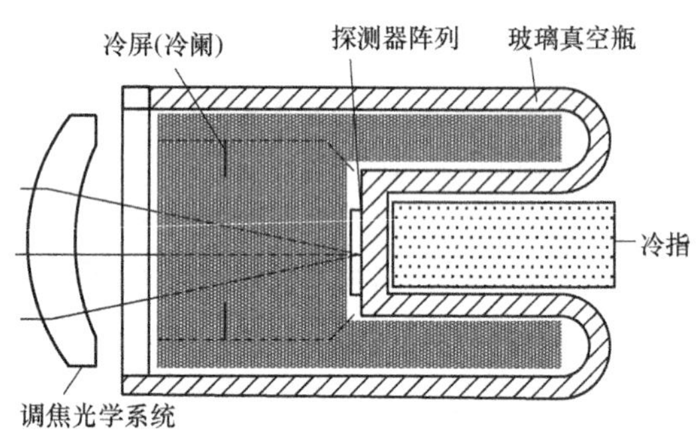

图 9-34　通用探测器/杜瓦瓶组件

冷屏后表面上的低温呈不均匀分布（尽管只比探测器阵列的温度略高），因此会发射少许热能，或不发射。冷屏的作用是限制探测器观察的立体角。另外，还有气体节流式制冷器、斯特林循环制冷器和半导体制冷器等，制冷器的制冷原理主要有相变制冷、焦耳-汤姆逊效应制冷、气体等熵膨胀制冷、辐射热交换制冷和珀尔帖效应制冷。采用何种制冷器，需视系统结构、所用探测器类型和使用环境而定。

9.3.2　红外凝视成像系统的优点

传统使用的单元扫描成像方法不适合制作更高级的红外成像光学系统，与扫描型系统相比，凝视型焦平面阵列（简称凝视型焦平面）还具备以下优点：

1）提高了信噪比和热灵敏度。

2）最大限度发挥探测器的快速性能。

3）简化信号处理，提高可靠性。

4）可以批量生产，易于形成规模。

9.3.3　红外凝视成像系统的应用

红外成像技术是世界各国都在竞相研究和发展的高新技术，红外成像具有很强的抗干扰能力，它可以穿透薄雾、黑夜、伪装等，并具有一定的目标识别能力，而且可以提供 24h 全天候的服务。红外成像探测器可探测到具有 0.01℃ 温差，甚至更低温差的目标，它在军用和民用领域都占有相当重要的位置。

红外成像光学系统靠探测目标与景物之间的辐射温差来产生景物的图像，它不需要借助红外光源和夜天光，是全被动式的，不易被对方发现和干扰。随着计算机技术的发展，很多红外成像光学系统都带有完整的软件系统，可实现图像处理、图像运算等功能，以改善图像质量。红外成像光学系统产生的信号可以转换为全电视信号，实现与电视兼容，使其具有与电视系统一样的优越性，如可以多人同时观察、录像等。而且它还能透过伪装，探测出隐蔽的热目标。由于红外成像光学系统本身的特点，使它在战略预警、战术报警、侦察、观瞄、导航、制导、遥感、气象、医学、搜救、森林防火、冶金和科学研究等军事和民用的许多领域中都得到了广泛的应用。

9.4　本章小结

学习本章，应该从原理出发，掌握各种光电式传感器的特性，区别异同和优缺点；从应用着手，建立系统的思想和直观的感受。同时，光电式传感器日新月异，更应注重对新型光电式传感器的不断学习。随着智能传感器的兴起，将光电式传感器与智能设备的融合和再创造，必将拓展光电式传感器的应用与技术进步。

更多应用请扫描二维码。

思　考　题

9-1　光电效应可分为几类？说明其原理并指出相应的光电器件。

9-2　举例说明光电传感器的一般组成及工作原理。

9-3　当采用波长为0.8～0.9μm的红外光源时，宜采用哪几种光电元件作为检测元件？为什么？

9-4　试设计一个路灯自动控制电路，要求天黑时路灯亮，天亮时路灯灭。

9-5　CCD图像传感器分几大类？其特点是什么？举例说明CCD器件可以应用的领域。

9-6　造纸工业中经常需要测量纸张的厚度和表面粗糙度（如是否有黑斑污渍、褶皱等），请用CCD为核心设计一个自动检测纸张厚度和表面粗糙度的测量仪，要求画出传感器及电路简图，并说明其设计原理与方法。

9-7　光纤传感器作为一种重要的新型传感器，其与以电为基础的传感器相比有本质的区别，具有电绝缘、抗电磁干扰、非侵入性、高灵敏度及容易实现对被测信号的远距离监控等优点。请查阅课外资料说明光导纤维的组成并分析其传光原理及条件；说明光纤传感器测量的基本原理、结构和分类；举例说明光纤传感器的两种应用场合。

第10章 传感器技术前沿

随着控制理论、计算机技术和微电子技术的高速发展，传感器技术领域出现了许多新的理论、新的技术和新的概念。本章将简要介绍传感器技术领域的几种新技术和方法：多源信息融合技术、无线传感器网络和智能传感器。

【学习目标】

1）了解传感器技术领域出现的几种新技术。

2）掌握信息融合的必要性和分类。

3）理解无线传感器网络的结构层次。

4）理解智能传感器的构成和关键技术。

【产出分析】

通过本章教学，应达成以下学习产出（包括但不限于）：

1）能够基于相关工程背景知识进行合理分析，评价工程实践和复杂工程问题解决方案对社会、健康、安全、法律以及文化的影响，并理解应承担的责任。

2）能够理解和评价针对复杂工程问题的工程实践对环境、社会可持续发展的影响。

3）能够就专业相关复杂工程问题与业界同行及社会公众进行有效沟通和交流，包括撰写报告和设计文稿、陈述发言、清晰表达或回应指令；具备一定的国际视野，能够在跨文化背景下进行沟通和交流。

4）具有终身教育的意识，有不断学习传感器新技术和适应行业发展的能力。

【知识结构图】

本章知识结构图如图10-1所示。

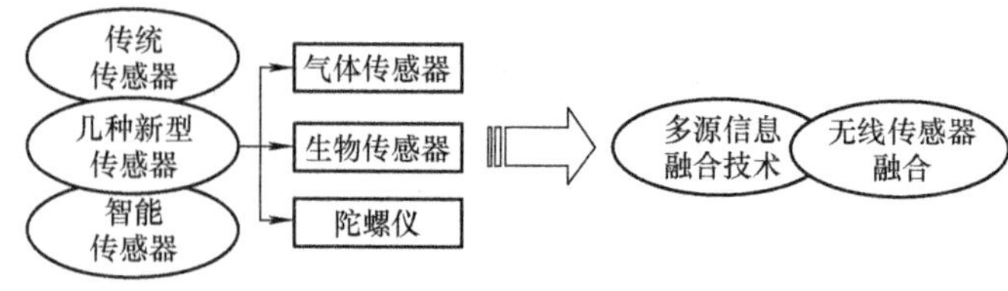

图10-1　知识结构图

10.1　几类新型传感器

10.1.1　气体传感器

随着近代工业的进步，特别是石油、化工、煤炭、汽车等工业部门的迅速发展，使人类的生活以及社会活动发生了相应的变化。被人们所利用的和在生活、工业上排放出的气体种类、数量日益增多。这些气体中，许多是易燃、易爆（例如氢气、煤矿瓦斯、天然气、液化石油气等）或者对于人体有毒害的（例如一氧化碳、氟利昂、氨气等）。这些气体如果泄漏到空气中，会污染环境、影响生态平衡，甚至导致爆炸、火灾、中毒等灾害性事故。为保护人类赖以生存的自然环境，防止不幸事故的发生，需要对各种有害、可燃性气体在环境中存在的状况进行有效的监控。

气体传感器的传感元件多为氧化物半导体，有时在其中加入微量贵金属作为增敏剂，增加对气体的活化作用。对于电子给予性的还原性气体如氢、一氧化碳、烃等，用 N 型半导体；对接受电子性的氧化性气体如氧，用 P 型半导体。将半导体以膜状固定于绝缘基片或多孔烧结体上，做成传感元件。气体传感器分为半导体气体传感器、固体电解质气体传感器、接触燃烧式气体传感器、晶体振荡式气体传感器和电化学式气体传感器。

气体传感器主要有半导体传感器（电阻型和非电阻型）、绝缘体传感器（接触燃烧式和电容式）、电化学式（恒电位电解式、伽伐尼电池式），还有红外吸收型、石英振荡型、光纤型、热传导型、声表面波型、气体色谱型等。

以接触燃烧式气体传感器为例，它是基于强催化剂使气体在其表面燃烧时产生热量，使传感器温度上升，这种温度变化可使贵金属电极电导随之变化的原理而设计的。另外，与半导体传感器不同的是，它几乎不受周围环境湿度的影响。接触燃烧式气体传感器对与被测气体进行的化学反应中产生的热量与气体浓度的关系进行检测。传感器元件由铂丝和燃烧催化剂构成，铂线圈被埋在催化剂中。将元件加热到 300～600℃，调节电路使其保持平衡。可燃性气体和元件接触燃烧，温度增高，元件的阻值增加。若用 C 表示气体浓度、ΔT 表示元件升高的温度，则元件阻值改变 ΔR 为

$$\Delta R = \rho\Delta T = \rho aCq/h \tag{10-1}$$

式中　ρ——铂丝的温度系数；
　　　q——可燃性气体燃烧热；
　　　h——元件的热容量；
　　　a——由元件催化剂决定的常数。

R 的变化破坏了电路的平衡，输出的不平衡电压或电流和可燃性气体浓度成比例，气体浓度可通过电压表或电流表指示。

接触燃烧式气体传感器廉价、精度低，但灵敏度较低，适合于检测甲烷（CH_4）等爆炸性气体，不适合检测如一氧化碳（CO）等有毒气体。

图 10-2 所示为矿井防爆救援机器人在煤矿中得到了应用。在煤矿发生瓦斯煤尘爆炸、火灾等灾害事故后，救援机器人搭载气体传感器和湿敏传感器等设备，探测并回传井巷中的甲烷和一氧化碳的浓度、温度、湿度、风速、风向、灾害场景等信息；还具有急救药品、食

品、通信器材、简易自救工具等物品的补给功能和清障的作业功能。矿井防爆救援机器人的投入使用为矿井安全生产提供了安全保障。

10.1.2 生物传感器

生物传感器是利用生物活性物质选择性来识别和测定生物化学物质的传感器，是分子生物学与微电子学、电化学、光学相结合的产物，是在基础传感器上耦合一个生物敏感膜而形成的新型器件，将成为生命科学与信息科学之间的桥梁。

生物体是各种传感器汇集之处，其传感器无论是选择性或灵敏度，都远非人工传感器所能比拟。因此，借鉴生物传感器发展人工传感器是顺理成章的。采用生物活性物质（酶、抗体等）作为敏感材料是向生物传感器借鉴的第一步。

生物传感器中，分子识别元件上所用的敏感物质有酶、微生物、动植物组织、细胞器、抗原和抗体等。如图 10-3 所示，根据所用的敏感物质可将生物传感器分为酶传感器、微生物传感器、组织传感器、免疫传感器、基因传感器等。

图 10-2　矿井防爆救援机器人

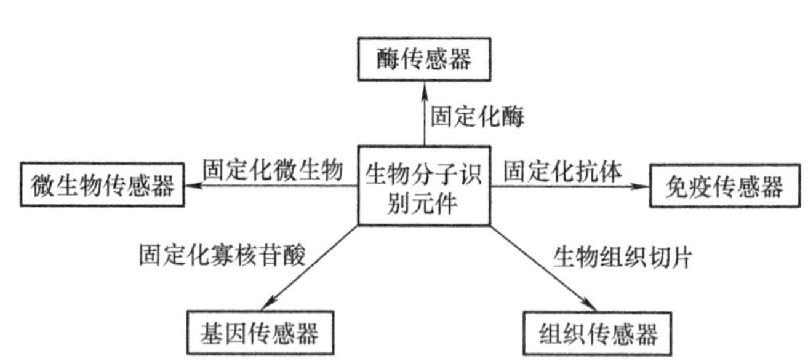

图 10-3　生物传感器按生物分子识别元件敏感物质分类

10.1.3 陀螺仪

广义上讲，凡是能测量载体相对惯性空间旋转的装置都可称为陀螺仪。陀螺仪从理论上可以划分为两大类：以经典力学为基础的陀螺仪，包括各类机械陀螺仪，如振动陀螺仪和微机械电子系统陀螺仪；以现代物理学为基础的陀螺仪，包括光学陀螺仪，如激光陀螺仪和光纤陀螺仪。

陀螺仪是重要的惯性测量元件，它由陀螺转子、内环、外环和基座（壳体）组成。图 10-4 是陀螺仪的结构示意图。如图 10-4 所示，陀螺仪有 3 根在空间互相垂直的轴。x 轴是陀螺的自转轴，陀螺本身是一只对称的转子，由电动机驱动绕自转轴高速旋转。陀螺转子轴（x 轴）支承在内环上。y 轴是内环的转动轴，亦称内环轴。内框带动转子一起可绕内环轴相对外环自由旋转。z 轴为外环的转动轴，它支承在壳体上，外环可绕该轴相对壳体自由旋转。转子轴、内环轴和外环轴在空间交于一点，称为陀螺的支点。内、外环构成陀螺“万向支架”，从而使得陀螺转子轴在空间具有 2 个自由度。由此可见，整个陀螺可以绕着受点在空间进行任意方向的转动，陀螺仪可以绕 3 轴自由转动，即具有 3 个自由度。通常把内、外环支承陀螺仪称为 3 自由度陀螺仪，把仅用一个环支撑的陀螺仪称为 2 自由度陀螺仪。

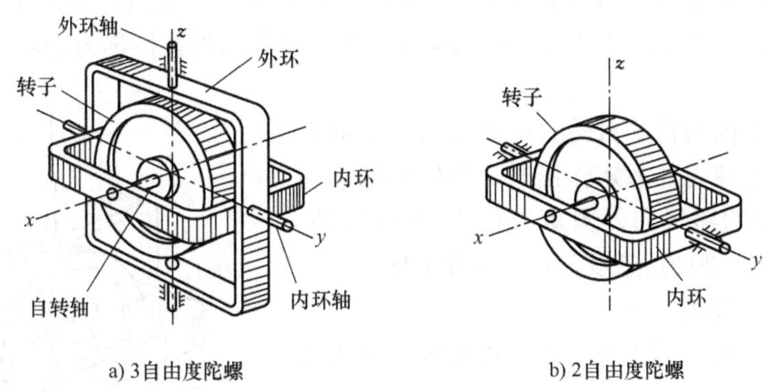

a) 3自由度陀螺　　b) 2自由度陀螺

图 10-4　陀螺仪结构示意图

陀螺仪是利用惯性原理工作的。当陀螺转子高速旋转后，它就具有了惯性，因而就表现出两个重要的特性。

1. 稳定性

3 自由度陀螺仪保持其自转轴在惯性空间的方向不发生变化的特性，称为陀螺的稳定性。3 自由度陀螺仪的稳定性有两种表现形式，即定轴性和章动。图 10-5 为陀螺稳定性示意图。

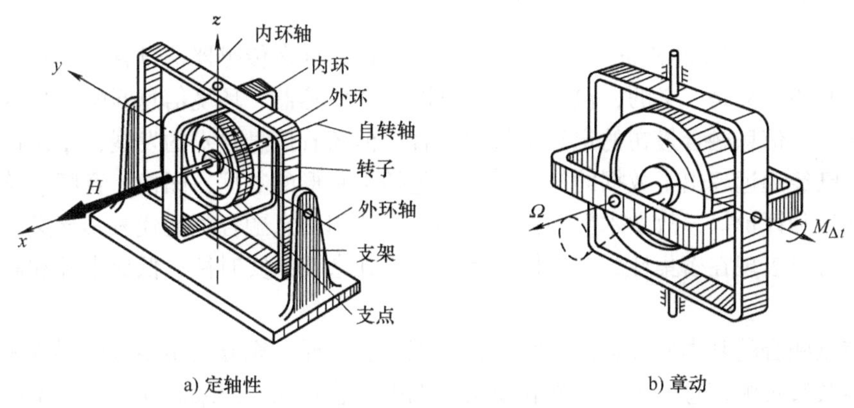

a) 定轴性　　b) 章动

图 10-5　陀螺稳定性示意图

（1）定轴性

当陀螺转子高速旋转后，若不受外力的作用，不管机座如何转动，支承在万向支架上的陀螺自转轴指向惯性空间的方位不变（图 10-5a 中的 H 方向），这种特性称为定轴性。

（2）章动

当陀螺高速旋转受到瞬时冲击力矩作用后，自转轴在原方位附近做微小的圆锥运动，且转子轴的方向基本保持不变，这种现象称为陀螺的章动，如图 10-5b 所示。不论基座在空间如何转动，陀螺自转轴（x 轴）在惯性空间的方位不变。陀螺内环转动轴上在 Δt 的瞬时内受到一个冲击力矩 $M_{\Delta t}$，陀螺转子轴做圆锥运动。这种圆锥运动的频率比较高，振幅比较小，很容易衰减。当章动的圆锥角为零时即是定轴。所以章动是陀螺稳定性的一般形式，定轴是陀螺稳定性的特殊形式。

2. 陀螺仪的进动性

当3自由度陀螺受到外加力矩作用时，陀螺仪并不在外力矩所作用的平面内产生运动，而是在与外力矩作用平面相垂直的平面内运动，陀螺仪的这种特性称为进动性。

（1）进动方向

陀螺的进动方向与转子自转方向和外力矩方向有关。其规律是：陀螺受外力矩作用时，自转轴的角速度矢量 $\boldsymbol{\Omega}$ 沿最短的路线向外力矩矢量 $\boldsymbol{M}$ 方向运动。如图10-6所示，即进动角速度矢量 $\boldsymbol{\omega}=\boldsymbol{\Omega}\times\boldsymbol{M}$。

（2）进动角速度的大小

陀螺进动角速度 ω 的大小与转子角动量 H 和外力矩 M 有关，其一般关系为

$$\omega=\frac{M}{H\sin\varphi}$$

式中，φ 为陀螺的转子角动量 H 与 z 轴的夹角。

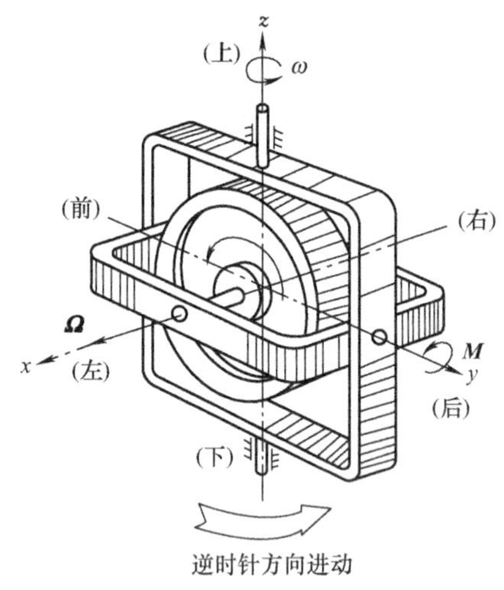

图10-6　陀螺的进动性

10.2　多源信息融合技术

10.2.1　多源信息融合技术的基本原理

多源信息融合（Multi-Source Information Fusion）亦称多传感器信息融合，是一门新兴边缘学科。多源的含义是广义的，包含多种信息源，如传感器、环境信息匹配、数据库及人类掌握的信息等。信息融合最初的定义是数据融合，但随着信息技术的发展，系统信息的外延不断扩大，已经远远超出了数据的简单含义，包括了有形的数据、图像、音频、符号和无形的模型、估计和评价等，故学术界和技术界均认为使用信息融合更能代表其含义。多源信息融合的优势可以表现在密集性、有效性、互补性、冗余性、实时性、低成本性和高适应性等多个方面。

多源信息融合的基本原理就像人脑综合处理信息一样，充分利用多传感器资源，通过对这些传感器及其观测信息的合理支配和使用，把多传感器在空间或时间上的冗余或互补信息依据某种准则来进行组合，以获得被测对象的一致性解释或描述，使该传感器系统所提供的信息比它的各组成部分子集单独提供的信息更有优越性。数据融合的目的是通过多种单个数据信息组合出更多的信息，得到最佳协同作用的结果。也就是利用多个传感器数据源共同或联合操作的优势，提高传感器系统的有效性，消除单个或少量传感器的局限性。多源信息融合的处理层次包括数据层（即像素层）、特征层和决策层（即证据层）。

10.2.2　多源信息融合的起源与发展

多源信息融合这一概念是在20世纪70年代提出的。当时新一代作战系统中依靠单一传感器提供信息已无法满足作战需要，必须运用多传感器集成来提供多种观测数据，通过优化综合处理提供相对准确的战场信息，从而更好地把握战场态势。在多传感器系统中，由于信

息表现形式的多样性、信息数量的巨大性、信息关系的复杂性，以及要求信息处理的及时性，都已大大超出了人脑的信息综合处理能力，所以多传感器数据融合（Multi-Sensor Data Fusion，MSDF）便迅速发展起来。40多年来，MSDF技术在现代C3I（Command，Control，Communication and Intelligence，指挥、控制、通信与情报）系统中和各种武器平台得到了广泛的应用，在工业、农业、航空航天、目标跟踪和惯性导航等民用领域也得到了普遍关注。

国外对信息融合技术的研究起步较早。第二次世界大战末期，高炮火控系统开始同时使用了雷达和光学传感器，这有效地提高了高炮系统的瞄准精度，也大大提高了抗恶劣气象和抗干扰能力。现代信息融合概念在20世纪70年代初开始萌芽。最初主要在多种雷达同时运用的条件下执行同类传感器信息融合处理，以后逐渐扩展。70年代末期开始引入电子战、电子支援措施（Electronic Support Measures，ESM）系统，引起人们高度重视。从80年代起，美国在研发、学术讨论，以及推广多源信息融合技术等方面始终走在前列。尤其在海湾战争结束后，美国更加重视信息自动综合处理技术的研究，并有效带动了其他北约国家在这方面的研究工作，如英国陆军开发了炮兵智能信息融合系统（AIDD）、机动和控制系统（WAVELL）等，德国在“豹2”坦克的改进中运用信息融合和人工智能等关键技术。

我国关注信息融合技术是在1991年波斯湾战争之后，当时美军和多国部队的远程精确打击能力震惊了世界。而国内当时装备的系统中对于战场情报处理主要还是基于单一传感器，已经很难满足现代战场瞬息万变的实际情况。国防科工委在“八五”预研项目中设立了“C3I数据汇集技术研究”课题，国内一批高校和研究所开始广泛从事这一技术的研究工作，出现了一大批理论研究成果。20世纪90年代中期，信息融合技术在国内已发展成为多方关注的共性关键技术，出现了许多热门研究方向，许多学者致力于机动目标跟踪、分布检测融合、多传感器融合跟踪和定位、分布式信息融合、目标识别与决策信息融合、态势评估与威胁估计等领域的理论及应用研究，相继出现了一批多目标跟踪系统和有初步综合能力的多传感器信息融合系统。随着我国航空航天及其他相关领域的发展，可利用的导航信息源越来越多，多源信息融合技术的应用前景也愈发广阔。

在当今数据量爆炸的时代，“大数据”“人工智能”成为越来越热门的话题，这两者本身都包含对大规模数据的有效存储和快速处理的相关技术，这也正是航空导航领域所面临的研究点之一，尤其是随着多传感器信息综合趋势的日益增长，客观上需要在实现传感器综合、控制综合、数据库综合和知识综合的基础上，将各种信息进行融合并进行可视化处理，给“驾驶脑”提供一个最终的直观三维外景图像。在军事上，为了满足未来战场、战术环境对导航系统的要求，将人工智能技术同组合导航技术相结合，实现导航系统的智能化和导航设备的自动化管理，减轻驾驶员的负担，并具有辅助决策的功能。

更广义地看，未来的航空导航也可能会借助到其他类型的数据，甚至是一切可利用的数据。2010年，美国国防高级研究计划局（DARPA）为首的先进军事技术研究机构在率先开展了在GPS服务被干扰、被阻断，即不能使用GPS服务背景下的高精度定位、导航与授时（PNT）技术——“全源导航”（ASPN）技术研究，以期在未来对抗条件下的军事行动中保持、占据精确PNT能力的优势。

全源导航具有兼容大范围、多样化传感器和敏感器的能力，能够做到“即插即用”，更易于优化，开放式架构的协同、增效作用。“全源导航”研究要解决两项关键技术：导航算法和导航软件体系架构。导航算法能够全面兼容各类导航算法，如高斯、非高斯统计算法，或线性、非线性测量模型算法等；同时，新的导航算法必须满足真实环境下实时运行的要求，能够处理平台运动和测量可用性之间产生的时变状态空间问题，能够对所有导航测量结果进行统计。导航软件体系架构涉及开发新的处理方法和架构，用于支持导航系统中传感器、敏感器及惯性导航单元之间的重新配置和即插即用。理想的“全源导航”软件体系架构应当使导航系统具有识别环境变化，并做出相应调整的能力。

10.2.3 信息融合在无人装备中的应用

1. 基于多源信息融合的无人机惯性导航

惯性导航是利用惯性敏感元件测量运动物体相对于惯性空间的线运动和角运动参数，在给定运动初始条件下，由计算机推算出运动物体的姿态、方位、速度、位置等导航参数，以便引导运动物体完成预定的航行任务。

惯性测量组合，通常由惯性测量装置、计算机和控制/显示器等部分组成。惯性测量装置包括 3 个加速度计、一个 3 轴陀螺稳定平台（或 3 个陀螺仪）。3 轴陀螺平台用来测量运动物体绕 3 轴的 3 个转动运动，3 个加速度计用来测量运动物体沿给定轴方向的 3 个加速度分量。计算机依据给定的初始条件和测得的加速度信号，计算出运动物体的速度和位置数据。控制/显示器中的控制部分用来给定初始条件和执行控制指令，显示部分用来显示各种导航参数。

惯性系统按其在运动物体上的安装方式可分为平台式惯性测量组合和捷联式惯性测量组合。平台式惯性测量组合，测量运动物体的 3 个角度参数是直接用 3 轴稳定平台（或称惯性导航平台），由平台建立导航坐标系，3 个加速度计装在平台上，分别处于平台坐标系的 3 个轴向位置。这样，平台上加速度计和陀螺仪与运动物体的角运动是隔离的，使性测量装置有一个较好的工作条件。而平台直接建立了导航坐标系，也使得计算工作量减少，容易修正和补偿修正装置的输出。平台式惯性测量组合的原理示意如图 10-7 所示，其中包括加速度计、惯性导航平台、导航计算机和控制/显示器等部分。

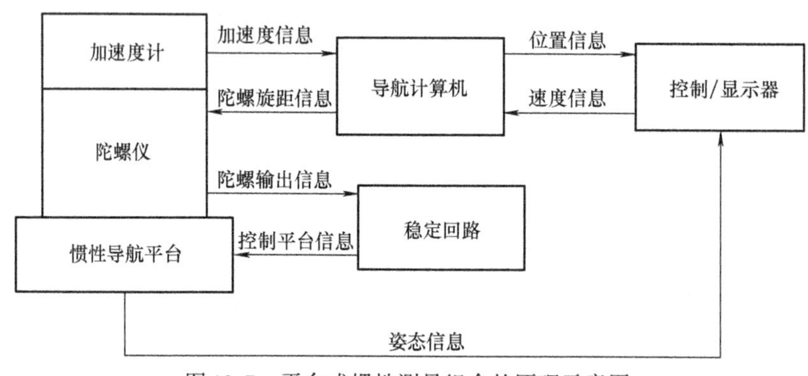

图 10-7　平台式惯性测量组合的原理示意图

1）加速度计用来测量无人机某一轴向的运动加速度。

2）惯性导航平台包括平台、陀螺仪和稳定回路，它的主要功用是支承安装加速度计，为加速度计提供测量坐标基准并把它稳定在惯性空间。同时，惯性导航平台也可按导航计算机的指令使之跟踪所选定的导航坐标系，让平台工作在几何稳定状态或空间积分状态。所谓几何稳定状态又称稳定工作状态，即指平台在基座运动和干扰力矩的影响下能相对惯性空间保持方位稳定不变。空间积分状态又称指令角速率跟踪状态，平台在与指令角速率成比例的信号控制下，相对惯性空间以给定的规律转动。另外，惯性导航平台可以向其他机载设备提供运动物体的基准姿态和基准航向信号。

3）导航计算机。给出平台的控制指令和完成导航参数的计算。

4）控制/显示器。控制器为惯性导航系统提供工作方式选择和输入数据，给出导航计算中所需的初始条件；显示器用来显示导航参数。

捷联式惯性测量组合和平台式惯性测量组合的基本工作原理相同，只是它取消了3轴稳定平台，将陀螺仪和加速度计等惯性测量元件直接安装在运动物体上，并分别处于机体轴系的3个轴向位置上。在捷联式惯性测量组合中取消了结构复杂的电气机械式陀螺稳定平台，这是它的最根本的特点。但在捷联式惯性测量组合中，平台的功能仍然存在，否则就不可能构成导航系统。从前述已知，平台的功能是给惯性测量元件提供测量基准和把惯性测量元件与运动物体的角运动隔离开来。在捷联式惯性测量组合中，以数学的方法来描述平台的特性和功能，建立一个“数学平台”来代替机械式的稳定平台。数学平台的实现，依赖于高性能的导航计算机。也就是说，平台的功能作用体现在计算机中。因此，这将使得捷联式惯性导航系统中导航计算机的任务大大加重，对它的性能、可靠性要求更高。

另外，由于惯性元件直接固连在无人机机体上，其工作环境变差，对惯性测量元件的技术要求更加苛刻。特别是陀螺仪的要求条件更高，一般的陀螺仪不能满足捷联式惯性测量组合的要求，需要采用性能、精度更高的陀螺仪。

捷联式惯性测量组合的原理如图10-8所示。

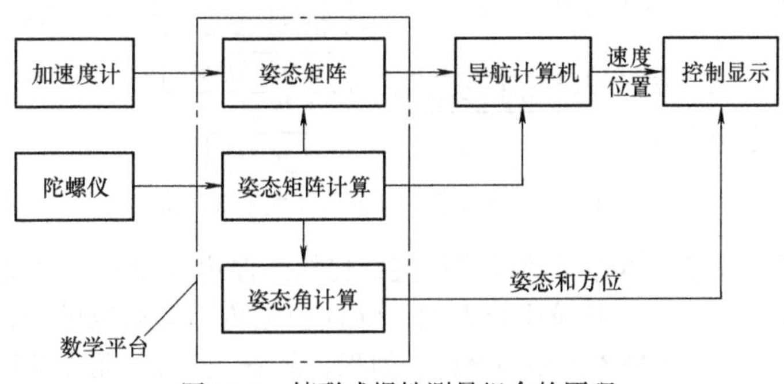

图10-8　捷联式惯性测量组合的原理

由图10-8可见，捷联式惯性测量组合由三大部分组成：惯性测量元件部分（包括陀螺仪和加速度计），计算机和软件（包含数学平台），以及控制显示器。其中，计算机和软件是核心，数学平台的功能就体现在计算机中的方向余弦矩阵中（软件），如图中的点画线框部分所示。

方向余弦矩阵起到运动参数坐标的转换作用，即由机体坐标系换算到地理坐标系上。因为惯性元件是固定在机体上的，所以加速度计测量的加速度是沿机体轴的分量，陀螺仪测量的角位移或角速率是绕机轴的分量。将这些分量经过一个坐标转换的方向余弦矩阵，就能得到导航坐标上的各个分量。如果这个方向余弦矩阵描述机体坐标系与地理坐标系之间的关系，则经转换后便得到沿地理坐标系的加速度分量；然后导航计算机便可根据上述的导航公式求出相应的导航参数来。这一部分的计算原理与平台式导航系统的计算原理是完全相同的。

另外，捷联式惯性测量组合通过姿态角计算模块（软件），同样也可以提供姿态和方位信息，供其他系统使用。

捷联式惯性测量组合的显示器部分的功能与平台式系统的显示器一样，用来显示导航参数。控制器部分主要用来设置导航的初始条件。在有些系统中没有单独的控制器，其初始值的设置是通过计算机完成的。

2. 多源信息融合技术在工业机器人中的应用

自动生产线上，被装配的工件初始位置时刻在运动，属于环境不确定的情况。机器人进行工件抓取或装配时使用力和位置的混合控制是不可行的，一般使用位置、力反馈和视觉融合的控制来进行抓取或装配工作。

多传感器信息融合装配系统由末端执行器、CCD 视觉传感器、超声波传感器、柔性腕力传感器及相应的信号处理单元等构成。CCD 视觉传感器安装在末端执行器上，构成手眼视觉；超声波传感器的接收和发送探头也固定在机器人末端执行器上，由 CCD 视觉传感器获取待识别和抓取物体的二维图像，并引导超声波传感器获取深度信息；柔性腕力传感器安装于机器人的腕部。多传感器信息融合装配系统结构如图 10-9 所示。

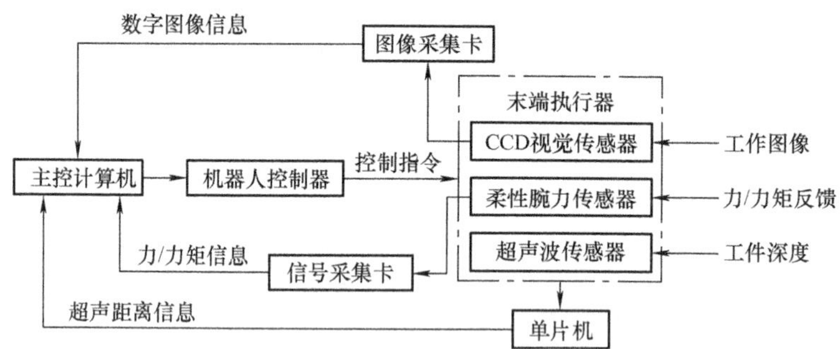

图 10-9　多传感器信息融合装配系统结构

图像处理主要完成对物体外形的准确描述，包括图像边缘提取、周线跟踪、特征点提取、曲线分割及分段匹配、图形描述与识别。CCD 视觉传感器获取的物体图像经处理后，可提取对象的某些特征，如物体的形心坐标、面积、曲率、边缘、角点及短轴方向等，根据这些特征信息，可得到对物体形状的基本描述。

由于 CCD 视觉传感器获取的图像不能反映工件的深度信息，因此对于二维图形相同，仅高度略有差异的工件，只用视觉信息不能正确识别。在图像处理的基础上，由视觉信息引导超声波传感器对待测点的深度进行测量，获取物体的深度（高度）信息，或沿工件的待测面移动，超声波传感器不断采集距离信息，扫描得到距离曲线，根据距离曲线分析出工件的边缘或外形。计算机将视觉信息和深度信息融合推断后，进行图像匹配、识别，并控制机械手以合适的位姿准确地抓取物体。

安装在机器人末端执行器上的超声波传感器由发射和接收探头构成，根据声波反射的原理，检测由待测点反射回的声波信号，经处理后得到工件的深度信息。为了提高检测精度，在接收单元电路中，采用可变阈值检测、峰值检测、温度补偿和相位补偿等技术，可获得较高的检测精度。

柔性腕力传感器测试末端执行器所受力/力矩的大小和方向，从而确定末端执行器的运动方向。

3. 多源信息融合在移动机器人导航中的应用

对于一个移动机器人，尤其是对应用于家庭或者一些公共场所的服务机器人而言，它们所面临的工作环境充斥着大量的动态的不确定的环境因素，并且机器人随时都有可能根据环境的变化去完成相应的任务。因此机器人导航系统的设计和实现必须要将它们工作环境中的特殊因素考虑进去。机器人导航系统的设计是为了让机器人完成不同的任务，因此任务规划模块和导航系统的设计有密切的联系。

智能移动机器人中拥有大量的传感器节点和电动机驱动器节点，同时要完成不少的功能。在设计阶段，如何对每个功能进行分解，确定正确的时间关系，分配空间资源等问题，都会对整个系统的稳定性造成直接影响。同时还应该保证系统具有一定的开放性，来确保系统可在多种行业得到应用，并且能够满足技术更新、新算法验证和功能添加等要求。因此体系结构是整个机器人系统的基础，它决定着系统的整体功能性和稳定性，合理的体系结构设计是保证整个机器人系统高效运行和高可扩展性的关键所在。

为了满足移动机器人高效可靠运行的需要，必须满足下列条件。

1）实时性。所谓“实时性”是指系统能够在一定时间内，快速地完成对整个事件的处理，并且完成对电动机的控制。

2）可靠性。所谓的“可靠性”是指系统能够在长时间内稳定运行，以及一旦发生故障后如何找到故障并解决故障的能力。因此，为了提高系统的可靠性，系统设计时应考虑在整个运行过程中，电动机可能出现的如超速、堵转等一切非正常情况。

3）模块化。因机器人本身的空间有限，所以我们对机器人控制系统的设计要尽可能越小越好，越轻越好，并且在各个单元之间进行明确的分工，形成模块化系统，每个模块都保持着各相对的独立性。

4）开放性。另外，为了方便以后对控制系统进行改进和优化，并且满足系统多平台中间的移植，这就要求系统具有更高的开放性。同时系统需要具备良好的人机交互接口，满足多模态人机交互的需求。

设计的导航系统软件结构如图10-10所示，整个导航系统软件分为感知模块、环境建模模块、定位模块与规划模块四个部分。

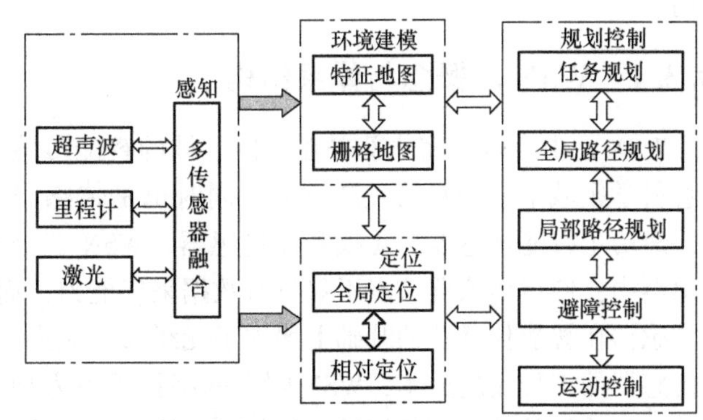

图10-10 移动机器人导航系统软件结构

1）感知模块。感知模块通过传感器采集板或者USB和串口将各个传感器的数据采集并且融合，生成环境建模模块和定位模块需要的数据，并将它们分别传递给对应的模块。

2）环境建模模块。环境建模模块收到感知模块传递的数据，它需要将这些数据分别生成能够适合路径规划的栅格地图和适合定位的特征地图。

采用最小二乘法拟合直线，将得到的数据转化成机器人当前扫描到的局部特征地图，并对全局特征地图进行更新；同时将得到的地图栅格化，以便于进行路径规划。

3）定位模块。对于典型的双轮差分驱动方式的移动机器人来说，采用里程计航位推算的方法对机器人的位姿进行累加，得到相对定位信息。然后通过对路标的特征匹配，来更正机器人的位姿。

4）规划模块。规划模块按照功能不同可以分为全局路径规划子模块和局部路径规划子模块。

全局路径规划模块采用基于栅格地图的 A＊搜索算法，并通过 A＊搜索算法得到一条从起始点到目标点的最优路径。在全局路径规划中，只需考虑如何得到这条最优路径，机器人如何沿着这条轨迹运动以及动态的实时避障问题将在局部路径规划模块中解决。因此，为了提高 A＊搜索算法的效率，在全局地图范围已知的情况下，通过增加栅格粒度的大小来降低栅格的数量，从而降低了 A＊搜索算法的搜索时间，提高了该算法的效率。在实验中，如果在全局路径规划中考虑机器人的运动轨迹以及动态避障，栅格将会被设为 10cm 或者更小。如果将机器人的运动轨迹以及动态避障问题放在局部路径规划中处理，这样就可以将栅格的大小设为 50cm，从而极大地降低了地图的存储空间以及算法的规划时间。

局部路径规划模块采用基于改进的人工势场法的路径规划方法。这种算法的优势在于它具有很好的实时性，非常适合在动态环境中的路径规划。但它的缺点也很明显，如缺少全局信息的宏观指导，容易产生局部最小点。可以通过全局路径规划模块中 A＊搜索算法规划出一条子目标节点序列，并将这条子目标节点序列作为局部路径规划的全局指导信息，来引导局部路径规划模块进行运动控制。这样就能避免人工势场法在路径规划中存在的缺陷，并且最终实现在全局意义上最优的路径规划。

10.3 无线传感器网络

近年来，经过不同领域研究人员的努力，无线传感器网络（Wireless Sensor Network，WSN）技术取得快速发展，并在军事领域、精细农业、安全监控、环保监测、建筑领域、医疗监护、工业监控、智能交通、物流管理、自由空间探索、智能家居等领域得到广泛应用。

10.3.1 WSN 的概念与体系结构

WSN 是由大量的密集部署在监控区域的智能传感器节点构成的一种网络应用系统，是信息科学领域中一个新的发展方向，同时也是传感器技术与新兴学科进行领域间交叉的结果，经历了智能传感器、无线智能传感器、WSN 三个阶段。智能传感器将计算能力嵌入到传感器中，使得传感器节点不仅具有数据采集能力，而且具有滤波和信息处理能力；无线智能传感器在智能传感器的基础上增加了无线通信能力，大大延长了传感器的感知触角，降低了传感器的工程实施成本；WSN 则将网络技术引入到无线智能传感器中，使得传感器不再是单个的感知单元，而是能够交换信息、协调控制的有机结合体，实现物与物的互联，把感知触角深入世界各个角落，必将成为下一代互联网的重要组成部分。

由于传感器节点数量众多，部署时只能采用随机投放的方式，传感器节点的位置不能预先确定；在任意时刻，节点间通过无线信道连接，采用多跳、对等的通信方式，自组织网络拓扑结构；传感器节点间具有很强的协同能力，通过局部的数据采集、预处理以及节点间的数据交换来完成全局任务。

WSN 的系统是由大量功能相同或不同的无线传感器节点、接收发送器（Sink）、互联网或通信卫星、任务管理节点等部分组成的一个多跳的无线网络，如图 10-11 所示。传感器节点散布在指定的感知区域内，每个节点都可以收集数据，并通过多跳路由方式把数据传送到 Sink。Sink 也可以用同样的方式将信息发送给各节点。Sink 直接与互联网或通信卫星相连，通过互联网或通信卫星实现任务管理节点（即观察者）与传感器之间的通信。WSN 的体系结构由通信协议、WSN 管理以及应用支撑技术三部分组成，如图 10-12 所示。

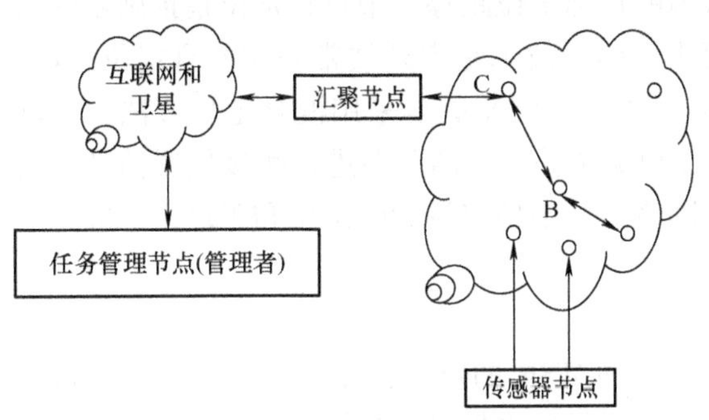

图 10-11　WSN 的组成

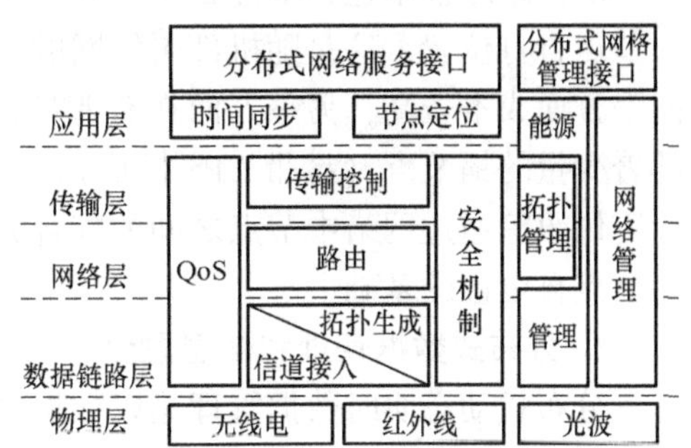

图 10-12　WSN 的通信体系结构

10.3.2　WSN 的组网模式

在确定采用 WSN 技术进行应用系统设计后，首先面临的问题是采用何种组网模式。是否有基础设施支持，是否有移动终端参与，汇报频度与延迟等应用需求直接决定了组网模式。

1. 扁平组网模式

这种模式中所有节点的角色相同，通过相互协作完成数据的交流和汇聚。最经典的定向扩散路由（Direct Diffusion）研究的就是这种网络结构。

2. 基于分簇的层次型组网模式

节点分为普通传感节点和用于数据汇聚的簇头节点，传感节点将数据先发送到簇头节点，然后由簇头节点汇聚到后台。簇头节点需要完成更多的工作、消耗更多的能量。如果使用相同的节点实现分簇，则要按需更换簇头，避免簇头节点因为过度消耗能量而死亡。

3. 网状网（Mesh）模式

Mesh 模式在传感器节点形成的网络上增加一层固定无线网络，用来收集传感节点数据，另一方面实现节点之间的信息通信，以及网内融合处理。

4. 移动汇聚模式

移动汇聚模式是指使用移动终端收集目标区域的传感数据，并转发到后端服务器。移动汇聚可以提高网络的容量，但数据的传递延迟与移动汇聚节点的轨迹相关。如何控制移动终端轨迹和速率是该模式研究的重要目标。

此外，还有其他类型的网络。如当传感节点全部为移动节点，通过与固定的 Mesh 网络进行数据通信（移动产生的通信机会），形成另一个研究热点，即机会通信模式。

10.3.3 WSN 的关键支撑技术

1. WSN 的时间同步技术

时间同步技术是完成实时信息采集的基本要求，也是提高定位精度的关键手段。常用方法是通过时间同步协议完成节点间的对时，通过滤波技术抑制时钟噪声和漂移。最近，利用耦合振荡器的同步技术实现网络无状态自然同步方法也倍受关注，这是一种高效的、可无限扩展的时间同步新技术。

2. 基于 WSN 的自定位和目标定位技术

定位跟踪技术包括节点自定位和网络区域内的目标定位跟踪。节点自定位是指确定网络中节点自身位置，这是随机部署组网的基本要求。GPS 技术是室外惯常采用的自定位手段，但一方面成本较高，另一方面在有遮挡的地区会失效。WSN 更多采用混合定位方法：手动部署少量的锚节点（携带 GPS 模块），其他节点根据拓扑和距离关系进行间接位置估计。目标定位跟踪通过网络中节点之间的配合完成对网络区域中特定目标的定位和跟踪，一般建立在节点自定位的基础上。

3. 分布式数据管理和信息融合

分布式动态实时数据管理是以数据中心为特征的 WSN 的重要技术之一。该技术通过部署或者指定一些节点为代理节点，代理节点根据监测任务收集兴趣数据。监测任务通过分布式数据库的查询语言下达给目标区域的节点。在整个体系中，WSN 被当作分布式数据库独立存在，实现对客观物理世界的实时和动态的监测。

信息融合技术是指节点根据类型、采集时间、地点、重要程度等信息标度，通过聚类技术将收集到的数据进行本地的融合和压缩，一方面排除信息冗余，减小网络通信开销，节省能量；另一方面可以通过贝叶斯推理技术实现本地的智能决策。

4. WSN 的安全技术

安全通信和认证技术在军事和金融等敏感信息传递应用中有直接需求。WSN 由于部署环境和传播介质的开放性，很容易受到各种攻击。但受 WSN 资源限制，直接应用安全通信、完整性认证、数据新鲜性、广播认证等现有算法存在实现的困难。鉴于此，研究人员一方面探讨在不同组网形式、网络协议设计中可能遭到的各种攻击形式；另一方面设计安全强度可控的简化算法和精巧协议，满足 WSN 的现实需求。

5. 精细控制、深度嵌入的操作系统技术

作为深度嵌入的网络系统，WSN 对操作系统也有特别的要求，既要能够完成基本体系结构支持的各项功能，又不能过于复杂。从目前发展状况来看，TinyOS 是最成功的 WSN 专用操作系统。但随着芯片低功耗设计技术和能量工程技术水平的提高，更复杂的嵌入式操作系统，如 VxWorks、uCLinux 和 uCOS 等，也可能被 WSN 所采用。

6. 能量管理

能量管理包括能量的获取和存储两方面。能量获取主要指将自然环境的能量转换成节点可以利用的电能，如太阳能、振动能量、地热、风能等。2007 年，无线能量传递方面有了新的研究成果：通过磁场的共振传递技术将使远程能量传递。这项技术将对 WSN 技术的成熟和发展带来革命性的影响。在能量存储技术方面，高容量电池技术是延长节点寿命，全面

提高节点能力的关键性技术。纳米电池技术是目前比较有希望的技术之一。

10.3.4 WSN 在移动机器人通信中的应用

随着社会的进步、科技的日新月异发展、人们生活水平的不断提高，机器人已经融入人们的日常生活中，在机器人上应用 WSN，可以解决多机器人协调与通信的问题。考虑到机器人自规划、自组织、自适应能力强、所处地点不确定的特点，基于 WSN 的通信是实现自主机器人之间相互通信或者机器人与主控计算机之间通信的理想方式。通过通信系统，机器人可以传递外部或内部信息，完成诸如传感信息处理、路径规划等数据运算，同时还可以实现多个机器人之间的信息交互。

1. 系统结构

每个机器人作为一个独立的部分时，为单个节点的执行系统，自身内部进行信息分析处理和控制，此部分由处理器、存储器构成，算法在内部集成。当多个自动机器人形成一个系统，各机器人之间可以协调通信时，在每个机器人上加入一个传感器模块，利用 WSN 将节点联系起来，形成一个局域 WSN。其结构如图 10-13 所示。

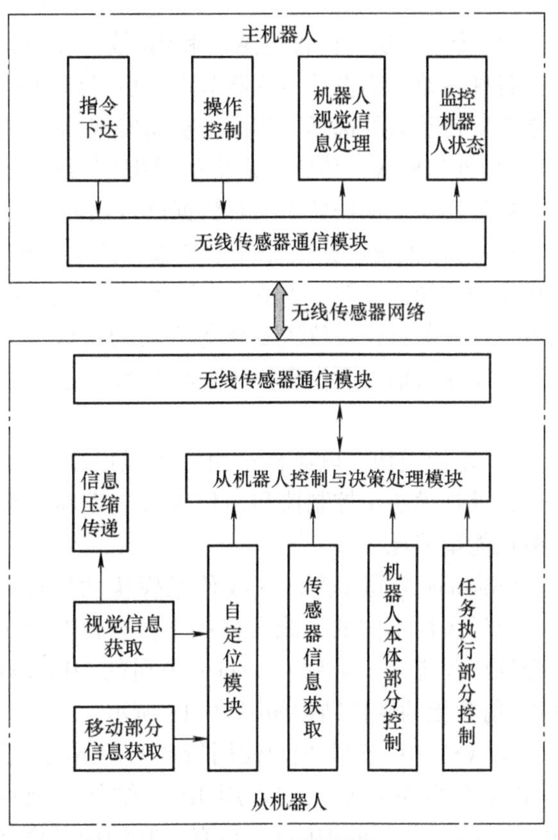

图 10-13 系统结构

在机器人协议上采用令牌环方式，每一时刻都有一个主控制机器人，其他为从机器人，服从主机器人的指令，直至令牌传递，更新主机器人。多移动机器人协调通信时包括如下功能模块：①信息获取模块，对信息进行处理，获取路标位置信息和目标物体的位置信息；②自定位模块，利用各种视觉信息和传感器信息进行自定位，属于单节点机器人内部结构；③移动机器人控制和信息处理模块，接收操作者发送的控制命令，规划机器人的运动，并向机器人本体和操作手的运动控制器发送运动控制命令，属于多机器人通信时的交流结构。

主机器人通过 WSN 获取从机器人状态信息，向从机器人下达指令，可以监控和灵活遥控操作控制从移动机器人；从机器人通过网络向主机器人发送状态信息，接收执行主机器人的指令并反馈自身的信息给主机器人。

2. WSN 的实现

网络节点的设计是整个传感器网络设计的核心，其性能直接决定了整个机器人传感器网络的效能和稳定性。如图 10-14 所示，传感器节点由传感模块、处理模块、通信模块和电源模块四个基本模块组成。

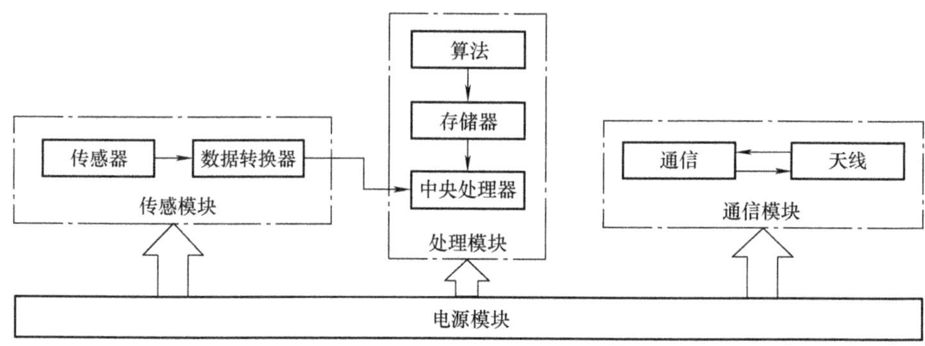

图 10-14　传感器网络节点组成

1）传感模块：包含传感器和模/数（A/D）转换两个子模块。其中在传感器部分，可以为各种参数分别设计传感器节点，也可以通过通道切换电路实现包括路径、方案、执行措施指令等传感器的选择性集成，从而实现单个节点具备多种参数的功能以降低网络成本。

2）处理模块：传感器采集的模拟信号经过 A/D 转换器转换成数字信号后传给处理模块，处理模块根据任务需求对数据进行预处理，并将结果通过通信模块传送到监测网络。

3）通信模块：WSN 采用的传输介质主要包括无线电、红外线和光波等，红外线对非透明物体的透光性极差，不适合在野外地形中使用。光波传输同样有对非透明物体透过性差的缺点，且在节点物理位置变化等方面的适应能力较差。因此，在多机器人的通信方式选择上，选用在通信方面没有特殊限制的无线电波方式以适应监测网络在未知环境中的自主通信需求。

4）电源模块：电源模块由电源供电单元和动态电源管理单元组成。作为一个典型的 WSN，处理模块主控制器和通信模块收发器大多数时间都处于休眠状态，可以节约大部分的节点能量消耗。

Crossbow 公司生产的无线传感模块功能比较完善，提供多种不同的无线发射频率，与计算机的接口配件比较齐全。采用 Crossbow 公司的 MPR400 处理器/射频板的硬件结构如图 10-15 所示。

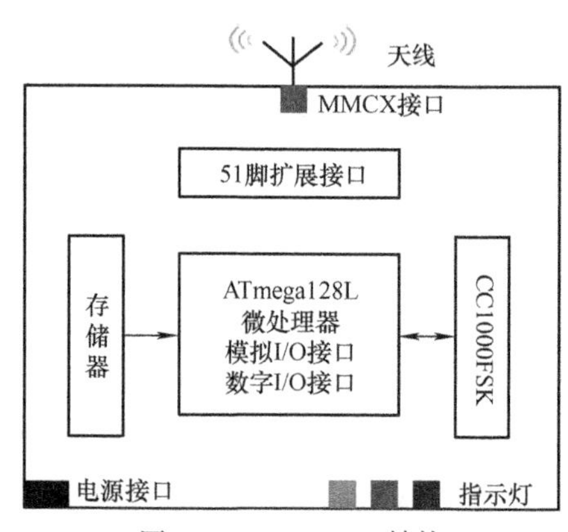

图 10-15　MPR400 结构

在 WSN 中处理器模块使用较多的是 Atmel 公司的 AVR 系列单片机，它采用 RISC 结构，吸取了 PIC 及 8051 单片机的优点，具有丰富的内部资源和外部接口。集成度方面，其内部集成了几乎所有关键部件；指令执行方面，微控制单元采用哈佛结构，因此，指令大多数为单周期；能源管理方面，AVR 单片机提供了多种电源管理方式，节省节点能源；可扩展性方面，提供了多个 I/O 口，并且和通用单片机兼容。

在 MPR400 中集成了在无线通信领域应用比较泛的 CC1000 FSK 无线数传模块，CC1000 工作频带为 315MHz、868MHz、915MHz，具有低电压、低功耗、可编程输出功率、高灵敏度、小尺寸、集成了位同步器等特点，其 FSK 数传可达 72. 8kbit/s，具有 250Hz 步长可编程频率能力，适用于跳频协议，主要工作参数能通过串行总线接口编程改变，使用非常灵活。

软件平台使用 Crossbow 公司开发的 WSN 开发平台 MoteWorks，它有节点端（Mote Tier）、中间件（Server Tier）、客户端（Client Tier）软件等。无线传感器协议的制定决定着整个系统的应用效率，采用分布式无线令牌环协议具有良好的稳定性和较短的时延特性，能够满足的较高的 QoS 需求。

10.4　智能传感器

智能传感器（Inteligent Sensor 或 Smart Sensor）最初是由美国宇航局 1978 年开发出来的产品。宇宙飞船上需要大量的传感器不断向地面发送温度、位置、速度和姿态等数据信息。用一台大型计算机很难同时处理如此庞杂的数据，要想不丢失数据，并降低成本，必须有能实现传感器与计算机一体化的灵巧传感器。智能传感器是指具有信息检测、信息处理、信息记忆、逻辑思维和判断功能的传感器。它不仅具有传统传感器的各种功能，还具有数据处理、故障诊断、非线性处理、自校正、自调整以及人机通信等多种功能。它是微电子技术、微型电子计算机技术与检测技术相结合的产物。

早期的智能传感器是将传感器的输出信号经处理和转化后由接口送到微处理机部分进行运算处理。20 世纪 80 年代，智能传感器主要以微处理器为核心，把传感器信号调理电路、微电子计算机存储器及接口电路集成到一块芯片上，使传感器具有一定的人工智能。20 世纪 90 年代，智能化测量技术有了进一步的提高，使传感器实现了微型化、结构一体化、阵列式、数字式，使用方便和操作简单，具有自诊断功能、记忆与信息处理功能、数据存储功能、多参量测量功能、联网通信功能、逻辑思维以及判断功能。

智能化传感器是传感器技术未来发展的主要方向。在今后的发展中，智能化传感器无疑将会进一步扩展到化学、电磁、光学和核物理等研究领域。

10.4.1　智能传感器的定义

智能传感器是当今世界正在迅速发展的高新技术，至今还没有形成规范化的定义。早期，人们简单、机械地强调在工艺上将传感器与微处理器两者紧密结合，认为“传感器的敏感元件及其信号调理电路与微处理器集成在一块芯片上就是智能传感器”。

目前，关于智能传感器的中，英文称谓尚未完全统一。英国人将智能传感器称为“Intelligent Sensor”；美国人则习惯于把智能传感器称作“Smart Sensor”，直译就是“灵巧的、聪明的传感器”。

所谓智能传感器，就是带微处理器，兼有信息检测和信息处理功能的传感器。智能传感器的最大特点就是将传感器检测信息的功能与微处理器的信息处理功能有机地融合在一起。从一定意义上讲，它具有类似于人类智能的作用。需要指出，这里讲的“带微处理器”包含两种情况：一种是将传感器与微处理器集成在一个芯片上构成所谓的“单片智能传感器”，另一种是指传感器能够搭配微处理器使用。显然，后者的定义范围更宽，但二者均属于智能传感器的范畴。

10.4.2　智能传感器的构成

智能传感器是由传感器和微处理器相结合而构成的，它充分利用微处理器的计算和存储能力，对传感器的数据进行处理，并对它的内部行为进行调节。智能传感器视其传感元件的不同具有不同的名称和用途，而且其硬件的组合方式也不尽相同，但其结构模块大致相似，一般由以下几个部分组成：①一个或多个敏感器件；②微处理器或微控制器；③非易失性可擦写存储器；④双向数据通信的接口；⑤模拟量输入输出接口（可选，如 A/D 转换、D/A 转换）；⑥高效的电源模块。

微处理器是智能传感器的核心，它不但可以对传感器测量数据进行计算、存储、数据处理，还可以通过反馈回路对传感器进行调节。由于微处理器充分发挥各种软件的功能，可以完成硬件难以完成的任务，从而能有效地降低制造难度，提高传感器性能，降低成本。图 10-16 为典型的智能传感器结构组成示意图。

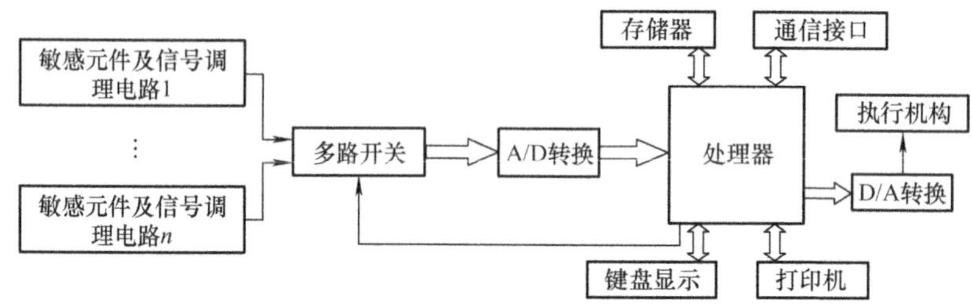

图 10-16　典型的智能传感器结构组成

智能传感器的信号感知器件往往有主传感器和辅助传感器两种。以智能压力传感器为例，主传感器是压力传感器，测量被测压力参数，辅助传感器是温度传感器和环境压力传感器。温度传感器检测到主传感器工作时，由于环境温度变化或被测介质温度变化而使其压力敏感元件温度发生变化，以便修正和补偿由于温度变化对测量带来的误差。环境压力传感器则测量工作环境大气压变化，以方便修正其影响。微机硬件系统对传感器输出的微弱信号进行放大、处理、存储和与计算机通信。

10.4.3　智能传感器的关键技术

不论智能传感器是分离式的结构形式还是集成式的结构形式，其智能化核心为微处理器，许多特有功能都是在最少硬件基础上依靠强大的软件优势来实现的，而各种软件则与其实现原理及算法直接相关。

1. 间接传感（软测量）

间接传感是指利用一些容易测得的过程参数或物理参数，通过寻找这些过程参数或物理参数与难以直接检测的目标被测变量的关系，建立传感数学模型，采用各种计算方法，用软件实现待测变量的测量。智能传感器间接传感的核心在于建立传感模型。模型可以通过有关的物理、化学、生物学方面的原理方程建立（机理建模），也可以用模型辨识的方法建立（数据驱动的建模），还可以是机理建模与数据驱动的建模方法的混合。

不同方法在应用中各有其优缺点。机理建模方法建立在对工艺机理深刻识的基础上，通过列写宏观或微观的质量平衡、能量平衡、动量平衡，对平衡方程以及反应动力学方程等来确定难测的主导变量和易测的辅助变量之间的数学关系，基于机理建立的模型可解释性强、外推性能好，是较理想的间接传感模型。对于机理尚不清楚的对象，可以采用基于数据驱动的建模方法建立软测量模型。该方法从历史输入输出数据中提取有用信息，构建主导变量与辅助变量之间的数学关系。由于无须了解太多的过程知识，基于数据驱动建模方法是一种重要的间接传感建模方法。根据对象是否存在非线性，建模方法又可分为线性回归建模方法、人工神经网络建模方法和模糊建模方法等。基于机理建模和基于数据驱动建模这两种方法的局限性引发了混合建模思想，对于存在简化机理模型的过程，可以将简化机理模型和基于数据驱动的模型结合起来，互为补充。简化机理模型提供的先验知识，可以为基于数据驱动的模型节省训练样本；基于数据驱动的模型又能补偿简化机理模型的特性。

需要说明的是，间接传感模型性能的好坏受辅助变量的选择、传感数据变换、传感数据的预处理、主辅变量之间的时序匹配等多种因素制约。

2. 线性化校正

理想传感器的输入物理量与转换信号呈线性关系，线性度越高，则传感器的精度越高。但实际上大多数传感器的特性曲线都存在一定的非线性误差。

智能传感器能实现传感器输入输出的线性化。突出优点在于不受限于前端传感器、调理电路至 A/D 转换的输入输出特性的非线性程度，仅要求输入 x–输出 u 特性重复性好。智能传感器线性化校正原理框图如图 10-17 所示。

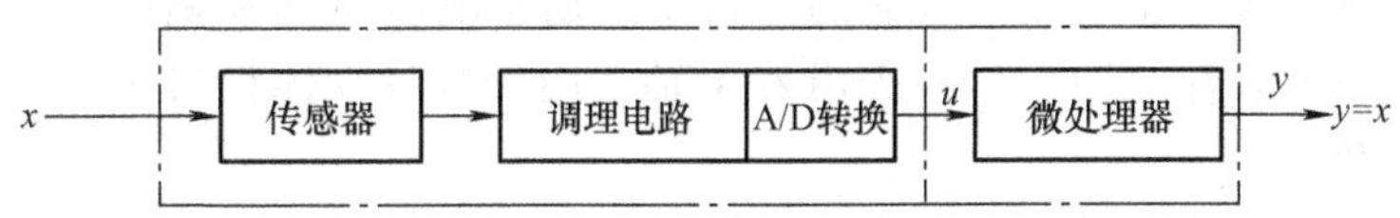

图 10-17　智能传感器线性化校正原理框图

目前非线性自动校正方法主要有查表法、曲线拟合法和神经网络法三种。其中，查表法是一种分段线性插值方法。根据准确度要求对非线性曲线进行分段，用若干折线逼近非线性曲线。神经网络法利用神经网络来求解反非线性特性拟合多项式的待定系数。曲线拟合法通常采用行次多项式来逼近反非线性曲线，多项式方程的各个系数由最小二乘法确定。曲线拟合法的缺点在于当有噪声存在时，利用最小二乘法原则确定待定系数时可能会遇到病态的情况，此时一般采用奇异值分解（SVD）方法进行求解。

3. 自诊断

智能传感器自诊断技术俗称“自检”，要求对智能传感器自身各部分包括软件资源和硬件资源进行检测，以验证传感器能否正常工作，并提示相关信息。

传感器故障诊断是智能传感器自检的核心内容之一，自诊断程序应判断传感器是否有故障，并实现故障定位、判别故障类型，以便后续操作中采取相应的对策。对传感器进行故障诊断主要以传感器的输出为基础，一般有硬件冗余诊断法、基于数学模型的诊断法、基于信号处理的诊断法和基于人工智能的故障诊断法等。这里只对硬件冗余诊断法进行介绍，其他几种方法请读者自行参考相关文献。

硬件冗余诊断法对容易失效的传感器进行冗余备份，一般采用两个、三个或者四个相同传感器来测量同一个被测量（见图 10-18），通过冗余传感器的输出量进行相互比较以验证整个系统输出的一致性。一般情况下，该方法采用两个冗余传感器可以诊断有无传感器故障，采用三个或者三个以上冗余传感器可以分离发生故障的传感器。

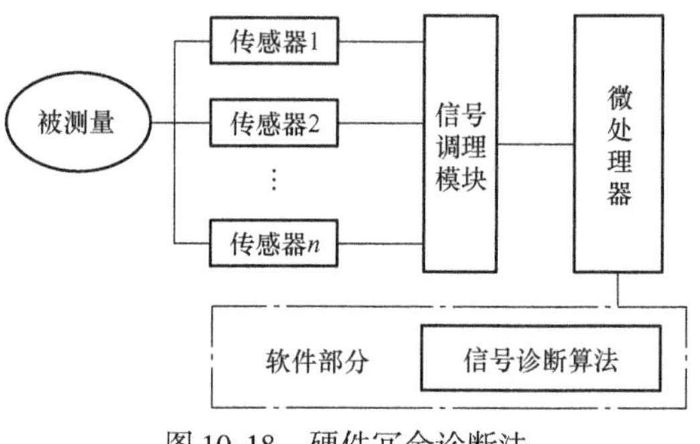

图 10-18　硬件冗余诊断法

4. 自校准与自适应量程

1）自校准。自校准在一定程度上相当于每次测量前的重新定标，以消除传感器的系统漂移。自校准可以采用硬件自校准、软件自校准和软硬件结合的方法。

智能传感器的自校准过程通常分为以下三个步骤：①校零，即根据输入信号的零点标准值，进行零点校准。②标定。根据输入信号标准值和校零信号进行标定；③测量，即对输入信号进行测量。

2）自适应量程。智能传感器的自适应量程，要综合考虑被测量的数值范围以及对测量准确度、分辨率的要求等诸因素来确定增益（含衰减）挡数的设定和确定切换挡的准则，这些都依具体问题而定。

10.4.4　智能传感器在无人机中的应用

1. 智能姿态传感器

CXTILT02E 倾斜传感器能提供可靠的分辨率、动态响应时间和精确度。它采用两个微机械加速度计，一个沿着 X 轴，另一个沿着 Y 轴，用于测量物体相对于水平面的倾斜（又称横滚）和俯仰角。

CXTILT02E 倾斜传感器是一个智能型的传感器，内嵌微控制器、EEPROM 和 A/D 转换器，图 10-19 所示为 CXTILT02E 的功能框图。CXTILT02E 内置温度传感器，可以对环境温度的变化引起的测量误差进行补偿。其传感元件和数字电路的完美结合，可以保证极高的精确度。智能的算法不需用户对设备进行校准。为满足用户的不同需求，还可对传感器滤波的分辨率和时间进行编程。

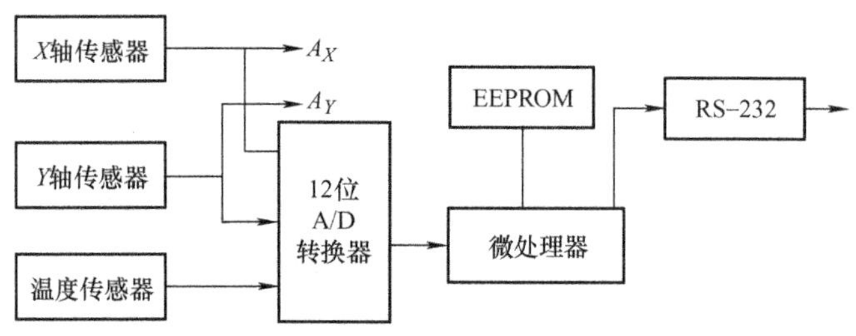

图 10-19　CXTILT02E 功能框图

CXTILT02E 通过 RS-232 接口传输数据，以及主机发送单字节或多字节指令到 CXTILT02E 指令进行参数设置。角度噪声决定传感器的分辨率，而角度噪声又取决于测量带宽。测量带宽由传感器的响应频率设定，带宽越窄，分辨率越高，但同时响应时间也越长。用户可以根据需要通过 RS-232 调整 CXTILT02E 的带宽，获得理想的分辨率。

2. 智能加速度传感器

ADXL210/210E 是美国 ADI 公司开发的系列单片双轴加速度传感器，与 ADXL50 相比，主要区别是后者为单轴加速度传感器，只有一个敏感轴——*X* 轴，而 ADXL210/210E 有两个敏感轴——*X* 轴和 *Y* 轴；另外，前者既可以输出模拟量信号，也可以输出数字信号，而 ADXL50 只能输出模拟量信号。

ADXL210/210E 的原理框图如图 10-20 所示，它有 *X*、*Y* 两个通道，是一个单片集成双轴加速度测量系统。它含有硅微加速度传感器和内部信号调理电路，属于开环检测机构。每个轴的输出电路将模拟量信号转换为占空比数字信号，可以用微处理器的计数器或定时器直接解码。ADXL210/210E 可以用来测量静加速度，例如重力加速度，因此可以作为倾斜传感器使用。

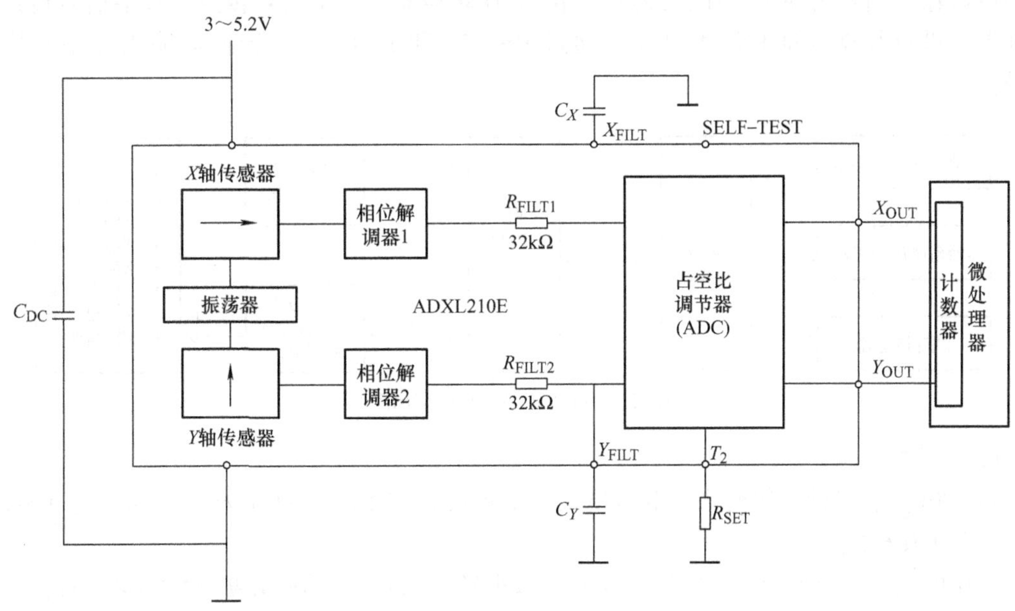

图 10-20　ADXL210/210E 的原理框图

ADXL210/210E 内部主要包括 6 部分：*X* 轴传感器、*Y* 轴传感器、振荡器（产生相位差为 180°的两路方波信号，分别加至电容式加速度传感器的两个电容极板上）、相位解调器 1 和相位解调器 2、两级低通滤波器（R_{FILT1} 和 C_X、R_{FILT2} 和 C_Y）、占空比调节器（ADC）。C_{DC} 为电源退耦电容，R_{SET} 用来设定输出占空比信号的周期。

3. 智能垂直光纤陀螺

VG700CA 垂直光纤陀螺是 Crossbow 公司的第二代角速率光纤陀螺，可以在动态环境中稳定检测滚动角和俯仰角，具有很高的稳定性和可靠性，偏置稳定性小（小于 20°/h），噪声低，性能优良。

（1）基本性能

VG700CA 主要为输出滚动角和俯仰角而设计，但是其内部包含 3 个加速度传感器和 3 个光纤陀螺以及 1 个温度传感器。除了可以输出滚动角和俯仰角外，还可以输出 3 轴加速度信号和 3 轴角速率信号。

VG700CA 系列陀螺滚动角和俯仰角的测试范围分别为 -180° ~ +180°和 -90° ~ +90°，静态精度小于 ±0.5°，动态精度不大于 ±2°；角速率测量范围为 -200°/s ~ +200°/s，偏差不大于 ±0.03°/s，非线性小于 1%FS，比例因子精度为 2%，带宽大于 100Hz；加速度测量范围为 ±(2 ~ 10)g，比例因子精度小于 ±1%，非线性小于 ±1%FS。

VG700CA 既可以通过 RS-232 串行接口输出数字信号，也可以通过数模转换器输出模拟信号。所有模拟量输出经过缓冲，可直接传输给数据采集设备。

VG700CA 系列使用 10 ~ 30V 直流电源，输入电流必须小于 0.75A，可在 -40 ~ +71℃环境中工作。

（2）功能框图

VG700CA 的内部功能框图如图 10-21 所示。加速度传感器、角速率陀螺和温度传感器的原始输出信号为模拟电压，经过 14 位 A/D 转换器，模拟信号转换为数字信号传送到处理器，进行数据校准和温度补偿。通过 RS-232 和 12 位 D/A 转换器输出数字和模拟信号。

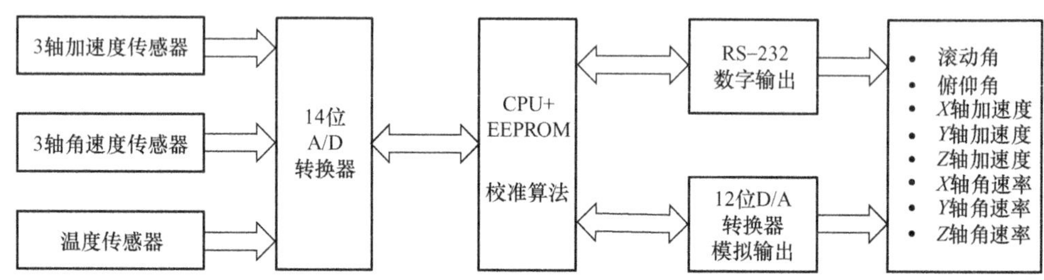

图 10-21　VG700CA 的内部功能框图

（3）工作模式

VG700CA 有三种工作模式：电压模式、工程模式和角度（VG）模式，可通过 RS-232 接口更改工作模式。

电压模式下，模拟量传感器经采样后把数据转换为具有 1mV 精度的数字量，直接作为传感器的输出；工程模式下，模拟量传感器采样后把数据转换为经温度补偿的工程单位的数字量，输出的数据代表传感器测量的实际值；角度模式下，VG700CA 作为垂直陀螺，根据角速率和加速度信息输出稳定的俯仰角和滚动角，角速率和加速度根据比例传感模式计算而来。

10.5　本章小结

本章介绍了传感器技术领域的相关前沿技术与方法，包括几类新型传感器、多源信息融合技术、无线传感器网络和智能传感器等方面。读者应学习掌握这些前沿技术和方法的基本思想和应用领域，并结合课程相关材料，培养终身学习的意识与能力。

思　考　题

10-1　化学传感器与生物传感器有什么联系？为什么说目前生物传感器是化学传感器的深化和延伸？

10-2　什么是生物传感器？从不同的角度分类，生物传感器可分为哪些类别？

10-3 什么是多源信息融合技术?

10-4 多源信息融合技术的基本原理是什么?

10-5 请简要描述组合导航中多源信息融合的重要性。

10-6 请给出无线传感器网络的概念与体系结构。

10-7 在无线传感器网络中，时间同步、定位各起什么作用?

10-8 请通过查找资料论述移动智能体的定位如何实现。

10-9 请以无线传感器网络的某种应用领域为例，说明其应用情况与局限性。

参 考 文 献

[1] 杨帆，吴晗平．传感器技术及其应用［M］．北京：化学工业出版社，2010.

[2] 孟立凡，郑宾．传感器原理及技术［M］．北京：国防工业出版社，2005.

[3] 王化祥，张淑英．传感器原理及应用［M］．4 版．天津：天津大学出版社，2014.

[4] 郁有文，常健，程继红．传感器原理及工程应用［M］．4 版．西安：西安电子科技大学出版社，2014.

[5] 吴建平．传感器原理及应用［M］．3 版．北京：机械工业出版社，2016.

[6] 孙传友，张一．现代检测技术及仪表［M］．2 版．北京：高等教育出版社，2012.

[7] 郭彤颖，张辉．机器人传感器及其信息融合技术［M］．北京：化学工业出版社，2017.

[8] 卢君宜，程涛．传感器原理及检测技术［M］．武汉：华中科技大学出版社，2019.

[9] 高国富，谢少荣，罗均．机器人传感器及其应用［M］．北京：化学工业出版社，2005.

[10] 刘迎春，叶湘滨．传感器原理、设计与应用［M］．5 版．北京：国防工业出版社，2015.

[11] 邵欣，马晓明，徐红英．机器视觉与传感器技术［M］．北京：北京航空航天大学出版社，2017.

[12] 程德福，王君，凌振玉，等．传感器原理及应用［M］．北京：机械工业出版社，2010.

[13] 蔡自兴，谢斌．机器人学［M］．3 版．北京：清华大学出版社，2015.

[14] 王耀南．机器人智能控制工程［M］．北京：科学出版社，2004.

[15] 罗志增，蒋静坪．机器人感觉与多信息融合［M］．北京：机械工业出版社，2002.

[16] 张少军．无线传感器网络技术及应用［M］．北京：中国电力出版社，2010.

[17] 施文康，余晓芬．检测技术［M］．4 版．北京：机械工业出版社，2015.

[18] 王科，李霖，韩维建．智能汽车关键技术与设计方法［M］．北京：机械工业出版社，2019.

[19] 段海滨，邱华鑫．基于集体智能的无人机集群自主控制［M］．北京：科学出版社，2019.

[20] 鲁储生．无人机组装与调试［M］．北京：清华大学出版社，2018.

[21] 马静囡．无人机系统导论［M］．西安：西安电子科技大学出版社，2018.

[22] 陈慧岩，熊光明，龚建伟，等．无人驾驶汽车概论［M］．北京：北京理工大学出版社，2014.

[23] 中国汽车技术研究中心．智能网联汽车蓝皮书：中国智能网联汽车产业发展报告 2018［M］．北京：社会科学文献出版社，2018.

[24] 隋金雪，杨莉，张岩．“恩智浦”杯智能汽车设计与实例教程［M］．北京：电子工业出版社，2018.

[25] 胡向东，李锐，徐洋，等．传感器与检测技术［M］．3 版．北京：机械工业出版社，2018.